W E S T E N D

Georg Meister

Die Zukunft des Waldes

Warum wir ihn brauchen,
wie wir ihn retten

WESTEND

Mehr über unsere Autoren und Bücher:
www.westendverlag.de

Die Deutsche Nationalbibliothek verzeichnet diese
Publikation in der Deutschen Nationalbibliografie;
detaillierte bibliografische Daten sind im Internet über
http://dnb.d-nb.de abrufbar.

ISBN: 978-3-86489-047-5

Umschlaggestaltung: Buchgut, Berlin
Satz: Publikations Atelier, Dreieich
Druck und Bindung: CPI – Clausen & Bosse, Leck
Printed in Germany

Inhalt

Vorwort

Von Natur aus wäre fast ganz Deutschland von urwüchsigen Laubmischwäldern bedeckt. Sie waren nicht nur der wichtigste Lebensraum für Tiere, Pilze und Pflanzen, sondern über viele Jahrhunderte hinweg auch die wichtigste Ressource für die Menschen schlechthin. Die Wälder wurden sehr vielfältig genutzt, mussten auf großen Flächen aber auch anderen Landnutzungsarten weichen, vor allem für Landwirtschaft, Siedlungen und Verkehrswege. Von der einstigen Pracht der riesigen germanischen Urwälder ist nichts mehr geblieben. Heute dominieren im Waldland Deutschland eintönige Fichten- und Kiefernforste.

Diese Tatsache wirft die Frage auf, ob die heutigen Wälder oder vielmehr die verbreiteten Forste den künftigen Anforderungen und Herausforderungen gewachsen sind. Denn die Wälder der Zukunft müssen wichtige Aufgaben erfüllen. Sie sollen möglichst viel wertvolles Holz liefern und einen Beitrag zur Energiewende leisten. Doch neben dieser Rohstofffunktion gewinnen die Eigenschaften und Leistungen der Wälder auch für die Daseinsvorsorge der Bevölkerung, für das Gemeinwohl immer mehr an Bedeutung. So sollen Bergwälder Dörfer und Verkehrswege in den Tälern vor Lawinen, Muren und Steinschlag schützen, hinzu kommt der Hochwasserschutz. Wälder sollen sauberes Trinkwasser und reine Luft liefern und sind für das regionale und überregionale Klima sehr wichtig. Sie sollen entlang von Straßen vor Lärm und den Boden vor Erosion schützen. Und sie sollen Erholung in freier Natur bieten, ob in Ballungsräumen oder in Fremdenverkehrsorten. Viele Wälder haben außerdem besondere Bedeutung für den Natur- und Artenschutz, das Landschaftsbild oder die Forschung.

Der BUND befürwortet im Vergleich zum öffentlichen Wald weitergehende Freiheiten für private Waldbesitzer, innerhalb des gesetzlichen Rahmens selbst zu entscheiden, wie ihr Wald aufgebaut sein soll. Wenn dort vorrangig Gemeinwohlfunktionen erfüllt werden, dann sollen solche Leistungen finanziell vom Staat ersetzt werden.

Als BUND und BUND Naturschutz in Bayern sehen wir insbesondere den Staatswald in der Pflicht, diese Gemeinwohlfunktionen vorbildlich zu erfüllen. Deshalb darf es in den Staatswäldern nicht darum gehen, möglichst hohe Gewinne einzustreichen, wie dies aktuell in einigen Bundesländern wie zum Beispiel in Hessen, Niedersachsen und Bayern zu beobachten ist. Für die Bewirtschaftung des Staatswaldes ist zur Erfüllung des Urteils des Bundesverfassungsgerichtes vom 31. Mai 1990 eindeutig festzulegen, dass die Gemeinwohlfunktionen (Umweltschutz, Hochwasserschutz und Erholung) Vorrang vor der Nutzung von Holz und Bodenschätzen haben müssen. In der Fläche kann dies nur erfolgreich umgesetzt werden, wenn im Wald wieder deutlich mehr Förster und Waldarbeiter arbeiten. Die Reviere müssen verkleinert werden, und die Förster müssen die Gesamtverantwortung für ihr Revier zurückbekommen. Nur so können die Staatswälder vorbildlich bewirtschaftet werden. Deshalb fordert der BUND, in den Waldgesetzen für die Staatswälder der Erfüllung dieser Gemeinwohlaufgaben einen eindeutigen Vorrang vor der wirtschaftlichen Nutzung zu geben. Ebenso kann die Zukunftsaufgabe »Waldumbau« aber auch in den Privatwäldern nur gemeistert werden, wenn hier ebenfalls viel mehr Förster eingesetzt werden, damit die Aufklärung und Beratung der Waldbesitzer vor Ort deutlich intensiviert werden kann.

Es ist allgemein anerkannt, dass die meisten der oben genannten Aufgaben am besten von naturnahen Mischwäldern erfüllt werden können. Seit mindestens 150 Jahren wird immer wieder von Forst- und Naturschutzseite gefordert, solche Wälder zu erhalten beziehungsweise wieder aufzubauen. Eine der wesentlichen Ursachen, dass diese Forderung beziehungsweise Bemühungen immer wieder gescheitert sind, ist die Devise »Jagd vor Wald«, die seit Kaiser Wilhelm II. besteht. Seit dieser Zeit wurde den Belangen der Jagd mit dem Streben nach großen Trophäen ein Vorrang vor dem Waldökosystem und auch der Waldwirtschaft eingeräumt. Dies war in der Regel verbunden mit hohen Wildbeständen und dementsprechend hohen Wildschäden und fatalen Konsequenzen für den Wald. Einerseits bedeutet es enorme finanzielle Belastungen von mehreren 100 Millionen Euro pro Jahr für Deutschlands Waldbesitzer. Langfristig noch schwerwiegender sind andererseits die über Jahrhunderte andauernden ökologischen negativen Folgen, wenn wichtige Baumarten wie die Weißtanne im Gebirge oder Laubbäume im Flachland sowie Blütenpflanzen und Sträucher dauerhaft ausfallen, weil sie von den zu vielen Rehen und Hirschen regelrecht aufgefressen werden.

Auch heute noch scheinen naturferne, oft labile Nadelforste auf den ersten Blick finanziell ertragreicher als naturnahe Wälder – aber auch nur wegen der Abfederung des hohen Schadensrisikos bei Nadelforsten (zum Beispiel durch Stürme, Trockenperioden und so weiter) durch Steuerermäßigungen und staatliche Zuschüsse, die eher eine »Katastrophenforstwirtschaft« fördern und weniger eine naturnahe Forstwirtschaft, die auf heimische Baumarten und Naturverjüngung setzt. Zudem erfordert der Wiederaufbau naturnaher Wälder wegen des zu hohen Wildverbisses extrem hohe Kosten für die Schadensabwehr und die notwendigen Pflanzungen.

Auch wenn die Forstwirtschaft 2013 »300 Jahre nachhaltige Forstwirtschaft« feierte, wird beim Blick in den deutschen Wald und in die amtlichen Statistiken klar: Das Ziel einer umfassenden nachhaltigen Waldnutzung wurde weitgehend verfehlt. Denn nicht nur der verheerende Wildverbiss hat die Wälder verarmen lassen, sondern es war noch bis vor wenigen Jahrzehnten sogar erklärtes Ziel der Forstpolitik, naturnahe Laubwälder durch naturwidrige Nadelbestände zu ersetzen. So ist der deutsche Wald heute vielfach nicht alt, sondern jung; er ist nicht bunt gemischt, sondern oft eintönig. Aktuell ist zudem eine Intensivierung der Holznutzung zu beobachten, denn Großsägewerke, Ganzjahreseinschläge, hochmechanisierte Holzernte und große Holzheizkraftwerke fordern vor allem eines: Holz, Holz und noch mal Holz!

Wenn Wälder für die Zukunft geschaffen werden sollen, reichen inhaltsleere Marketingstrategien nach dem Motto »Weiter wie bisher« und der bloße Verweis auf »300 Jahre nachhaltige Forstwirtschaft« nicht aus. Auf der Basis von überholten Nutzungskonzepten aus dem letzten Jahrhundert wie der »Bodenreinertragslehre« beziehungsweise der »Kielwassertheorie« versucht die Forst- und Holzwirtschaft, auch für die Staatswälder eine flächendeckende Priorität für die Holznutzung festzulegen. Danach sollen die anderen Waldfunktionen sozusagen im »Kielwasser« miterfüllt werden. Dabei wird die Bedeutung der Wälder jedoch zu einseitig an der Holznutzung und dem Gewinn daraus gemessen und zu wenig an dem überaus großen Nutzen für das Gemeinwohl.

Um die Ziele der internationalen Wald- und Naturschutzpolitik auch in Deutschland umsetzen zu können, sind Gesetzesänderungen in den Bereichen des Wald-, Naturschutz-, Jagd- und Steuerrechts überfällig und durch gezielte finanzielle Förderungen in den Wäldern zu verwirklichen. Dabei muss der Wiederaufbau naturnaher Mischwälder eindeutig Vorrang vor Einzelinteressen wie der Jagd erhalten.

Der BUND fordert, bei der Planung und Kontrolle der Staatswaldbewirtschaftung die Stellung der Forstverwaltung und des Landtags deutlich zu stärken. Dadurch soll die Eigenkontrolle der Forstverwaltungen beendet werden und moderate, nachhaltige Nutzungsmengen zugunsten von Klima und Naturschutz sichergestellt werden. Der BUND fordert außerdem mehr Transparenz beim Zugang zu Daten, eine ausreichende Bürgerbeteiligung bei der Forstplanung sowie die Zertifizierung des Staatswaldes nach den hochwertigen und anspruchsvollen Standards von Forest Stewardship Council (FSC).

Neben einer naturverträglichen Waldnutzung muss es auch eine natürliche Waldentwicklung auf 10 Prozent der Waldflächen der Länder, des Bundes und der Kommunen geben. Hier sollen Wälder richtig alt werden, sich frei und ungestört entwickeln dürfen. Diese »Urwälder von morgen« sollen dem Erhalt der Artenvielfalt und als Lernflächen für die Waldwirtschaft dienen. Die Ausweisung solcher »Vorrangflächen« für mehr Natur und Wildnis darf nicht am Kompetenzgerangel zwischen Forst- und Naturschutzverwaltung scheitern.

Wir begrüßen es als BUND sehr, dass Dr. Georg Meister als langjähriger profunder Kenner der deutschen Wälder mit diesem Buch eine Brücke von den Wäldern von gestern zu den Wäldern von morgen baut. Auf der Basis der geschichtlichen Entwicklungen in der deutschen Forstwirtschaft entwirft Georg Meister einen Rahmen, wie die Wälder in der Zukunft aussehen können, ja wie sie vor dem Hintergrund der wachsenden Herausforderungen aussehen sollten. Dabei legt er nicht nur den Finger in Jahrzehnte alte, teilweise nicht verheilte Wunden deutscher Forst- und Jagdpolitik, sondern zeigt mit Positivbeispielen auch Handlungsoptionen für die Zukunft auf. Wir wünschen dem Buch eine weite Verbreitung!

Professor Dr. Hubert Weiger,
Vorsitzender des BUND und des BUND Naturschutz in Bayern

Gewidmet meinen Enkelkindern, damit sie sehen,
dass der Kampf für die Idee der Nachhaltigkeit im Wald
als Verantwortung für kommende Generationen
auch gegen heftigste Widerstände erfolgreich sein kann.
Für alle Waldfreunde, die über die ethische Verantwortung
der Nachhaltigkeit nicht nur reden, sondern sie selbst
tatsächlich verwirklicht haben oder verwirklichen wollen.

Kapitel 1

Einleitung

Ganz schockiert stehe ich im Sommer 1952 in einem »Urwald«. So etwas habe ich noch nie gesehen. Kreuz und quer liegen da alte Bäume in allen Stadien der Zersetzung. Als Forststudent will ich hier im »Höllbachgspreng«, einem Naturschutzgebiet in der Nähe zur tschechischen Grenze, die Außenarbeiten für meine Diplomarbeit durchführen. Ich kann zu dem Zeitpunkt noch nicht ahnen, dass dieses Naturschutzgebiet später Teil des Nationalparks Bayerischer Wald sein wird.

Drei Tage lang klettere ich über die toten Bäume und will einen Überblick gewinnen. Verzweifelt versuche ich, eine Ordnung in diesem Wirrwarr zu erkennen. In einen Lageplan zeichne ich die lebenden, die absterbenden und die toten Bäume maßstabsgerecht ein. Und ich fotografiere: Urwald im Nebel, Urwald spiegelt sich im Wasser, tote Bäume mit vielen Pilzen.

Es ist aufregend, so ganz allein und weit weg von jeglicher Zivilisation. Unter den hoch aufragenden alten Tannen, Buchen und Fichten fühle ich mich klein und demütig. Aber immer mehr erkenne ich die Herausforderung, diesen Urwald richtig zu beschreiben und so zu fotografieren, dass man seine Kraft erkennen kann. Ganz praktisch erlebe ich das, wenn ich die Baumhöhen messen will: In einem »normalen« Wirtschaftswald dauert das fünf Minuten. Hier im »Urwald« brauche ich pro Baum fast eine halbe Stunde, bis ich in dem Gewirr einen Platz

Urwald mit viel Totholz: Die erste Begegnung mit einem Urwald und dem vielen Totholz war für mich ein Schock. Erst allmählich habe ich den großartigen Kreislauf aller Nährstoffe begriffen, der Voraussetzung für die enormen Wuchsleistungen dieser Urwälder ist.

finde, von dem aus ich gleichzeitig den Stammfuß und die Spitze des Baumes sehen kann.

Nach zehn Tagen kann ich allmählich so etwas wie ein System in dem Gewirr großer und kleiner, lebender und toter Bäume erahnen. Der anfängliche Schock weicht immer mehr einer Bewunderung für diese »geordnete Unordnung«. Folgerichtig lautet der letzte Satz meiner Diplomarbeit dann auch: »Die Förster können vom Urwald noch sehr viel lernen!«

Nach dieser ersten Urwalderfahrung habe ich sechzig Jahre lang Waldzustände diagnostiziert, einen Nationalpark geplant, Schutzwälder saniert, naturnahe junge Mischwälder aufgebaut, Waldgutachten in den neuen Bundesländern verfasst und immer wieder Waldentwicklungen fotografiert.

Im Sommer 2012 stehe ich im Nationalpark Bayerischer Wald in der Nähe eines Wanderweges. Ich habe einen Fotostandpunkt wiedergefunden, von dem aus ich vor fünf Jahren schon fotografiert habe, als hier die hohen Gerippe der zahlreichen, von den Borkenkäfern abgetöteten alten Fichten standen. Auch damals hat mich fasziniert, wie unter diesem »Totenwald« – wie er manchmal bezeichnet wurde – sehr viele Waldweidenröschen geblüht haben. Zwischen ihnen standen mehrere kniehohe junge Fichten und einige, etwa einen Meter hohe Tannen und Vogelbeeren. Jetzt sind die meisten der alten Fichten abgebrochen. Es blühen weniger Weidenröschen, dazwischen wachsen Heidelbeeren und viele Krautarten. Die jungen Vogelbeeren und Tannen sind vier bis fünf und die Fichten etwa zwei Meter hoch.

Als ich das Stativ aufgebaut und denselben Bildausschnitt wieder fotografiert habe, sehe ich einen Mann langsam auf mich zukommen. Er ist ganz blass im Gesicht und sagt: »Das ist ja furchtbar, so ein Chaos. Da kann doch nie mehr ein richtiger Wald wachsen!« Ich versuche ihm zu erklären, dass unter den abgestorbenen Fichten ein neuer, vielfältiger Wald aufwachsen wird, und zeige auf die jungen Tannen. Ich sage, dass wir von dieser Entwicklung viel für den Waldumbau in unseren instabilen Nadelforsten lernen können.

Erst hört er mir noch zu, doch dann läuft sein Gesicht rot an: »Sie sind sicher einer von den selbsternannten Naturschützern. Mir können Sie so einen Unsinn nicht erzählen. Ich habe daheim von meinen Jagdkameraden schon gehört, dass hier das totale Chaos herrscht. Die haben mir erklärt, dass die Förster früher hier Wald und Wild gut gepflegt haben. Ich weiß, dass man den Wald sauber halten muss, sonst gibt es eine Katastrophe. So wie hier.« Dann huscht kurz ein Lächeln über sein Gesicht, und er sagt: »Und das Märchen, dass die vier Meter hohen Tannen ohne besonderen Schutz aufgewachsen sind, können Sie vielleicht unbedarften Touristen erzählen, aber mir doch nicht. Bestimmt hat hier früher ein Zaun gestanden, sonst können die Tannen doch nirgends mehr so hoch werden. Wenn man wieder Tannen haben will, muss man eben Zäune bauen. Die Rehe und Hirsche muss man anständig füttern und nicht von den Luchsen fressen lassen. Wir werden überall wegen unserer nachhaltigen Forst- und Jagdwirtschaft bewundert. Und jetzt kommt ihr Naturapostel und wollt uns sagen, dass wir etwas von der Natur lernen sollen. So ein Quatsch!« Er schüttelt den Kopf und geht wieder zurück zum Weg.

Eine ganze Weile stehe ich da und schaue ihm nach. Warum hat er sich derart aufgeregt? Und was hätte ich anders machen können? Hätte ich ihm sagen sollen, dass ich Forstwirtschaft studiert habe und sechzig Jahre lang viele Wälder begutachtet, gepflegt und saniert habe? Hätte er mir dann geglaubt? Und hätte das seinen Glauben an das Ideal eines »ordentlichen« Waldes mit vielen Wildtieren in Frage gestellt? Aber dann denke ich: Das war jetzt ein Lehrstück darüber, was

Artenreicher Jungwald nur im Zaun *(linkes Bild)* und natürlich artenreicher Jungwald *(rechtes Bild)*: In den meisten Wäldern kann ein naturnah artenreicher Jungwald nur hinter einem Zaun aufwachsen. Wälder, in denen sich junge Waldteile in ihrer ganzen natürlichen Artenvielfalt entwickeln können, sind hingegen selten. Die vielen zigtausend Kilometer Zaun im Wald sind ein sichtbarer Ausdruck für die Vormacht einer Sonderform der Jagd über die Interessen der Waldbesitzer und Steuerzahler.

ein normal interessierter Bürger vom Wald weiß und wie viel Aufklärungs- und Überzeugungsarbeit noch notwendig ist.

In diesem Buch will ich zeigen und erklären, wie die Wälder ohne unsere ständige Einwirkung »funktionieren« und wie sich die vielfältigen menschlichen Waldnutzungen auf Artenvielfalt, Baumarten und Stabilität ausgewirkt haben. Dabei ist es auch notwendig, die Einzelinteressen und Privilegien zu benennen, die verhindert haben, dass langfristige Mischwaldziele befriedigend erreicht werden konnten. Und schließlich werde ich auch aufzeigen, welche Forderungen an die künftige Waldbewirtschaftung zu stellen sind, damit die Wälder auch die Ansprüche unserer Enkel befriedigend erfüllen können.

Die Natur kann uns helfen, anspruchsvolle Ziele mit dem geringstmöglichen Aufwand zu verwirklichen – vieles schenkt uns die Natur kostenlos. Entwicklungen vollziehen sich im Wald aber nur langsam, ganz anders als etwa in der Landwirtschaft. Deshalb wurde schon vor Jahrhunderten die Idee der Nachhaltigkeit für die Waldnutzung erfunden. Und darum sind im Wald nicht nur klare mittel- und langfristige Ziele, sondern auch kurz- und mittelfristige unabhängige Kontrollen notwendig.

Das Motto meines sechzigjährigen Kampfes für den Wald war immer: »Worte sind Zwerge, Taten sind Riesen.« Deshalb will ich im letzten Kapitel an einigen Beispielen vorführen, wo und wie sowohl die wirtschaftlichen Ziele der Waldeigentümer als auch die Bedürfnisse der gesamten Bevölkerung möglichst optimal erreicht worden sind.

Es ist eine große Herausforderung, diese Beispiele zum Wohle unserer Enkel auch auf den Großteil unserer Wälder zu übertragen. Ich bin aber überzeugt, dass es viele Waldeigentümer, Förster, Waldfreunde und Jäger gibt, die gerne an einer solchen Herausforderung mitarbeiten möchten.

Kapitel 2

Deutschlands Naturwälder – Vielfalt und Anpassung

Deutschland wäre ohne die starken Eingriffe durch uns Menschen immer noch dicht mit Wäldern bedeckt. Die heutigen Wälder sind fast alle durch jahrtausendelange Nutzungen verändert, aber trotzdem nach wie vor unsere naturnächsten größeren Landschaftsbereiche. Daran will auch die deutsche Forstwirtschaft nichts ändern. Sie hat sich deshalb auf die Fahnen geschrieben, naturnah zu arbeiten. Grundvoraussetzung dafür ist das Wissen um den vom Menschen nicht veränderten Wald, den Naturwald mit seinen Kreisläufen, seinem Artenreichtum und seiner Anpassungsfähigkeit. In Deutschland sind alle Wälder in irgendeiner Form durch den Menschen beeinflusst, sei es durch die Ausrottung von Tierarten oder durch Industrieabgase aus der Luft. Aber wir haben noch kleine Reste von Wäldern, in denen der Einfluss des Menschen so gering war und ist, dass man das Wirken der Naturkräfte noch deutlich erkennen kann. Sie zu schützen und weiter zu erforschen, ist auch für die Zukunft unserer Wirtschaftswälder enorm wichtig. Die Naturwaldreste wurden in den letzten Jahrzehnten umfangreich wissenschaftlich erforscht und die Ergebnisse in der Fachliteratur dokumentiert (siehe Anhang). In diesem Kapitel sollen die wichtigsten Wechselwirkungen vorgestellt werden.

Der Wald als Vorbild einer optimalen Kreislaufwirtschaft

Deutschland liegt in der gemäßigten Klimazone, die geprägt ist vom ständigen Wechsel der Jahreszeiten. In der Vegetationszeit ist es hier im Tagesmittel wärmer als 5 Grad Celsius. Das ist Grundvoraussetzung für die Photosynthese: Pflanzen erzeugen mit Hilfe der Sonnenenergie aus Kohlendioxyd und Wasser organische Kohlenstoffverbindungen. Aus diesen organischen Verbindungen bauen alle grünen Pflanzen Biomasse auf. Von den Pflanzen wiederum leben die Tiere und auch wir Menschen. Die Photosynthese ist somit der Antrieb für nahezu alle bestehenden Ökosysteme. Ohne eine Vegetationszeit könnten unsere Wälder nicht existieren.

Dem Wechsel von Vegetationszeit und der kälteren Jahreszeit haben sich Pflanzen und Tiere im Laufe von Jahrmillionen angepasst. Wälder und andere Ökosysteme können aber auf Dauer nur funktionieren, wenn sich Leben, Sterben, Zersetzen und neues Leben in ständigen Kreisläufen wiederholen und weiterentwickeln. Der einfachste Kreislauf besteht aus der Photosynthese mit

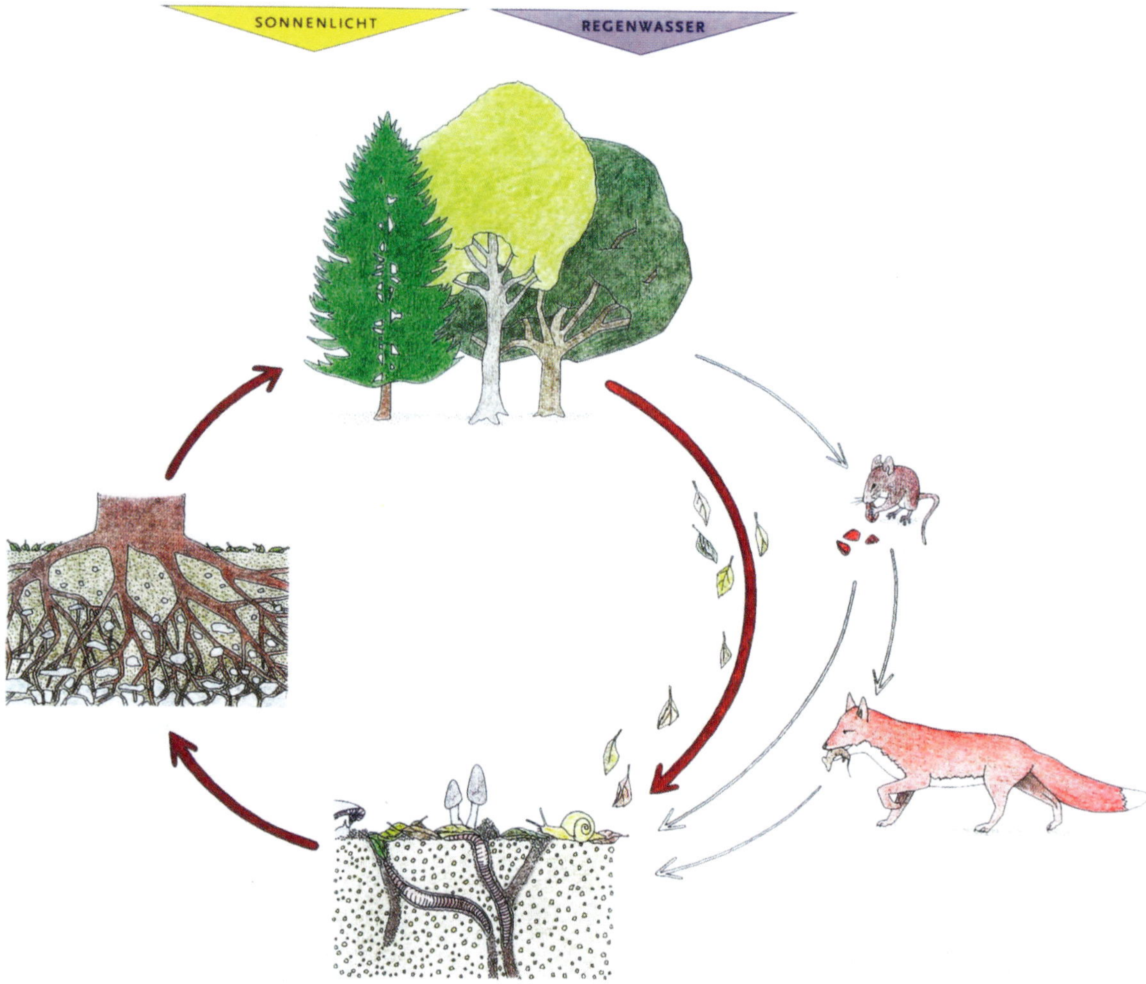

Vereinfachte Zeichnung des ständigen Krauslaufs im Wald: Von oben kommen Energie und Wasser, mit denen grüne Pflanzen aufgebaut werden. Rechts sind unterschiedlich verzweigte Zyklen angedeutet, unten arbeitet das Heer der »Zersetzer«, und links ist das Wurzelwerk dargestellt, das die Nährstoffe wieder aufnimmt.

neuem Blattgrün, das im Herbst verwelkt und auf den Boden fällt. Dort wird es von einer Heerschar von »Zersetzern« in mehreren Schritten wieder in seine Ausgangsstoffe wie etwa Nährstoffe und Wasser »recycelt«. Diese fließen dann über die Wurzeln wieder in die Pflanzen ein und sind Baustoffe für neues Blattgrün, für einen neuen Kreislauf.

Neben diesem einfachen Zyklus gibt es andere, weiter verzweigte und miteinander vernetzte Kreisläufe. Zum Beispiel wird ein Blatt von einer Maus – einem Pflanzenfresser – gefressen. Dann frisst ein Fuchs – ein kleiner Fleischfresser – die Maus. Zuletzt fängt ein Adler – ein großer Fleischfresser – den Fuchs und verfüttert ihn an seine Jungen. Jahre später stirbt auch der Adler. Auch er wird Teil der großen Menge an abgestorbenem organischem Material, das ein Kennzeichen des Waldbodens in Naturwäldern ist. Es wird in mehreren Schritten »recycelt«, also von Regenwürmern, Bakterien und Schimmelpilzen zersetzt, fließt wieder in

Der Regenwurm ist der bekannteste »Zersetzer«: Er »recycelt« mit einer riesigen Heerschar anderer »Zersetzer« abgestorbene Pflanzen und tote Tiere in ihre Ausgangsbausteine.

den Kreislauf ein und trägt so entscheidend zur enormen Produktivität der Naturwälder bei.

Aus diesen Beispielen wird deutlich, dass neben der Photosynthese das »Zersetzen« von ganz entscheidender Bedeutung für das Funktionieren eines Ökosystems ist. Wenn hier Störungen auftreten, etwa durch die Entnahme von Laubstreu durch die Bauern, muss es zwangsläufig zu schwerwiegenden Folgen für die Wuchsleistung des gesamten Ökosystems kommen.

Diese umgefallene Buche wurde in zehn Jahren schon stark »recycelt«. In den Urwäldern gab es eine große Menge abgestorbenen organischen Materials wie etwa totes Holz – die Grundlage für die hohe Produktivität unserer Naturwälder.

Optimale Anpassung an unterschiedliche Standorte

In der gemäßigten Klimazone sind Wälder konkurrenzfähiger als andere Vegetationsformen wie zum Beispiel Savannen oder Steppen. Kennzeichen eines Waldes sind Pflanzen, die wegen des besonderen Aufbaus des Holzes alle anderen überragen: Bäume. Sie können überall dort wachsen, wo es nicht zu nass, zu trocken, zu kalt oder zu heiß ist. Diese Voraussetzungen sind in Deutschland auf etwa 90 Prozent der Fläche gegeben. Von Natur aus unbewaldet sind bei uns nur Seen und Flüsse, die Hochmoore sowie die »natürlichen Matten« (baumlose »Blumenwiesen«) und die Felsregionen. Die Standortbedingungen – also Temperatur, Niederschläge und Bodengüte – sind jedoch je nach Region sehr unterschiedlich ausgeprägt. Deshalb sind bei uns auch verschiedene Waldgesellschaften beheimatet. Ganz grob und wissenschaftlich nicht definiert kann man sie nach den Standortsbedingungen einteilen in:

- Normalwälder
- Trockenwälder
- Nasswälder
- Kaltwälder

Eine zwölfjährige Tanne mit weit waagerecht ausgebreiten Seitenästen: Im dichten Wald müssen die jungen Tannen ihre Äste extrem nach außen ausstrecken, um auch die kleinsten Sonnenstahlen auffangen zu können.

»Normalwälder« haben sich überall dort durchgesetzt, wo es für mitteleuropäische Verhältnisse normal warm und niederschlagsreich ist und wo der Boden normal tiefgründig ist. An diesen »normalen« Standorten kann der Wald sehr gut wachsen. Deshalb haben sich dort die Baumarten durchgesetzt, die eine sehr dichte Baumkrone tragen und die in der Jugend die stärkste Beschattung vertragen. Das sind Buchen und Tannen in der Oberschicht sowie Eiben in der Mittelschicht des Waldes. Bei der Rückwanderung nach der Eiszeit konnte die Tanne wegen des besonders weiten Rückweges aus südlichen »Überwinterungsgebieten« Norddeutschland nicht mehr erreichen. Zu den Gründen später mehr (siehe Seite 27).

Diese »Normalwälder« werden unter dem Begriff »Buchenwaldgesellschaften« zusammengefasst. Sie kommen von Natur her auf etwa zwei Dritteln der Fläche Deutschlands vor. Aber auch die »normalen« Standortverhältnisse sind unterschiedlich. Und deshalb gibt es zahlreiche Unterformen von Buchenwäldern, die von der Ostseeküste bis in die Mittellagen des bayerischen Hochgebirges reichen. In manchen Waldgebieten war der Tannenanteil ursprünglich höher als der Anteil der Buchen (zum Beispiel Frankenwald, Schwarzwald, Vorberge der Alpen). Eine Sonderform dieser »Normalwälder« ist auch der »Bergmischwald« mit Buchen, Tannen und Fichten. Er besiedelt mittlere Höhenlagen der Gebirge Süd- und Mitteldeutschlands. In diesen Bergmischwäldern nimmt der Buchenanteil mit steigender Höhe ab. Gleichzeitig nimmt der Anteil der Fichten zu.

Eine Sonderform unserer weitverbreiteten Buchenwälder ist der in Süd- und Mitteldeutschland vorkommende »Bergmischwald« aus Buchen, Tannen und Fichten.

Unter **»Trockenwäldern«** sollen hier Wälder auf Standorten zusammengefasst werden, in denen es überdurchschnittlich warm und trocken ist. Buchen sowie Tannen sind dort nicht mehr absolut dominant. Ganz grob könnte man sie dem »Weinbauklima« zuordnen. »Trockenwälder« nehmen von Natur aus etwa 21 Prozent unseres Landes ein. Meist dominiert in diesen Wäldern die Eiche. Nur dort, wo es selbst für die Eiche zu trocken oder zu nährstoffarm wird, übernimmt die

Im »Weinbauklima« haben sich unterschiedliche Eichenmischwälder mit zum Beispiel der Hainbuche, der Linde oder der Elsbeere entwickelt.

anspruchslose Kiefer die Vorherrschaft, etwa in der Lausitz. In diesen »Trockenwäldern« ist es nicht so dunkel wie in den »Normalwäldern«. Deshalb wachsen dort auch zahlreiche andere Baumarten, die mehr Licht benötigen, wie etwa die Mehlbeere oder die Flaumeiche, in der Oberschicht des Waldes.

»Nasswälder« haben sich auf Standorten entwickelt, die zeitweise überschwemmt sind oder die ständig einen hohen Grundwasserstand aufweisen. Sie haben von Natur aus etwa 11 Prozent unseres Landes eingenommen. Viele Bäche und Flüsse traten früher bei der Schneeschmelze oder nach starken Regenfällen jedes Jahr für einige Zeit über die Ufer. Dieser besonderen Situation haben sich zahlreiche Baum- und Straucharten angepasst. Die Zusammensetzung dieser »Auwälder« ist abhängig von der Dauer der Überschwemmung und vom Nährstoffgehalt des Bodens. In Flussnähe können meist nur Sträucher, Weiden, Grauerlen und Schwarzpappeln wachsen. Sie bilden die »Weichholzaue«. Bei lediglich kurzfristigen Überschwemmungen und fruchtbarem Bo-

Auwälder werden jedes Jahr mehr oder weniger lang überschwemmt. Je nach Überschwemmungsdauer und Nährstoffgehalt haben sich unterschiedliche Formen der besonders artenreichen Auwälder entwickelt.

den können sich artenreiche Laubwälder mit Stieleichen, Eschen, Ulmen, Ahornen und Hainbuchen sowie vielen Strauch- und Krautarten entwickeln. Sie werden als »Hartholzaue« bezeichnet.

In Bodensenken steht das Grundwasser oft zeitweilig oder ganzjährig hoch an. In diesem Übergangsbereich zu Niedermooren gibt es viele Teilbereiche, in denen der Oberboden im Sommer abtrocknet. Diesen Standortbedingungen hat sich besonders die Roterle angepasst. Zusammen mit verschiedenen Strauch- und Krautarten bildet sie den »Bruchwald«. Solche Bruchwälder waren früher besonders in Norddeutschland und im Alpenvorland weit verbreitet. Durch intensive Entwässerungen sind sie heute bis auf Reste verschwunden.

Schmalkronige Fichten in den Hochlagen der Mittelgebirge und der Alpen: Wo es sehr kalt ist wie in Hochlagen oder an Moorrändern, können nur besonders kälteresistente Bäume wie Fichten, Lärchen und Zirben überleben.

»Kaltwälder« schließlich besiedeln die Hochlagen der Gebirge und Hochmoore. In den höchsten Lagen unserer Mittelgebirge sowie an der Waldgrenze im Hochgebirge ist es so kalt, dass sich dort nur besonders kälteresistente Nadelbäume wie die Fichte, die Lärche und die Zirbe behaupten können. In den Hochmooren fließt die kalte Luft aus dem Zentrum des Moores zu den etwas tiefer gelegenen Rändern ab und bildet dort einen schmalen »Kaltluftsee« um das Hochmoor herum. An diesen ebenfalls sehr kalten Standorten haben Fichten und Latschen auch im Flachland die »Warmzeiten« nach der Eiszeit überdauert. »Kaltwälder« nehmen von Natur aus etwa ein Prozent der Fläche Deutschlands ein.

Bäume können unterschiedlich schnell »wandern«

All diese Wälder bilden Lebensgemeinschaften für zahlreiche Pflanzen- und Tierarten. Sie haben sich in Jahrmillionen durch Konkurrenz und Anpassung zu einem eng verwobenen Beziehungsgeflecht zusammengefügt. Eine entscheidende Rolle spielt dabei die Fähigkeit der Arten, sich auf genetischer Basis langfristig an neue Umweltbedingungen anzupassen.

Außerdem kann es für das Überleben einer Art wichtig sein, sich geeignete »Verbündete« zu suchen. Ein Musterbeispiel dafür ist die Rückkehr der Bäume nach der letzten Eiszeit aus ihren »Überwinterungsgebieten« in wärmeren Landstrichen. Die einzelnen Baumarten entwickelten für solche Wanderungen ganz unterschiedliche Strategien. Manche waren dem Eis weiter, manche weniger weit ausgewichen. Andere der früher hierzulande beheimateten wärmeliebenden Baumarten, zum Beispiel Magnolie oder Tulpenbaum, konnten im Süden oder Südosten keine geeigneten Standorte finden und sind in Europa ausgestorben. Buchen und Tannen fanden in Süditalien oder auf dem Balkan weit entfernte Überwinterungsbereiche. Besser an die Kälte angepasste Baumarten wie Kiefern und Birken konnten nicht allzu weit von den Gletschern entfernt überleben.

Als sich das Eis vor etwa 12 000 Jahren allmählich aus Mitteleuropa zurückzog, besiedelten zuerst die Pflanzen, die am Rand der Gletscher überlebt hatten, den gerade vom Eis befreiten Boden: Gräser und niedrige Weiden mit ihren leichten Samen, die vom Wind schnell über weite Strecken transportiert werden können. Aber dann folgten schon die ersten Bäume mit leichten Samen aus den nahegelegenen Überwinterungsgebieten, in erster Linie Birken und Kiefern. Sie tragen schon in jungen Jahren Früchte und erreichen so ein »Wanderungstempo« von tausend Metern im Jahr oder mehr. Für die nächsten etwa zweitausend Jahre entwickelte sich bei durchschnittlichen Julitemperaturen von zehn bis 14 Grad ein Birken- und Kiefernwald. Es wurde weiterhin wärmer, die Temperaturen stiegen im Juli auf durchschnittlich 18 Grad. Und da geschah etwas Überraschendes: Nicht die Baumarten mit relativ leichten Samen wie Fichten, Lärchen, Erlen oder Pappeln setzten sich durch. Es waren Eichen und Haselnüsse mit Früchten, die so schwer sind, dass sie nur wenige Meter vom Stamm entfernt auf den Boden fallen. Wie war das möglich?

Der Eichelhäher ist der eifrigste »Waldpflanzer« in unseren Wäldern. Er kann im Herbst bis zu zweitausend Eicheln im Waldboden verstecken. Da er viele davon nicht mehr findet, wachsen viele Eicheln zu jungen Eichen heran.

Die Verbreitung der Eiche ist ein Musterbeispiel für die Zusammenarbeit von Pflanzen und Tieren. Die schweren Eichenfrüchte enthalten wichtige Nährstoffe für die junge Pflanze, aber

Tannensame *(oben)*, Fichtensamen *(links)* und Ahornsame *(rechts)*: Die Tanne kann nur langsam »wandern«, da ihr Same etwa fünfmal schwerer ist als der Same der Fichte und keine »Flügel« hat wie der Same des Ahorns.

auch für Tiere, die diese Früchte gerne fressen. Das sind neben Mäusen und Eichhörnchen auch besonders die Eichelhäher. Ein Eichelhäher sammelt im Herbst bis zu zweitausend Eicheln und versteckt sie in näherer und weiterer Entfernung als Nahrung für den Winter und für seine nächstjährige Brut. Viele der Verstecke findet er im tiefen Schnee nicht mehr wieder. Und so trägt er ganz entscheidend dazu bei, dass die Eiche mit ihren schweren Früchten genauso schnell »wandern« kann wie die Fichte mit ihren mehr als 300-mal leichteren Samen.

Es entwickelte sich ein Eichenwald, dem auch zahlreiche andere Laubbaumarten wie zum Beispiel Ulmen und Ahorne beigemischt waren. Da die Oberschicht dieser Eichenwälder nicht sehr dicht ist, war unter ihr ausreichend Licht, sodass dort Haselsträucher aufwachsen konnten. Sie boten den damaligen Menschen mit ihren nahrhaften Nüssen eine wertvolle Nahrung. In den Hochlagen fasste die Fichte verstärkt Fuß.

Die Eichenmischwälder waren für etwa viertausend Jahre die vorherrschende Waldgesellschaft. Danach wurde es wieder etwas kälter und die Niederschläge nahmen zu. Mittlerweile war auch die langsamer »wandernde« Buche aus ihren Überwinterungsgebieten bis nach Südbayern zurückgekehrt. Da sie mehr Schatten erträgt als die Eiche, konnte sie unter den alten Eichen langsam hochwachsen und dann in die Baumkronen vorstoßen. Unter ihren dichtbelaubten Kronen konnten die lichtbedürftigen jungen Eichen nicht mit den jungen Buchen konkurrieren. So haben die Buchen die Eichen im Laufe von zwei bis drei Generationen verdrängt. Ähnliches geschah in den Berggebieten. Dort unterwanderte die Buche die Fichtenwälder und setzte sich allmählich durch. Diese Unterwanderung der Eichen- und Fichtenwälder durch die Buche dauert inzwischen schon etwa fünftausend Jahre und ist in Südskandinavien immer noch nicht ganz abgeschlossen.

Als letzte Baumart kehrte schließlich die Tanne nach Mitteleuropa zurück. Das liegt vor allem auch daran, dass sie keine tierischen Verbündeten für den Samentransport hat. Ihre Samen sind fünfmal schwerer als die der Fichte und werden deshalb längst nicht so weit vom Winde verweht. Daher kann die Tanne auch nur sehr langsam »wandern«. Wie die Buche hat aber auch die Tanne über Jahrmillionen eine »Schatten-Überlebensstrategie« in dunklen Wäldern entwickelt. Dort gab es nur wenige Dickichte, in denen sich größere Pflanzenfresser – zum Beispiel Rehe – vor ihren Fressfeinden hätten verstecken können. Luchs, Bär und Wolf hatten in hallenartigen Buchen-Tannenwäldern daher freie Sicht auf ihre Beutetiere. Buchen-Tannenwälder waren für Rehe und Hirsche also eine sehr gefährliche »No-Go-Area«. Die Tanne hat deshalb im Gegensatz zu fast allen anderen Baumarten keine Abwehrstrategien, wie zum Beispiel harte und spitze Nadeln oder Gifte, gegen den Verbiss durch größere Pflanzenfresser entwickelt. Doch nach der Ausrottung von Luchs, Wolf und Bär sollte ihr das zum Verhängnis werden, da die Rehe jetzt den gesamten Wald als Lebensraum nutzen konnten (siehe Seite 39).

Das »Schattendasein« der jungen Tanne

Die Rückwanderung der Tanne wurde noch durch ein weiteres Hindernis erschwert: die dichten Buchenwälder. Die jungen Tannen können diese dunklen Wälder zwar problemlos unterwandern, denn sie sind gut an ein »Schattendasein« angepasst. Sie breiten ihre Seitenäste weit aus, um auch noch die kleinsten Sonnenstrahlen auffangen zu können. Ihr Wachstum ist dadurch allerdings sehr verlangsamt, bei ganz wenig Licht harren sie als kleine Bäumchen oft sogar Jahrzehnte im Schatten der großen Buchen aus, bis in deren dichtem Kronendach eine Lücke entsteht, ein sogenannter »Lichtschacht«. In diesem müssen die kleinen Tannen dann rasch in die Höhe wachsen, bevor die von den Seiten hereinwachsenden Äste der benachbarten Buchen den Lichtschacht wieder verdunkeln. Erst wenn es den Tannen gelungen ist, in das Kronendach vorzustoßen, können sie alle anderen Bäume überragen, eine mächtige Krone ausbilden und Früchte tragen. Bis es soweit ist, dass sie durch Aussamen wieder ein kleines Stückchen wandern können, vergehen also viele Jahre. In der Mitte und im Osten Deutschlands konnten die Tannen trockenere Gebiete wie etwa die Lausitz oder das Thüringer Becken mit ihren schweren Samen nicht überspringen. Die Kombination aus langsamer Wanderung und schwieriger Wegstrecke ist der Grund dafür, dass die Tanne Norddeutschland nicht mehr von selbst erreichen konnte.

Anpassungsfähigkeit durch Artenreichtum

Nadelbäume sind in der Evolution erstmals vor 200 Millionen, Laubbäume vor etwa 130 Millionen Jahren aufgetaucht. In diesem unvorstellbar langen Zeitraum hat es viel Bewegung und Veränderung gegeben. Immer wieder haben sich neue und alte Arten den wechselnden Umweltbedingungen angepasst. Und immer wieder sind viele dieser Arten in den Eiszeiten wieder ausgestorben. Heute gibt es in Deutschland noch etwa sechzig standortheimische Baumarten. Jede von ihnen hat sich unterschiedlichen Standortbedingungen wie Wärme, Feuchtigkeit, Bodenfruchtbarkeit oder Schattenverträglichkeit angepasst.

Rasch aufgewachsene Birken neben einem DDR-Grenzstein *(oben)* sowie zehn Jahre später *(unten)*: Die Lichtbaumart Birke kann bei viel Licht schnell aufwachsen und Früchte tragen. Nach einigen Jahrzehnten wird sie meist von anderen Baumarten überwachsen.

Licht spielt für das Aufwachsen der Bäume eine ganz entscheidende Rolle. Daher lassen sich Bäume in diese drei Kategorien einteilen:

Lichtbaumarten wie zum Beispiel Birke, Zitterpappel, Vogelkirsche, Erle, Stieleiche, Lärche und Kiefer. Sie benötigen viel Licht und besiedeln daher vorrangig Standorte, die bisher noch nicht von Wald bedeckt waren, oder größere »Störungsinseln« – lichtdurchflutete Stellen – im dichten Wald, die durch Stürme oder Waldbrände entstehen.

Junge Ahorne sind dicht unter Buchen aufgewachsen. Die Bäumchen der »Halbschattbaumart« Bergahorn überleben in der Jugend auch bei wenig Licht. Nach etwa zwanzig Jahren brauchen sie aber mehr Licht zum Überleben.

Halbschattbaumarten wie zum Beispiel Traubeneiche, Esche, Bergahorn, Hainbuche, Linde und Fichte. Viele Halbschattbaumarten können in ihrer Jugend auch relativ viel Schatten ertragen. Nach zwanzig bis dreißig Jahren benötigen sie aber mehr Licht, um in die Oberschicht aufwachsen zu können. Ein Beispiel dafür sind junge Bergahorne, die in vergleichsweise dunklen Wäldern rasch aufwachsen. Nach etwa zwei Jahrzehnten muss das Kronendach über ihnen dann aber lichtdurchlässiger werden, wenn die Ahorne zu großen Bäumen aufwachsen und nicht unter anderen Baumarten zurückbleiben sollen.

Auch junge Tannen können zunächst bei wenig Licht in die Höhe wachsen. In einem schmalen »Lichtschacht« wie auf den beiden Fotos wachsen sie viel schneller als benachbarte Fichten.

Schattbaumarten wie Buche, Tanne und Eibe brauchen am wenigsten Licht in der Jugend. Die Tanne etwa kann als halbhoher Baum bis zu hundert Jahre »im Schatten schlafen«. Wenn sie dann mehr Licht bekommt, wächst sie jedoch zum mächtigsten Baum des Waldes heran.

Tannen können zu den mächtigsten Bäumen unserer Wälder heranwachsen. Die 230-jährige »Großvatertanne« im Schwarzwald ist 45 Meter hoch, ihr Stamm hat eine Holzmenge von 36 Kubikmeter.

Altersstadien im Wald

Bäume entwickeln sich in den Naturwäldern von kleinen Sämlingen zu mächtigen Bäumen, die nach unterschiedlich langer Zeit sterben, umfallen und von vielen »Zersetzern« wie zum Beispiel dem Regenwurm wieder recycelt werden. Das höchste Alter können mit bis zu tausend Jahren Eichen, Linden und Eiben erreichen. Unsere am weitesten verbreiteten Baumarten Buche, Tanne und Fichte erreichen immerhin ein Alter von drei- bis sechshundert Jahren. »Pionierbaumarten« wie Birken, Weiden oder Zitterpappeln werden »nur« bis zu hundertfünfzig Jahre alt. In unseren Wirtschaftswäldern dürfen die Bäume hingegen meist nur achtzig bis hundertvierzig Jahre alt werden.

Auch Baumarten durchlaufen wie alle Lebewesen unterschiedliche Lebensphasen, von der Jugend über die Reifephase bis zum Zerfall. Das gilt nicht nur für den einzelnen Baum, sondern auch für den Zusammenschluss vieler Bäume, den Wald. Wenn wir einen Buchenurwald als Beispiel betrachten, dann lassen sich folgende, jeweils etwa fünfzigjährige Altersphasen erkennen: Jugend, Heranwachsen, Reife, Alter und Zerfall. Im Urwald überlappen sich die Altersphasen, so ähnlich wie in einem Mehrgenerationenhaus: Die Jugendlichen und Heranwachsenden wachsen unter dem Schirm der Alten auf. Das ist der Idealfall; ähnlich sollte es auch in der »naturnahen Waldwirtschaft« sein.

Ein Lebenszyklus im Buchenurwald beträgt demzufolge etwa 250 Jahre. Bei diesem »normalen« Lebenszyklus beherrschen weitgehend die Schattbaumarten das Kronendach. Junge Bäumchen müssen oft viele Jahre mit sehr wenig Licht auskommen, bis einer der alten Riesen stirbt und etwas mehr Licht bis zu ihnen durchdringt. Große Vielfalt an Pflanzen gibt es am Waldboden nur an diesen lichten Stellen. Dort wachsen nur im Vorfrühling für kurze Zeit Kräuter und Gräser.

Nahe einem »Lichtschacht« wird es heller *(oben)*, nach fünfzehn Jahren aber wieder dunkler *(unten)*: Zuerst konnten Hasenlattiche und kleine Tannen wachsen. 25 Jahre später hat sich der »Lichtschacht« wieder ganz geschlossen – nur die jungen Tannen mit ihren breitausgestreckten Ästen konnten das überleben.

Frühlingsblüher im blattlosen Buchenwald *(oben)* und brauner Waldboden im Sommer *(unten)*: Im dichtbelaubten Buchenwald können Kräuter nur im Frühjahr vor Laubausbruch wachsen und blühen. Im Sommer ist es am Waldboden zu dunkel für alle Kräuterarten.

»Störungen« führen zu größerer Artenvielfalt

Auch im Urwald wird die normale Entwicklung aber manchmal »gestört«. Stürme können zum Beispiel mehrere, gelegentlich auch hunderte alter Bäume umwerfen. So entstehen kleinere oder größere »Störungsinseln« im sonst geschlossenen Wald. Dann kommt die Stunde der »Pioniere«. In dem Wirrwarr stehender und umgefallener toter Bäume gibt es eine Vielfalt an kleinen Sonderstandorten mit kurzfristig unterschiedlicher Beschattung und Nährstoffversorgung. Die zahlreichen Pioniere haben unterschiedliche Strategien entwickelt, um diese Störungsinseln möglichst rasch besiedeln zu können. Da gibt es einerseits die Millionen von leichten Samen der Birken, Weiden, Zitterpappeln, Kiefern und Fichten, die vom Wind dorthin getragen werden. Und ande-

Nach einem Sturmwurf wachsen junge Vogelbeeren *(linkes Bild)* und dann auch Fichten auf: Sieben Jahre nach dem Sturm sind junge Vogelbeeren zwei Meter, zehn Jahre später *(rechtes Bild)* fünf Meter hoch. Im Schutz der umgefallenen Bäume und der Vogelbeeren sind jetzt auch Fichten bis zu vier Metern Höhe aufgewachsen.

Die auffallenden Früchte der Vogelbeere werden von Vögeln gern gefressen. Die Vogelbeere sorgt so für eine Verbreitung: Die Vögel entdecken rasch jede neue »Störungsinsel« und lassen die Samen dort wieder fallen.

Die weißen Samen des Waldweidenröschens haben kleine Fallschirme und können so weit verweht werden. Außerdem können ihre Wurzelknollen jahrzehntelang überleben und bei viel Licht wieder ausschlagen.

rerseits sind da die schmackhaften Früchte der Vogelbeeren, Wildkirschen und vieler anderer früchtetragender Sträucher und Bäume. Ihr Fruchtfleisch wird von Vögeln gefressen, die die unverdaulichen Kerne dann auch in den Störungsinseln wieder fallen lassen.

Eine der wichtigsten Pionierpflanzen, das Waldweidenröschen, hat sogar gleich zwei Strategien entwickelt. Seine kleinen Früchte sind mit kleinen Fallschirmen ausgestattet, sodass der Wind sie über große Entfernungen verbreitet. Seine Wurzelknollen können zudem über viele Jahrzehnte im Waldboden überdauern. Sie erwachen zu neuem Leben, wenn in einer Störungsinsel nach langen Jahren der Dunkelheit wieder viel warmes Sonnenlicht auf den Boden fällt. Sie wachsen auf und blühen schon nach wenigen Monaten. Die Waldweidenröschen halten mit ihren

Auf einer großen Sturmwurffläche entwickelt sich eine große Artenvielfalt: Fünf Jahre nach dem Sturm haben sich neben Himbeeren auch Holunder, Weiden und Birken angesiedelt *(oben)*. 22 Jahre später haben Vogelbeeren, Fichten und viele andere Pflanzenarten die Sturmfläche fast wieder geschlossen *(unten)*.

tiefreichenden Wurzeln den Boden fest und bilden mit ihren zarten Blättern wertvollen neuen Humus.

Doch auch die Schattbaumarten haben auf mehr Licht gewartet. Viele Jahrzehnte haben die alten Bäume immer wieder hunderttausende von Samen und Früchten auf den Waldboden verstreut. Die kleinen Sämlinge haben Wurzeln und lange Seitenäste ausgebildet (siehe Seite 201). Meist sind sie jedoch nach einigen Jahren aus Lichtmangel wieder abgestorben. Wenn dann aber eine Störungsinsel entsteht und mehr Licht bis zum Waldboden kommt, können die »Dornröschen« sofort durchstarten. Es kommt zu einem Wettlauf mit den Pionieren, der zu einem kleinflächigen Mosaik von Kraut-, Strauch-, Pionier-, Halbschatt- und Schattbaumarten führt. Dabei überwachsen die schnellwachsenden Pioniere meist die anderen Bäumchen und können schon bald blühen und Früchte tragen. Unter ihrem lichtdurchlässigen Schirm können wiederum die Schattbaumarten aufwachsen (siehe Foto auf Seite 200), aufholen und nach einigen Jahrzehnten wieder die Herrschaft übernehmen. Diese »Störungen« stellen einen Umweg des normalen, etwa 250-jährigen Lebenszyklus des Buchenurwaldes dar: Er dauert dann etwa 270 oder auch 300 Jahre und führt zu einer größeren Artenvielfalt in Bodennähe.

In einem größeren Naturwaldgebiet entsteht so immer ein »Fleckerlteppich« von Waldpartien mit einem normalen Lebenszyklus sowie von kleineren und größeren Störungsinseln mit einem verlängerten Lebenszyklus. Die große Artenvielfalt an Pflanzen, Pflanzenfressern und auch Fleischfressern, die daraus resultiert, ist auch erforderlich, wenn die vielfältigen Entwicklungsstadien im Urwald funktionieren sollen. Im Prinzip laufen die Lebensstadien im Wirtschaftswald ähnlich ab. Es fehlen aber fast immer die Alters- und die Zerfallsstadien, da der gesamte Lebenszyklus stark verkürzt ist.

Überlebensstrategie von Reh und Hirsch

Ein Beispiel soll das erläutern: Rehe haben sich im Laufe von einigen Millionen Jahren hervorragend an das Leben in Störungsinseln des Urwaldes angepasst. Mit ihrem schmalen Körper können sie sich gut durch das Gewirr aus umgefallenen Bäumen und dichtem Unterholz zwängen, querliegende Baumstämme können sie leicht überspringen. Sie sind »Weltmeister im Verstecken«. In diesem schmalen Körper hat aber nur ein kleiner Magen Platz. Deshalb sind Rehe auf leicht verdauliche Nahrung angewiesen, etwa Hasenlattich oder Waldweidenröschen. Solche Pflanzen mit zarten Blättern sind aber meist nur verstreut zu finden. Eine kleine Störungsinsel von vielleicht hundert Quadratmetern ist für eine Rehgeiß und ihre Kitze zu klein – sie muss schon größer sein, um einer Geiß mit ihren Kitzen gute Verstecke und ausreichend leicht verdauliche Nahrung zu bieten.

Ein so kleines »Rehrevier« ist für weitere Rehe nicht groß genug. Deshalb vertreibt die Geiß ihre Kitze im nächsten Frühjahr sehr energisch, um Nahrung und Versteck für ihre neuen Jungen zu sichern. Die einjährigen Rehe müssen sich eine eigene Störungsinsel suchen, wenn sie überleben wollen. Dabei müssen sie oft weite Strecken durch Wälder ohne Verstecke laufen. Sie sind

Das Reh hat einen schmalen Körper: Es kann sich durch kleinste Lücken im Verhau der Störungsinseln zwängen und sich so vor seinen Feinden schützen.

Ein Reh ist im Gewirr der Blätter und Zweige fast nicht zu erkennen. Durch seinen Körperbau und die Erstarrung bei Gefahr wurde das Reh zum »Europameister im Sich-verstecken«.

Nur wenige Pflanzen wie etwa der Hasenlattich haben dünnwandige Zellen. Mit ihrem kleinen Magen können Rehe im Sommer nur zarte Pflanzen wie Hasenlattich, Waldweidenröschen, Blattspitzen oder frische Knospen verdauen.

Im kleinen »Rehrevier« vertreibt die Rehgeiß energisch ihr vorjähriges Kitz. Rehe brauchen relativ große Reviere, in denen sie genügend leicht verdauliche Nahrung finden. Deshalb kämpfen auch Rehböcke so energisch darum.

Rehe sind Hundert-Meter-Sprinter: Ein Luchs kann es nur erbeuten, wenn es etwa auf der Suche nach einem Revier zu weit vom nächsten Dickicht entfernt ist – so dieses Reh.

Rehgeiß mit zwei Kitzen zieht sich ins Dickicht zurück. Rehe haben in Jahrmillionen gelernt, dass sie immer wieder einen »Populationssturz« erleiden und sich danach rasch wieder vermehren müssen.

dabei Wolf und Luchs fast chancenlos ausgeliefert. Viele Rehe werden auf diesen Wanderungen Opfer der Beutegreifer. Um diese Verluste auszugleichen, müssen sich Rehe sehr rasch vermehren können. In einer großen Störungsinsel (siehe Fotos Seite 34 und 36) können sich eine Rehgeiß und ein Rehbock in wenigen Jahren zu einer Population mit dreißig oder fünfzig Individuen entwickeln. Aber auch dort bietet der neu aufwachsende Urwald nur für etwa dreißig Jahre ein sicheres Versteck. Danach kann der Luchs durch den jungen Wald sehen und die Rehe erfolgreich jagen. Im Urwald kommt es daher immer wieder zu einem dramatischen »Populationssturz«. Über einen längeren Zeitraum hinweg wird es in einem größeren Waldgebiet daher nur auf etwa 10 Prozent der Gesamtfläche für Rehe geeignete Lebensräume geben. Dort kann die Anzahl der Rehe stark ansteigen, auf der Gesamtfläche des mitteleuropäischen Urwaldes ist sie hingegen sehr niedrig. Urwälder mit einer natürlichen Dynamik sowie mit Luchsen und Wölfen hat es in Mitteleuropa vor zweitausend Jahren noch in weiten Teilen gegeben, heute allerdings nicht mehr. Vielleicht können sie mit gutem Willen auf kleinen Teilflächen wieder entstehen.

Eine dichte »Störungsinsel« im Buchenwald *(links oben)* ist sechzehn Jahre später *(rechts oben)* gerade noch dicht genug als Rehversteck, 25 Jahre später *(rechtes Bild)* schon nicht mehr: Im Buchenwald sind mehrere Altbuchen abgestorben. Unter ihnen konnte eine kleine »Störungsinsel« so dicht aufwachsen, dass sich ein Reh darin verstecken konnte. Sechzehn Jahre später wird es schon etwas durchsichtiger, und nach 25 Jahren ist die »Störungsinsel« so durchblickbar, dass sich kein Reh mehr darin verstecken kann.

Im Gegensatz zum Reh hat der Rothirsch eine völlig andere Überlebensstrategie entwickelt. Seine kräftigen Beine und seine große Lunge machen ihn zu einem ausdauernden Läufer. Mit seinem großen Magen kann er auch aus schwerer verdaulichen Gräsern noch ausreichend Energie gewinnen. Er ist ein Tier des Offenlandes und der lichten Wälder. Dort kann er mit seinem mächtigen Geweih den Rivalen und den Weibchen imponieren. Hirsche leben im Gegensatz zu den Rehen in Rudeln zusammen. So können sie sich besser vor ihren Hauptfeinden, den Wölfen, schützen.

Hirsche haben auf den nacheiszeitlichen Steppen vor etwa neuntausend Jahren viel Nahrung gefunden. Diese Nahrung wurde in den Birken-Kieferwäldern und danach in den Eichenmischwäldern Mitteleuropas immer weniger. Seit der »Buchenzeit« mit der wenigen pflanzlichen Nahrung am Waldboden haben Hirsche gute Lebensbedingungen nur noch auf den »natürlichen Matten« im Gebirge oder in lichten, sumpfigen oder zeitweise überschwemmten Wäldern gefunden.

Der Hirsch hat sich mit seinen kräftigen Beinen und dem massigen Körper dem Leben im »Offenland« angepasst: Er ist ein »Marathonläufer« und kann mit seinem großen Magen auch harte Gräser und Strauchteile verdauen.

Das Rotwild sucht seine Nahrung vorwiegend auf Grasflächen, wenn es nicht durch eine zu lange Jagdzeit daran gehindert wird.

Ein Reh frisst Zweigspitzen und harte Brombeerblätter. Im Winter können Rehe auch daraus noch etwas Energie gewinnen. Trotzdem sind diese Monate eine Zeit der Auslese, in der viele schwache Rehe sterben.

Eines haben Rehe und Hirsche jedoch gemeinsam: Sie haben sich dem Wechsel zwischen nahrungsreichen Sommerhalbjahren und kalten, nahrungsarmen Winterhalbjahren hervorragend angepasst. Rehe haben alle energieaufwändigen Aktivitäten wie zum Beispiel Begattung, Geburt und Jungenaufzucht in das Sommerhalbjahr verlegt. Gerade bei der Begattung muss das Reh als Einzelgänger seine Abneigung gegen Artgenossen durch ein langes und energieaufwändiges »Vorspiel« – ein Rennen im Kreis – abbauen. Deshalb findet diese sogenannte »Blattzeit« in der Zeit des Nahrungsüberschusses statt, also im Hochsommer. Bei einer Schwangerschaftsdauer von fünf Monaten würden die Kitze jedoch im Januar geboren – und damit rasch erfrieren oder verhungern. Deshalb hat die Evolution einen großartigen Weg zur Anpassung an den besonderen Lebensraum gefunden: Eine viereinhalbmonatige Keimruhe führt dazu, dass die Kitze erst im Mai in der Zeit des beginnenden Nahrungsüberschusses geboren werden.

Durch eine Umstellung des Verdauungsapparates sind Rehe in der Lage, im nahrungsarmen Winter auch aus dickwandigen Pflanzenteilen – wie etwa Brombeerblättern – noch etwas Energie herauszuholen. Sie sind im Winter auch toleranter gegen andere Rehe und leben dann oft zu mehreren in »Sprüngen« zusammen. Trotzdem ist der Winter für Rehe eine harte Zeit der Auslese: Wer zu schwach ist, fällt in der Natur dem Hunger oder den Beutegreifern zum Opfer.

Pflanzenarten wie Seidelbast, Tanne, Ahorn und Buche wachsen am Waldboden: Nur die große Artenvielfalt sichert das ständige Fließgleichgewicht im Wald. Der Mensch hat es besonders durch die überhöhte Zahl großer Pflanzenfresser stark gestört.

Hirschkühe müssen als Herdentiere vor der Paarung keine Energie durch ein langes »Vorspiel« verschwenden. Die Brunft findet im Frühherbst statt, und die Kälber werden nach einer Tragzeit von neun Monaten Ende Mai geboren. Im Spätherbst sind die Hirsche früher aus den weniger dichten Wäldern und waldfreien »Wiesen« in den Hochlagen der Gebirge meist weit in die Auwälder hinabgewandert. Extreme Kälte überstehen sie durch einen »versteckten Winterschlaf«, bei dem äußere Körperteile wie zum Beispiel die Beine extrem abkühlen. Auch die Hirsche haben im Winter große Verluste besonders durch Wölfe erlitten. Diese haben nach einer kurzen Verfolgungsjagd schnell erkannt, ob ein geschwächtes Tier in einem Hirschrudel mitrennt. War das der Fall, haben sie das Rudel oft kilometerweit verfolgt, bis sie das geschwächte Tier einholen und töten konnten.

Die Umweltbedingungen, das Klima und die Bodengüte ändern sich auf der Erde seit Urzeiten immer wieder. Alle Arten müssen sich diesen fast immer längerfristigen natürlichen Veränderungen im Zuge der Evolution stets neu anpassen – oder sie sterben aus. Für ein so komplexes Beziehungsgeflecht wie den Wald ist diese immer neue Anpassung unbedingt notwendig, wenn es nicht zu schwerwiegenden Kalamitäten kommen soll. Diese Anpassung ist aber nur möglich, wenn die natürliche Artenvielfalt des Naturwaldes weitgehend erhalten bleibt.

Durch die menschlichen Eingriffe hat sich das in Jahrmillionen gewachsene Beziehungsgefüge grundlegend geändert. Besonders folgenreich waren die Ausrottung der großen Beutegreifer Wolf, Bär und Luchs, die intensive »Hege« einiger weniger großer Pflanzenfresser und die starke Holzentnahme. Die Bedeutung dieser Veränderungen durch den Menschen für die Zukunft unserer Wälder wird im nächsten Kapitel behandelt.

Kapitel 3

Die Zukunft des Waldes beginnt in der Vergangenheit

Vor rund 14 000 Jahren reichten die Gletscher von Norden bis an den Rand des Harzes und von Süden an den Starnberger See. In den dazwischenliegenden Gebieten breitete sich eine lichtdurchflutete, steppenartige Vegetation aus. Riesige Herden großer Pflanzenfresser – wie zum Beispiel Mammut, Rentiere, Wollnashorn und Riesenhirsch – weideten dort. Die damaligen Menschen lebten in kleinen Gruppen und verfolgten die Tiere auf ihren Wanderungen. Dieser Lebensraum bot ihnen nur wenig pflanzliche Nahrung – um zu überleben, waren sie daher weitgehend auf die Jagd angewiesen. Dazu mussten sie die Lebensgewohnheiten ihrer Beutetiere genau kennen. Zahlreiche wunderbare Höhlengemälde zeugen davon und lassen auf eine nahezu emotionale Beziehung zu diesen Tieren schließen. Trotzdem haben sie manchmal viel mehr Tiere getötet, als sie verwerten konnten, etwa wenn sie große Herden wilder Pferde gezielt über Felsabstürze trieben.

Vor 14 000 Jahren wuchsen in der baumfreien Landschaft viele Pflanzen in Bodennähe und waren Nahrung für zahlreiche Pflanzenfresser. Die Menschen bejagten diese Tiere mit einfachen Waffen (etwa Fallgruben) einfallsreich.

Die Rückkehr der Bäume

Vor etwa 12 000 Jahren wurde es wärmer, die Gletscher zogen sich ziemlich rasch aus Mitteleuropa zurück. In den eisfreien Gebieten entwickelte sich eine steppenartige Vegetation. Die riesigen Tierherden fanden zunächst noch ausreichend Gras als Nahrung. Aber dann kehrten lichtliebende Pionierbaumarten wie Birken und Kiefern zurück. Sie hatten die Eiszeit nicht allzu weit vom Eisrand entfernt überdauert. Ihre leichten Samen werden vom Wind weit getragen, und die jungen Bäume tragen schon nach wenigen Jahren Früchte – so können sie relativ schnell »wandern«. Es bildeten sich lichte Wälder, die den Boden beschatteten. Dort konnten folglich nicht mehr so viele Pflanzen wachsen wie vorher, die großen Pflanzenfresser fanden immer weniger Nahrung. Manche Tierarten wie etwa der Riesenhirsch starben aus, die Zahl der übrigen »Offenlandarten« ging stark zurück.

Die jagenden Menschen mit ihren Speeren als »Fernwaffen« haben sicher auch zur Reduzierung der großen Wildherden beigetragen. Ihre Zahl war aber noch so gering, dass sie kaum in der Lage waren, die großen Pflanzenfresser auszurotten. Diese Birken-Kiefern-Zeit hat etwa zweitausend Jahre gedauert. Dann wurde das Klima nochmals entscheidend wärmer. Es entwickelten sich Eichenmischwälder mit zahlreichen Haselsträuchern (siehe Foto Seite 22). Die Folge: Es kam noch weniger Licht bis zum Waldboden, wo nun noch weniger Pflanzen gedeihen konnten. Die Herden großer Pflanzenfresser verschwanden, und die Menschen mussten sich auf neue Jagdtierarten einstellen, etwa Wildschwein, Elch, Auerochse, Wisent und Rothirsch. Diese Waldtiere sind jedoch viel seltener als die Herdentiere der Steppe. Auch wenn die Menschen gleichzeitig die essbaren Früchte der Wälder entdeckten wie etwa Haselnüsse, Eicheln, Beeren und Pilze – die Nahrung wurde knapp für unsere Vorfahren.

Aus Jägern werden Bauern

Doch der Mensch ist anpassungsfähig. Im Vorderen Orient hatten die Menschen vor etwa 10 000 Jahren gelernt, aus Wildkräutern Getreide und aus Wildtieren Haustiere zu züchten. Ackerbau und Viehzucht kamen durch Einwanderung oder durch Erfahrungsaustausch etwa zweitausend Jahre später auch nach Mitteleuropa. Für den Getreideanbau haben sich die Menschen die fruchtbarsten Standorte ausgesucht, die Lössböden. Damit das Getreide gut wachsen kann, muss aber viel Licht bis zum Boden gelangen. Die Menschen hatten allerdings nur Werkzeuge aus Holz, Horn und Stein, und damit war das Fällen dicker Bäume äußerst zeitaufwändig. Deshalb haben sie mit ihren einfachen Werkzeugen meist nur alle schwächeren Stämme gefällt und dann zwischen die vereinzelt stehenden starken Bäume Getreidesamen gesät.

Ihre Haustiere haben sie zur Weide in die umliegenden Wälder getrieben. Um die Siedlungen entstanden so parkartige Landschaften. Wenn der Boden nach einigen Jahren erschöpft war, sind diese »Lössbauern« weitergezogen und haben den Wald an einer anderen Stelle aufgelichtet. Mit dieser Umstellung des Nahrungserwerbs verlor die Jagd ihre herausragende Bedeutung für die

Menschen. Sie war jetzt in erster Linie zum Schutz der Haustiere vor Wolf und Bär sowie der Äcker vor großen Pflanzenfressern wie Hirsch und Wildschwein notwendig.

Die Buche kehrte vor etwa sechstausend Jahren nach Süddeutschland zurück. Sie »unterwanderte« die Eichen- oder Kiefernwälder und eroberte die Oberschicht des Waldes überall dort, wo es nicht allzu trocken, nass oder kalt war. In den folgenden zweitausend Jahren ist sie so bis zur Ostseeküste vorgedrungen. Wegen des dichten Blätterdachs der Buche wurden viele Wälder noch dunkler, noch weniger Licht drang bis zum Waldboden vor und nur mehr wenige große Pflanzenfresser konnten dort überleben. Die Jagd durfte zwar noch von allen freien Stammesmitgliedern ausgeübt werden, sie war in den wildarmen Buchenwäldern aber sehr zeitaufwändig. Für die Fleischgewinnung der Bauern verlor sie weiter an Bedeutung.

Vor 8000 Jahren war der Wald bereits dichter geworden. In Bodennähe fanden nur noch wenige Pflanzenfresser Nahrung, und so mussten sich auch die Menschen auf andere Nahrung umstellen. Jäger wurden zu Bauern und mussten in harter Arbeit Wald roden.

Die Eisenzeit (vor etwa dreitausend Jahren) brachte den Kelten und Germanen bessere Werkzeuge: die Axt für die Rodung und den Pflug für den Acker. Zur Herstellung und Bearbeitung von Eisen waren hohe Temperaturen erforderlich, die nur mit Holzkohle erreicht werden konnten. Deshalb wurden in der Nähe der Erzvorkommen viele Bäume gefällt, um in Meilern Holzkohle zu erzeugen. Noch mehr Holz brauchte man zur Salzgewinnung. Die Sole – Wasser mit einem hohen Salzgehalt – musste verdampft werden. So ist zum Beispiel schon vor 2500 Jahren eine Saline in Reichenhall in Betrieb genommen worden. Das notwendige Holz wurde über hölzerne Klausen zuerst mit dem Hochwasser in die Saalach und dann flussabwärts nach Reichenhall getriftet. Trotz dieser lokal starken Holznutzung waren die Rodungsinseln im Wald in dieser Zeit noch nicht übermäßig groß.

Vor 1200 Jahren gab es in Mitteleuropa in den dichten Laubwäldern nur wenige Rodungsinseln. Im Süden und in der Mitte waren oft Tannen, im Osten Kiefern beigemischt. Fichten wuchsen in den Gebirgen und an den Rändern der Moore.

Wälder werden gerodet und erobern ihre Flächen zurück

Das änderte sich, als die Römer um 15 vor Christus die Gebiete des heutigen Süd- und Westdeutschlands besetzten. Was sie vorfanden, hat Plinius in dem Satz zusammengefasst: *»Wälder bedecken das ganze Germanien und verbinden die Kälte mit dem Dunkel.«*

Für etwa fünf Jahrhunderte wurden auf den fruchtbaren Böden südlich des Limes viele Wälder gerodet und Siedlungen angelegt. Während der darauf folgenden Zeit der Völkerwanderung wurden etliche davon wieder aufgegeben. Die ehemals landwirtschaftlich genutzten Böden wurden rasch von Pionierbaumarten, danach von Eichen und schließlich auch von der Buche zurückerobert. Noch immer durften alle freien Männer eines Stammes die Jagd ausüben. Ihre Bedeutung als überlebensnotwendige Tätigkeit wurde aber geringer – die Jagd entwickelte sich zu einer bevorzugten Tätigkeit der Stammeshäuptlinge. Sie jagten Hirsche oft über weite Strecken mit dem Pferd und töteten sie mit dem Schwert. Die Jagd diente so der körperlichen Ertüchtigung und als Training für den Krieg. Als Symbol eines erfolgreichen »Manövers« erhielt der Sieger den Vorderlauf des getöteten Hirsches.

Vor tausend Jahren hatte sich die Jagd zum bevorzugten Freizeitvergnügen entwickelt und galt als Vorbereitung auf den Krieg. Erfolgreiche Jäger erhielten nach anstrengendem Ritt den linken Vorderlauf des erlegten Hirsches als Trophäe.

Nach dem Ende der Völkerwanderung brauchten die neuen Siedler erneut große Ackerflächen. Sie rodeten bevorzugt Wälder auf den fruchtbarsten Standorten, die früher schon einmal Ackerland gewesen waren. Ihre Weidetiere trieben sie in den benachbarten Wald. Dort war die Eiche besonders begehrt, da man mit den Eicheln die Schweine mästen konnte. Der Wald wurde durch den Verbiss der Haustiere und die Begünstigung der Eichen im Laufe der Jahrzehnte etwas lichtdurchlässiger. Die Rodungen erfolgten zunächst in siedlungsnahen Wäldern durch gemeinschaftlich organisierte Nachbarschaftshilfe. Die Rodungsflächen und die angrenzenden Wälder gehörten nach altem fränkischem Recht allen Markgenossen gemeinsam: die sogenannte »Allmende«.

Der Kampf um die Nutzung des Waldes beginnt

Doch das änderte sich bald. Im Fränkischen Reich formte sich aus altem Volksbrauch und römischem Recht eine neue Feudalgesellschaft. In ihr gab es »Mächtige« (potentes), die Herrenschicht des Adels, und »Machtlose«, »Arme« (pauperes), die versuchten, ihr Leben durch die Verteidigung der alten Rechte einigermaßen erträglich zu gestalten. Damit begann ein Kampf um die Nutzung des Waldes, der bis heute andauert.

Die Könige konnten ihre Macht nur sichern, wenn es ihnen gelang, die Führungskräfte in Heer, Verwaltung und Kirche durch die Belehnung mit Land an sich zu binden. Deshalb brauchte ein König viel Land. Er sprach daher über alle noch weitgehend unangetasteten Wälder zwischen den Siedlungen den Forstbann aus. Damit wurden diese, bis dahin für jedermann zur Jagd oder zur Rodung freien Wälder zu »Königsforsten« erklärt. Nur der Regent hatte hier das königliche Recht auf die Jagd, das Holz und andere Gaben des Waldes sowie den Bergbau. Er belehnte seine adeligen Führungskräfte und auch die Klöster mit Teilflächen dieser Königsforste. So wurde der Wald zu einem entscheidenden Machtinstrument. Die »Lehnsherren« der Wälder durften das »königliche Vergnügen« der herrschaftlichen Jagd ausüben und gewannen so hohes gesellschaftliches Prestige. Die sozialen Unterschiede bei der Nutzung der Wälder und ganz besonders bei der Jagd wurden entscheidend größer.

Hunger war alltäglich bei vielen Bauern. Genügend Fleisch konnten sie nur erzeugen, wenn sie ihre Schweine in einem Eichenmastjahr in den Wald treiben konnten. Dort konnten diese sich an den Eicheln eine Fettschicht anfressen.

Bald erlangten die riesigen Königsforste weitere Bedeutung. Die neuen Herren im Wald wollten sich nicht nur bei der Jagd vergnügen, sie wollten auch einen wirtschaftlichen Nutzen. Deshalb ließen sie viele Waldgebiete von Bauern roden. Sie verlangten einen Teil der auf den Äckern erzielten Ernte sowie Abgaben für unterschiedliche Zwecke. Die Bevölkerung wuchs. Um das Jahr 1350 war sie in Deutschland auf dreizehn bis fünfzehn Millionen angestiegen. Neue Äcker und neue »Nährwälder« zur Mast der Hausschweine sollten die zahlreich gewordenen Menschen ernähren. Wir

Zwischen 800 und 1350 n. Chr. wurde der Wald zur Anlage von Feldern auf etwa 25 Prozent der Landesfläche zurückgedrängt. Die Pest beendete diese Rodungen. Der Wald eroberte Flächen zurück und bedeckt heute etwa ein Drittel Deutschlands.

können uns heute nicht mehr vorstellen, welch enorme Bedeutung es für die damaligen Menschen hatte, wenn sie in einem Eichenmastjahr ihre Schweine in den Wald treiben konnten. Denn dann war sicher, dass sie genügend Fleisch und Speck hatten, um den Winter ohne Hungersnot zu überstehen.

So wurde vom 9. bis zum 14. Jahrhundert unter großen Mühen intensiv gerodet und/oder der Wald aufgelichtet. Nur abgelegene Bergwälder und die meisten Kerngebiete der Königsforste blieben als dichter Wald zum Jagdvergnügen des Königs erhalten, etwa der Nürnberger Reichswald, der Spessart und der Kottenforst bei Köln. Sie sind heute noch unsere letzten großen zusammenhängenden Waldgebiete außerhalb der Gebirge.

Im 14. Jahrhundert verebbte die Rodungstätigkeit. Das hatte zwei Gründe. Einmal war der Wald von etwa drei Viertel der Landesfläche auf etwa ein Viertel zurückgedrängt worden. Er war aber für die Bevölkerung überlebenswichtig, war mit seinem Holz und der Holzkohle die einzige Energiequelle und lieferte Bau- und Werkholz für fast alle Lebensbereiche, Futter für die Haustiere und vielfältige Nahrung für die Menschen. Für die Fürsten war er hingegen Stätte der »Jagdlust« als bevorzugte Freizeitbeschäftigung und sichtbarer Ausdruck ihrer Macht. Die sozialen Unterschiede wurden jetzt immer deutlicher.

Viel dramatischer hat ein anderes Ereignis die Rodungswelle beendet: Die Pest, die von 1347 bis 1352 in ganz Europa wütete. Ein Drittel, vielerorts sogar die Hälfte der Bevölkerung ist an der Pest gestorben. Zahlreiche Siedlungen mussten aufgegeben werden. Der Wald eroberte die Flächen zurück. Wieder kamen zuerst die Pionierbaumarten, dann die Eiche und schließlich die Buche.

Die »hohe Zeit der Jagd« und ihre Folgen für die Bauern

Die Bevölkerung wuchs danach wieder an, aber das Leben der Bauern wurde immer härter. Ihre Herren verlangten höhere Abgaben. Die Jagd wurde mehr und mehr zum Symbol ihrer Macht. Unter dem Eindruck dieser bedrückenden Verhältnisse schreibt Martin Luther über die sozialen Folgen dieser Form der Jagd: »*Unsere Fürsten sündigen … auch ganz schwerlich, daß sie mit ihren vielen unmäßigen Jagen, die armen Leute beschweren, den armen Bauren … die Früchte verderben, machen ihnen den Acker ganz wüste, und man muß keinerley weise das Wild aus den Gärten und Ackern wegtreiben, sondern es muß frey Schaden thun …*«

Vor rund sechshundert Jahren war die Jagd Machtsymbol der herrschenden Klasse. Die vielen Hirsche fanden Nahrung vorrangig auf den Äckern – die Bauern konnten wenig ernten, durften sich aber nur mit Steinschleudern oder niedrigen Zäunen wehren.

Die Schäden durch die Jagd auf den Äckern der Bauern waren ein wichtiger Auslöser für die Bauernkriege um das Jahr 1525. Nach ihrer Niederschlagung wurden die alten Volksrechte am Wald weiter eingeschränkt, die Last der Feudaljagd erdrückte die Bauern noch mehr. Der kritische Jagdhistoriker Ulrich Wendt fasst die Entwicklung so zusammen: »*Die Erobererkaste des Mittelalters hatte … die Jagd an sich gerissen und nutzte sie aus zu ihrem eigenen Vergnügen und Genuß … Sie mißbrauchte ihre Gewalt, um mit der Jagd das Volk zu quälen; sie mästete das Wild auf dem Acker des Volkes, sie zwang das letztere sogar, ihr noch zu dienen bei der Jagdausübung. Das Jagen selbst ward immer blutiger und massenhafter. Dies war die sogenannte ›hohe Zeit der Jagd‹.*«[1]

Stadtluft macht frei

Besonders im 12. und im 13. Jahrhundert hatten Könige und Fürsten viele Städte in Deutschland gegründet. Sie wurden zu Geburtsstätten des Bürgertums und erlangten schnell Reichtum und Macht. Es waren die unternehmungsfreudigsten der Bauern und ländlichen Handwerker, die der Not entkommen wollten und in die Städte zogen. »Stadtluft macht frei«, lautete die verlockende Devise.

Die Städte verbrauchten sehr viel Holz für Hausbau, Heizung und Gewerbe. Auch zum Wiederaufbau der Holzhäuser nach Bränden, die in der Zeit häufig waren, wurde Unmengen von Holz benötigt. Der Konkurrenzkampf um das Holz und die anderen Gaben des Waldes wurde folglich immer härter.

Holz war damals fast überall die einzige Energiequelle. In den meisten Häusern gab es nur offene Feuerstellen. Durch sie kam es oft zu Bränden, die sich rasch ausbreiteten.

Gegen Ende des Mittelalters wurden die Handelswege erweitert. Wirtschaft und Handel erlebten einen enormen Aufschwung. Beispielsweise die Produktion von Eisen oder die Gewinnung von Salz stieg an, der Rohstoff Holz wurde knapp. Zur Verhüttung der Erze in den neuen Bergwerken wurden gewaltige Mengen an Holz gebraucht, so dass die Holzvorräte in der Nähe der Bergwerke rasch aufgebraucht waren. Köhler arbeiteten deshalb auch in abgelegenen Wäldern.

Forstordnungen sollen die Waldnutzung regulieren

Im 16. und zu Beginn des 17. Jahrhunderts konnten die weltlichen und geistlichen Landesfürsten ihre absolutistische Herrschaft weiter ausbauen. Sie wollten prächtige Schlösser bauen und aufwändige »Jagdlustbarkeiten« veranstalten, und die Wälder sollten die Finanzmittel dazu liefern. Das führte zwangsläufig zu sozialen Konflikten, denn in der Nähe der Siedlungen und Bergwerke wurde das Holz knapp. Die Landesfürsten beschnitten die Volksrechte weiter und erließen Forstordnungen, die die Holz- und Weidenutzung auch für die bäuerlichen Wälder einschränkten und den Holzverbrauch streng reglementierten. Für Verstöße wurden drakonische Strafen angedroht. Das soll einen kurfürstlichen Hofmeister, der die zahlreichen Verbote 1527 vorlesen sollte, zu dem Schreckensruf veranlasst haben: *»Ach lieber Gott, wieviel neuer Geboth, laß es in Güte walten, wer kann sie alle halten!«*

Intensive und vielfältige Waldnutzung in Ortsnähe für Bauholz *(rechts im Bild)*, für Brennholz *(Bildmitte)* und für Holzkohle *(links oben)*. Die Wälder waren in erreichbarer Entfernung zu den Dörfern daher oft lückig und wenig ertragreich.

Es war Aufgabe der Förster, die Einhaltung der Forstordnungen zu überwachen. Diese manchmal auch willkürliche Überwachung hat den Unmut der Bauern weiter angefacht. Die Forstordnungen haben bei allen sozialen Ungerechtigkeiten allerdings wesentlich dazu beigetragen, dass die völlige Umwandlung der meisten Wälder in Heiden oder lichtdurchflutete Parklandschaften bis zum Beginn des 17. Jahrhunderts verhindert werden konnte.

»Wo der Wolf geht, wächst der Wald«

Der Dreißigjährige Krieg von 1618 bis 1648 verwüstete Deutschland. Die Zahl der Bewohner sank von sechzehn auf zehn Millionen. Wieder erhielt der Wald regional eine Chance zur Regeneration. Ein Beispiel dafür ist der Spessart. Als dieses große Laubwaldgebiet im Jahr 1814 zu Bayern kam, rätselten die Förster über die Entstehung des »Heisterblocks«. Das ist ein etwa sechs Quadratkilometer großer Waldteil mit schönen alten Eichen. Seine Entstehung führten die Förster auf »besondere Umstände« zurück.

Forstdirektor Heinz Staudinger hat diese »besonderen Umstände« genauer untersucht. Er zitiert einen Zeitzeugen zu den Kriegsfolgen um das Jahr 1630: *»So seint fast alle Dorfschaften öde und ohne Leut gestanden.«* Er belegt mit genauen Zahlen über die Auszahlung von »Fanglöhnen« für getötete Wölfe, dass ihre Zahl zwischen 1630 bis 1650 wegen mangelnder Bejagung sehr stark angestiegen ist. Die wenigen Siedler des Spessarts haben in dieser Zeit ihr Vieh aus Angst vor dem Wolf nicht mehr zur Weide in die Wälder getrieben. Die Wölfe waren deshalb als Beute voll auf ihre natürliche Nahrung, das Wild, angewiesen. Die Zahl der Rehe, Hirsche und Wildschweine wurde für einige Jahrzehnte auf eine naturnahe Größenordnung zurückgeführt. Alle Baumarten konnten sich wieder natürlich verjüngen. Staudinger ist sich sicher: *»Die besonderen Umstände in den Jahrzehnten von 1630 bis 1650, als der Heisterblock entstand, sind maßgeblich vom Wolf bestimmt.«*[2] Das alte Sprichwort gewinnt wieder Gültigkeit: »Wo der Wolf geht, wächst der Wald.«

Wölfe jagten früher Hirsche und Rehe, aber auch Haustiere. Sie wurden deshalb intensiv von den Menschen verfolgt. Im Dreißigjährigen Krieg konnten sich die Wölfe dann vermehren – und die Zahl der Hirsche und Rehe wurde wieder naturnah gering.

Im Spessart konnten Mitte des 17. Jahrhunderts bei einigen Wolfsrudeln, naturnah wenig Rehen und Hirschen sowie einer geringen Waldweide mit Haustieren viele junge Eichen aufwachsen. Später wurden die besten Eichen mit jüngeren Buchen feinfühlig »umfüttert«: Ein gekonnter Waldbau, der bis heute bewundert wird.

In den Jahren nach 1650 sind die Wölfe wieder intensiv verfolgt worden und waren um 1715 fast ausgerottet. Über das weitere Gedeihen der Eiche schreibt Staudinger: *»Nach 1670 verjüngt sich die Eiche nicht mehr und fehlt im Spessart für die nächsten hundert Jahre … Es besteht ein Zusammenhang zwischen dem Verschwinden des Wolfes und dem Verschwinden der Eiche!«* Mit enormen Kosten sind seitdem über sechstausend Hektar Eichensaatflächen wegen des hohen Wildverbisses eingezäunt und nachgezogen worden. Staudinger fragt: *»Wer berechnet, was die Ausrottung des Wolfes den Steuerzahler gekostet hat?«*

Nach dem langen Krieg waren viele Dörfer und Städte, Felder und Bergwerke zerstört, auch die staatliche Ordnung lag darnieder. Die Menschen machten sich an den Wiederaufbau und benötigten dafür sehr große Mengen an Holz. Zunächst nahm sich jeder im Wald, was er kriegen konnte. Aber schon bald ordneten die zahlreichen Landesfürsten wieder den strengen Vollzug der Forstordnungen an.

In den letzten zweihundert Jahren haben die Spessart-Förster die dicht aufgewachsenen Eichen des »Heisterblocks« durch eine intensive Pflege so gut mit jüngeren Buchen »umfüttert«, dass dort heute starke, weit hinauf astfreie Wertholz-Eichen stehen. Das war gekonnter Waldbau, der zu dem heute viel bestaunten, vermutlich wirtschaftlich wertvollsten Wald Deutschlands geführt hat.

Der »ewige Wald« als Vorläufer der Nachhaltigkeit

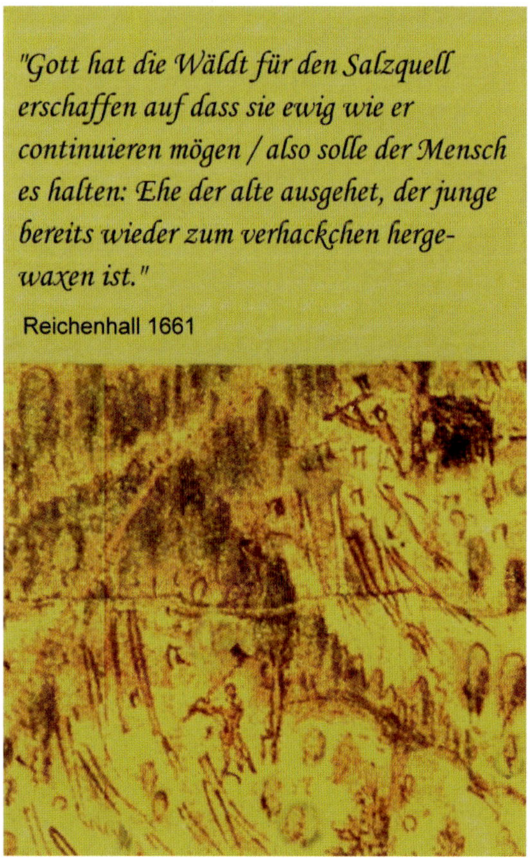

In Reichenhall wurde schon im 16. Jahrhundert die Idee vom »Ewigen Wald« erdacht und 1661 auch schriftlich niedergelegt. Auf der Zeichnung ist zu erkennen, dass bei den Hieben alle schwächeren Bäume stehen gelassen wurden.

Die bereits erwähnte Gewinnung von Erz und Salz war für manche Fürstentümer eine immens wichtige Einnahmequelle. Voraussetzung für das langfristige Weitersprudeln war eine sichere und dauerhafte Bereitstellung von Holz als Energiequelle. Weitsichtige staatliche Verwaltungsbeamte haben dies schon im 16. Jahrhundert erkannt. So wurde zum Beispiel für die Wälder im Einzugsbereich der Saline Reichenhall schon zu Beginn des 16. Jahrhunderts ein »Waldmeister« eingesetzt. Er sollte diese Wälder vermessen, die Holzvorräte schätzen und dann berechnen, wie eine *»continuierliche«* Holzversorgung für die Saline gesichert werden konnte. Daraus hat sich der Grundsatz des »ewigen Waldes« entwickelt. Schriftlich wurde dieser Grundsatz erst im Jahr 1661 vom Reichenhaller Ratskanzler Schmidt festgehalten: *»Gott hat die Wäldt für den Salzquell erschaffen auf daß sie ewig wie er continuieren mögen / also solle der Mensch es halten: Ehe der alte ausgehet, der junge schon wieder zum verhackhen hergewaxen ist.«* Damit wird in der Sprache der damaligen Zeit die Idee der Verantwortung auch für die kommenden Generationen formuliert. Der »ewige Wald« fordert ein gezieltes Abwägen zwischen der gegenwärtigen wirtschaftlichen Nutzung des alten Waldes und der Sorge für das Aufwachsen des jungen Waldes, der nach etwa 140 Jahren genutzt werden konnte.

»Nachhaltigkeit« als Verantwortung für kommende Generationen

Im Jahr 1713 formulierte der sächsische Oberberghauptmann Hans Carl von Carlowitz in seiner Schrift *Hauswirthliche Nachricht und Naturgemäße Anweisung zur Wilden Baum-Zucht*, dass die Nutzung des Waldes *»continuierlich, beständig und nachhaltend«* sein müsse. Sein Verdienst ist es, dass er nicht nur »nachhaltend« als Wortschöpfung erfunden hat, sondern dass er ausdrücklich die Verantwortung gegenüber der *»lieben Posterität«* – den kommenden Generationen – einfordert.

Carlowitz' Buch ist vom Geist nachhaltigen, verantwortungsvollen Handelns durchdrungen, das auf das *»bonum publicum«*, das Gemeinwohl, orientiert ist.[3] Carlowitz' ethisches Bekenntnis ist die Schöpfungsverantwortung und die Verantwortung den nachkommenden Generationen gegenüber. Aus diesem Bekenntnis heraus empört er sich über die Zustände und die Nachlässigkeit im Umgang mit dem Wald. Holzvorräte im Wald sind zu halten, möglichst aufzubauen, denn sie dienen auch als Risikovorsorge, weil nur so ein Wiederaufbau etwa der Siedlungen nach einem Brand ermöglicht wird.[4]

Aus Sorge vor einer Holznot verwendete der Berghauptmann Hans von Carlowitz (1645–1714) erstmals das Wort »nachhaltend« und forderte die Verantwortung vor der »lieben Posterität« (den kommenden Generationen) ein.

Für Carlowitz sind die hohen Wildverbissschäden mit dieser Generationengerechtigkeit nicht vereinbar. Er zeigt dies an einem Beispiel: *»Wir thun auch denen Wäldern sonderlich was den jungen Wiederwachs anbetrifft / grossen Abbruch / dero eigene Einwohner / nehmlich das Wild / so die Sommerlatten und Jahrwachs an Gipffeln und Aesten abbeisset / und also sehr mercklichen Schaden verursachet … Es ist von gewissen Leuten referiret worden / daß sie auf einen großen Stockraum einen schönen Anflug von viel 1000 jungen Tännling befunden / und sich höchst darüber erfreuet … / Allein als sie nach weniger Zeit wieder dahin kommen / haben sie nicht eine einzige Pflantze da-*

Carlowitz prangerte auch sehr deutlich die hohen Wildschäden an. Er erkannte schon vor dreihundert Jahren, dass eine nachhaltige Forstwirtschaft bei unnatürlich hohen Wildbeständen nicht zu verwirklichen ist.

von mehr allda ins Gesicht bekommen können / sondern durch die dabey befindliche Wildprets Fährte und Spuren war genommen / daß das rothe Wildpreth solche alle abgefressen.«[5]

Hans Carl von Carlowitz wurde als Erfinder des Wortes »nachhaltend« in den vielen Jubelveranstaltungen zu dreihundert Jahren Nachhaltigkeit (2013) sehr oft zitiert. Seine deutlichen Worte zu den Folgen einer nicht-waldangepassten Jagd wurden dabei jedoch kaum erwähnt. Da stellt sich die Frage, wie ernst forstliche Spitzenfunktionäre die Grundsätze der Nachhaltigkeit tatsächlich nehmen, wenn sie die langfristigen Probleme, die überhöhte Wildbestände verursachen, ausblenden. Wo wichtige Baum-, Strauch- und Krautarten durch den unnatürlich starken Wildverbiss nicht aufwachsen können, sind die Generationengerechtigkeit und damit eine umfassende Nachhaltigkeit massiv gefährdet. Aus Angst vor einer Holznot forderte Carlowitz die sorgsame Verwendung von Holz: Es solle stofflich und energetisch sparsam eingesetzt werden.[6] Er beklagte den Gegensatz zwischen einer *»nachlässig-verschwendenden«* Nutzung zum Wohle der jetzigen Generation und einer *»nachhaltend sparsamen«* Nutzung auch für kommende Generationen.

Kurzfristig gewinnorientiert oder langfristig waldgerecht?

Salz war bis weit in die Neuzeit außerordentlich wertvoll, da man nur mit ihm Lebensmittel haltbar machen konnte. Die wichtigsten Salzgewinnungsorte Deutschlands waren Reichenhall im Süden und Lüneburg im Norden. Der Umgang mit der Ressource Holz war dabei höchst unterschiedlich. In der Umgebung von Lüneburg wurden die Wälder mehrfach in großen Hieben genutzt. Solche allzu rasch aufeinander folgenden »großen Störungen« haben die natürliche Regenerationskraft der meist sandigen und nährstoffarmen Standorte überfordert. Als Folge dieser nicht standortangepassten Holznutzung ist aus den ursprünglichen Eichen-Birken-Wäldern rund um Lüneburg eine Heidelandschaft entstanden.

Anders verlief die Entwicklung in Reichenhall. Auch hier wurden riesige Mengen an Holz benötigt. Aber die Verantwortlichen – die Salinen- und die Waldmeister – erkannten frühzeitig, dass eine *»continuierliche«* Holzlieferung wichtigste Voraussetzung für die Erzeugung von Salz ist. Das mündete in der oben beschriebenen Idee vom »ewigen Wald«. Eine genaue Waldinventur sowie die kurz- und langfristige Kontrolle der Waldnutzung sollten diesen sichern. Es wurde auch darauf geachtet, dass sich der Wald durch »kostenlose Aussamung« selbst verjüngen konnte, ohne größere Schäden durch das Wild. Bis zum Ende der »Salinenzeit« im Jahr 1866 wurde zum Beispiel Rot- und Rehwild nicht gefüttert. Die Wildbestände blieben naturnah niedrig, der Wildverbiss war gering und hat das Aufwachsen von Tannen und Laubbäumen nicht wesentlich behindert. Obwohl in den Waldbeschreibungen sehr genau über Schäden am Wald berichtet wird, ist nirgends ein Hinweis auf Wildschäden zu finden. Das Holz dieser Wälder wurde auch hier mehrfach über großflächige Hiebe genutzt. Dabei sind jedoch viele alte Laubbäume und alle kleineren Bäume unter »Hackenschneid« (sieben Zentimeter Durchmesser in Brusthöhe) stehengeblieben.

Zur Holzversorgung der Saline Lüneburg wurden Wälder auf armen Standorten oft zu rasch nacheinander genutzt. Dadurch ist im Laufe der Jahrhunderte eine Heidelandschaft entstanden, die heute bewundert wird. *(linkes Bild)*
Auch die Saline Reichenhall benötigte sehr viel Holz. Die Waldnutzung erfolgte hier jedoch seit fünfhundert Jahren planmäßig in großflächigen »Schirmhieben«. Bei naturnah niedrigen Wildbeständen sind so immer wieder Mischwälder mit Tannen und Laubbäumen aufgewachsen, wie sie neben der alten Klause zu erkennen sind. *(rechtes Bild)*

Über die natürliche Waldverjüngung sind danach weitgehend wieder naturnahe Mischwälder aufgewachsen. Damit wurden in Reichenhall, ganz im Gegensatz zu Lüneburg, die Ziele einer waldgerechten Nachhaltigkeit weitgehend erreicht.

Waldverwüstung für die Feudaljagd

Die meisten Landesfürsten haben die Prioritäten aber ganz anders gesetzt. Sie versuchten sich mit der Demonstration ihrer Macht gegenseitig zu überbieten, beispielsweise durch Prachtbauten. Aber auch die Jagd spielte dabei eine herausragende Rolle. Sie wurde zu einem privilegierten Freizeitvergnügen und zur Machtdemonstration gegenüber den Untertanen. Beim »eingestellten deutschen Jagen« wurden Hirsche und Wildschweine aus ganzen Landkreisen an einem Ort zusammengetrieben. Dort wurden hunderte von ihnen zur »Unterhaltung« der prominenten Zuschauer grausam getötet. Das war eine neue und perverse Form der Jagd.

Die »eingestellte Jagd« war eine Machtdemonstration der Fürsten. Hunderte Hirsche und Wildschweine wurden zusammengetrieben und getötet. Zur Finanzierung solcher »Jagden« wurden tausende wertvoller Tannen oder Eichen verkauft.

Dafür waren gewaltige Vorbereitungen notwendig – die finanziellen Mittel dafür kamen vorwiegend aus der Nutzung des Waldes. Noch gab es abgelegene Wälder mit starken Eichen und Tannen. Mit dem Verkauf immenser Mengen davon, etwa für den Flottenbau in Holland und England, konnten hohe Einnahmen erzielt werden. Schwarzwald und Frankenwald wurden zum Mekka der niederländischen Holzkäufer. In vielen Fällen wurden fast alle starken Tannen oder Eichen gefällt und der Wald dann sich selbst überlassen. Die Landesherren haben hier den Wald ohne Verantwortung für künftige Generationen ausgeplündert.

Kritik wird nicht geduldet

Ein exemplarisches Lehrstück für den Umgang mit Kritikern der Jagd- und Forstpraxis erlebte der Jurist und Gutsherr Dr. Simon Rottmanner. Er war weit herumgekommen, nicht nur in Bayern. Als Jurist kannte er die Gesetze und wusste als Verwalter großer Landgüter aus der Praxis, wie sie von Jägern und Förstern zum eigenen Wohl umgangen wurden. All das ermöglichte ihm einen fundierten Blick auf die negativen Auswirkungen des Vorrangs jagdlicher Interessen mit hohen Wildbeständen vor den Interessen der ländlichen Bevölkerung mit ihren alten Volksrechten. Anders als die meisten der sogenannten »forstlichen Klassiker« wie etwa Wilhelm Pfeil (1783 bis 1859) oder Heinrich Cotta (1763 bis 1844) legte er sich bewusst mit den Jägern und der Forstadministration an. Sein 1780 anonym verfasstes, streitbares Lehrbuch *Nothwendige Kenntnisse und Erläuterungen des Forst- und Jagdwesens* wurde prompt von der Zensur verboten.

Dr. Simon Rottmanner (1740–1813), Begründer der modernen bayerischen Forstwissenschaft, prangerte die schlechte Behandlung der Bauern durch die Jäger an. Ihn und sein kritisches forstliches Lehrbuch hat die offizielle Forstgeschichte deshalb weitgehend »vergessen«.

Rottmanner hat Widersprüche zum geltenden Recht aufgezeigt und die Korruption des Oberstjägermeisteramtes aufgedeckt. Er hat angeprangert, dass der Bauer dem neuen Mandat (Gesetz) nach kein Recht auf den Ersatz von Wildschäden mehr hat, wenn er nicht bei Tag und Nacht durch *»Geißeln, Räthschen, Kläpern, Schreyen«* das Wild aus den Feldern vertreibt. Das Mandat wurde daraufhin zurückgezogen und der Oberstjägermeister entlassen. Rottmanner drängte darauf, Forst- und Jagdwesen endlich zu trennen, die Förster erst nach einer gründli-

Simon Rottmanner kritisierte auch, dass die Waldbesitzer wegen des starken Wildverbisses den Jungwald kostenaufwändig einzäunen müssen. Das war ein unerwünschter Hinweis auf den Vorrang der Jagd vor der Nutzung des Waldes.

chen Ausbildung einzustellen. Das wurde wenig später gesetzlich so geregelt. Sein kritisches Werk kam als Forstlehrbuch leider nicht in Frage. Seine fundierten Vorschläge wurden allerdings von vielen Beamten gelesen und flossen danach teilweise auch in Gesetze ein.

1908 wurden seine vielen positiven Vorschläge zur Forstverwaltung und für die Einführung eines geordneten Forstbetriebes vom Rektor der Universität München besonders gewürdigt. Trotzdem haben Forstverwaltung und Forstwissenschaft diesen kritisch-fortschrittlichen Forstpraktiker und Wissenschaftler bis heute »vergessen«.

Die Motivation des damaligen Försters beschreibt Rottmanner so: *»Durch die Jägerey verdiente er den Försterdienst, durch die Hegung vielen Wildes erwarb er sich Lob und Achtung, und vermehrte seine Einkünfte. Aber durch die pflegliche Forstwirtschaft konnte er sich keine Ehre machen, er würde vielmehr von seinen Cameraden als ein Sonderling verachtet und verspottet worden seyn … Jeder Jäger trachtet einen großen Wildstand zu unterhalten. Das Wildpret nähret sich vom Walde, oder von den Feldern der Unterthanen, und der ganze Nutzen fließt dem Jäger zu. Dieser erhält dadurch auch Gelegenheit, sich selbst, seinen Obern und Gönnern verschiedene Lustbarkeiten zu verschaffen, sich Ehre und Ruhm, Schankungen, und vielleicht auch eine Vermehrung der Besoldung zu verdienen. Es ist also ganz natürlich, daß jeder Jäger auf Unkosten des Staats so viel Wild hält, als er kann und darf.«*[7]

Immer wieder betont er, dass *»die Forstbedienten, wenn sie mit dem Jagdwesen zu thun haben, den Forst vernachläßigen; und daß sie das Forstwesen insgemein als eine Nebensache ansehen …«.* Zum Einfluss der »Jagdlust« auf das Geschehen im Wald stellt er fest: *»Der Beamte, Priester, Bürger, Bauer, der einmal durch die Jagdlust bezaubert worden ist, läuft ohngeachtet aller Strafen, die auf ihn warten, dem Wilde nach, und versäumet seine Berufsgeschäfte: der Förster thut dieses umso mehr, weil er nicht nur keine Straf, sondern Lob und Gewinnst zu erwarten hat, und das Jagen als einen Theil seiner Amtsschuldigkeit ansieht …«*

Auch die Wildschadensverhütung war vor 230 Jahren schon ein Thema. Rottmanner schreibt dazu: *»Ich weis wohl, daß man die Verzäunung als ein Mittel vorschlagt, um den Schaden des Wildprets zu verhüten. Allein dergleichen Zäune müßen ganz besonders hoch, stark und eng gemacht, und so viele Jahre erhalten werden, daß eben dadurch … viele andere große Unkosten entstehen …«* Kaum ein anderes Problem zeigt den Konflikt zwischen Jagd- und Forstinteressen so deutlich wie der Streit um wildabweisende Zäune im Wald. Schon zu Rottmanners Zeiten wollten die Jäger und die Obrigkeit, dass der Jungwald durch Zäune vor dem allzu vielen Wild geschützt wird. Die hohen Kosten sollte der Waldbesitzer tragen. Und das alles nur, damit der Wildbestand weiterhin so hoch bleiben kann. Das ist ein deutlicher Hinweis auf den schon von Carlowitz angeprangerten Vorrang der Jagd vor einem »nachhaltend« genutzten Wald.

Der »unterirdische Wald« entlastet den Brennholzmangel

Die Wende vom 18. zum 19. Jahrhundert ist durch weitreichende politische Veränderungen gekennzeichnet. Napoleon eroberte fast ganz Europa und erzwang eine Neuordnung Deutschlands. Die Fürsten Bayerns, Württembergs und Badens erklärten ihren Austritt aus dem »alten« deutschen Reich und bekamen dafür größere Territorien und erstere auch den Königstitel. Nach Napoleons Niederlage wurden auf dem Wiener Kongress die Staatsgrenzen jedoch wieder neu gezogen. Auch Wälder wurden zur Verhandlungsmasse im Machtpoker. Viele der entmachteten ehemaligen Landesfürsten wurden mit großen Waldflächen entschädigt, in Bayern etwa die Fürsten von Oettingen-Spielberg.

Das Holz verliert in dieser Zeit auch seine herausragende Bedeutung als Energiequelle für die Beheizung der Gebäude sowie für Handwerk und Großgewerbe: Die Förderung der Kohle ist durch den technischen Fortschritt einfacher geworden. Als »unterirdischer Wald« entlastet die Kohle allmählich den oberirdischen Wald als Energieträger.

Ein Umschwung setzt mit der beginnenden industriellen Revolution ein: Es wird immer mehr Holz zur Verwendung in der Industrie benötigt. Die Holzpreise steigen und damit auch der Wert des Waldes. Einzelne Forstwissenschaftler erkennen die besondere Bedeutung der Staatswälder. So leitet Heinrich Cotta, der Gründer der Forstakademie in Tharandt, die Abkehr von der »bloßen Holzzucht« ein und betont den Vorrang der Gemeinwohlfunktionen im Staatswald, wenn er über ihn schreibt: *»Die Waldungen müssen so benutzt werden, wie es der menschlichen Gesellschaft am* *zuträglichsten ist.«* Und weiter sagt er, *»dass der Staatsforstwirth zuweilen das Gegentheil von dem thun muss, was der gemeine Forstwirth zu thun hat.«*[8] Cotta gilt als Vater einer umfassenden Nachhaltigkeit im Wald.

Der wilde Wald wird zum naturfernen Kunstforst

Aber die meisten Förster dieser Zeit haben sich an kurzfristig umsetzbaren Modellen aus der Landwirtschaft orientiert. Sie haben Mathematik studiert und wollen rasche Erfolge. Sie sehen ihre Hauptaufgabe darin, aus den vielen lückigen Laubwäldern neue, gut planbare Forste zu gestalten. Sie hoffen, dass sie dort später viel Holz nutzen können. So wird durch flächige Saaten oder Pflanzungen seit Beginn des 19. Jahrhunderts aus dem »wilden«, ungeordneten Wald ein weitgehend vom Menschen geplanter Forst. Es wachsen schachbrettartige, naturferne Kunst-

Vor 220 Jahren waren die Wälder zwar noch naturnah aufgebaut, aber meist lückig. Viele Pflanzen wuchsen in Bodennähe. Die Bauern durften dort ihre Haustiere weiden lassen. So ein Wald war nach Ansicht der Förster »unordentlich«.

Vor zweihundert Jahren wurde begonnen, größere Lücken sowie »unordentliche« Laubwälder durch Aufforstungen in »ordentliche« dichte Nadelforste umzuwandeln. Dort wachsen fast keine Bodenpflanzen.

forste mit Bäumen gleichen Alters auf. Der Forstwissenschaftler Wilhelm Pfeil, einer der sogenannten »forstlichen Klassiker«, sagt Mitte des 19. Jahrhunderts dazu: *»Viele Fichtenpflanzungen und Kiefernsaaten sind nichts als der Schanddeckel, mit dem man die Missgriffe bei der Nachzucht des Laubholzes zudecken wollte.«*[9] An anderer Stelle stellt er ernüchtert fest: *»Das materielle Bedürfnis*

Vor 160 Jahren hatten sich viele eintönige, mittelalte Fichtenforste entwickelt, die von den meisten Bürgern als hässlich empfunden wurden. Sie waren stark durch Insekten, Stürme und – wie hier auf dem Foto – durch Schneedruck gefährdet.

Die Förster sollten in der ersten Hälfte des 19. Jahrhunderts ihre Hauptaufgabe in der Produktion von möglichst viel Holz mit einfachem, dem Ackerbau abgeschauten Monokulturwaldbau sehen. Viele von ihnen kritisierten, dass sie so zu »einer lebenden Holzaxt« dressiert werden sollten.

gestattet immer weniger, dem Sinn für das Schöne in der Waldwirtschaft Raum zu geben. Erst verschwinden die herrlichen alten großen Bäume, dann die einzelnen malerischen Baumgruppen, zuletzt verdrängt die einförmige graue tote Kiefer das freundliche lebendige Laubholz.«[10]

Um 1840 hatten sich großflächig eintönige »Stangenhölzer« entwickelt, die von den Bürgern als hässlich empfunden wurden. Viele Förster kritisierten zu dieser Zeit, dass sie wegen der Konzentration auf die reine Holzproduktion *»zu einer lebenden Holzaxt dressiert werden sollen«*[11]. Deshalb engagierten sie sich noch stärker bei der Jagd.

»Wasser Marsch – raus aus dem Wald«

Die Förster glaubten Anfang des 19. Jahrhunderts, dass die »Urwälder« viel zu nass sind. So heißt es in einer Revierbeschreibung für das Revier Rottach (am Tegernsee) aus dem Jahr 1831: *»Die gegenwärtig allzunaßen … Urwaldungen werden nach dem Abtriebe, gleichen, schönen Waldungen Platz machen.«* Die allzu große Nässe kam vorwiegend von einer starken Humusschicht, die sich im Laufe der Jahrhunderte in den Urwäldern angesammelt hatte. In einem Forsteinrichtungswerk

In vielen ungenutzten Wäldern hat sich im Laufe der Jahrtausende eine mächtige Humusschicht aus verrottendem Laub und Holz angesammelt; ideale Speicher für Feuchtigkeit und Nährstoffe. Deshalb konnten dort hohe Holzvorräte heranwachsen.

für das Forstamt Tegernsee aus dem Jahr 1852 steht dazu: *»In Beständen, wo die Streu, die Stöcke und Wurzeln, ja sogar das Abholz der Verwesung anheimfallen, hat sich eine mehrere Fußtiefe [drei Fuß sind etwa 88 Zentimeter, Anm. d. V.] Dammerdenschichte angehäuft.«* Der Begriff der »Dammerde« war damals für die gesamte Humusschicht üblich, wobei nach der Beschreibung sicher auch tote Pflanzenteile gemeint waren, die unterschiedliche Stadien der Zersetzung durchlaufen haben (Blätter, Zweige, Holz). Diese mächtigen Humusschichten haben nicht nur viel Feuchtigkeit gespeichert, sie waren mit ihrem Nährstoffpotenzial auch Voraussetzung für die hohe Wuchsleistung dieser Wälder.

In Deutschland sind noch bis zum Ende des 18. Jahrhunderts viele Laubwälder auf Standorten gewachsen, die zeitweilig »durchnässt« waren. Sehr viele dieser »unordentlichen« Laubwälder wurden etwa ab dem Jahr 1820 weggeschlagen und die Flächen mit Fichten oder Kiefern ausgepflanzt. Rasch hatte sich aber gezeigt, dass diese Nadelforste unter der Nässe zu leiden hatten und kümmerten. So wurden riesige Waldentwässerungsaktionen gestartet. Im ganzen 19. und weit ins 20. Jahrhundert hinein wurden jedes Jahr tausende von Kilometern an Entwässerungsgräben angelegt und so das Wasser möglichst schnell aus dem Wald herausgeleitet.

Auf feuchten oder nassen Standorten wachsen in der Regel Laubwälder. Um Fichten anpflanzen zu können, wurden im 19. Jahrhundert sehr viele Wälder entwässert. Dadurch wurde die Fähigkeit des Waldes, Wasser zu speichern, stark reduziert.

Über das ganze Ausmaß dieser Waldentwässerung sind nur wenige Angaben zu finden. Eine annähernde Vorstellung vom Ausmaß dieser Aktion geben folgende Zahlen: Im bayerischen Staatswald (etwa 7,5 Prozent der Waldfläche Deutschlands) sind zwischen 1825 und 1855 jährlich an die 600 Kilometer Gräben zur Entwässerung gezogen worden.[12] Würde man das auf die Waldfläche Deutschlands hochrechnen, käme man auf etwa achttausend Kilometer pro Jahr. Für die Jahre von 1908 bis 1912 gibt es Zahlen für die Gemeinde-, Stiftungs- und Körperschaftswaldungen in Bayern. Dort wurden auf rund 400 000 Hektar jährlich etwa 206 Kilometer Gräben zur Waldentwässerung angelegt.[13] Auf ganz Deutschland bezogen wären das etwa 5700 Kilometer pro Jahr. Eine weitere Waldentwässerung fand später durch die Anlage von Forstwegen statt, auf denen das Wasser schnell bergab in die Bäche geleitet wurde. Diese gigantische Entwässerungsaktion war auf vielen Standorten die Voraussetzung für den »Waldumbau« von den ursprünglichen Laubmischwäldern hin zu naturfernen Fichten- oder Kiefernforsten. Die Folge dieser Entwässerungen war allerdings, dass ein großer Teil der Niederschläge jetzt schneller als früher aus den Wäldern in die Bäche und Flüsse abfloss.

Die Jagd wird zur »Tierzucht im Freien«

Nach 1815 wurden zudem viele Hofjagdreviere in entlegeneren Gebieten eingerichtet – etwa im Hochgebirge. Die weitere Entwicklung ist in einem alten Bericht des Forstamtes Berchtesgaden beschrieben: *»Im Winter waren die Berge überhaupt ›wildleer‹; das Wild nahm im Herbst seinen Einstand in den Flußtälern … Eine Winterfütterung des Wildes war unbekannt. Der Rotwildstand war daher sehr gering. Dies änderte sich, als mit der Säkularisation der geistliche Grundbesitz an die Krone Bayerns kam und das Herrscherhaus sein jagdliches Interesse dem Gebirge zuwandte … Es*

Schießjagd auf den aufgebaumten Luchs.

Ein Luchs wird von Hunden auf einen Baum gejagt und dann totgeschossen. Ein Jäger erhielt für einen Luchs – wie auch für Wolf und Bär – extrem hohe Prämien. Bis etwa 1850 waren diese großen Beutekonkurrenten ausgerottet.

Nach dem Wiener Kongress (1814) fielen viele Klosterwälder an die Herrscherhäuser. Oft begann damit eine intensive Hege des Wildes durch Fütterung. Winterverluste und Abwanderungen in fremde Reviere sollten so verhindert werden.

setzte sofort eine intensive Hege des Wildes durch Raubwildvertilgung und Winterfütterung ein. Das Rotwild wurde ›ins Gebirge gewöhnt‹.«[14]

Dies ist ein Beispiel dafür, dass in dieser Zeit auch bei der Jagd ein grundsätzlicher Wandel eintritt. Wie aus dem »wilden« Wald ein geordneter Forst wird, so soll aus der Jagd eine »geordnete Nutzung wilder Tiere«, eine »Tierzucht im Freien« werden.

Die meisten Besitzer großer Waldflächen wollen beides: hohe Einnahmen aus dem Holzverkauf und hohe Wildbestände für das »Jagdvergnügen«. Immer noch lebt der größte Teil der Bevölkerung auf dem Land. Ein »gesunder Bauernstand« war damals für das Staatswohl sehr wichtig. Deshalb sollten die Auswirkungen der hohen Wildbestände die Landwirtschaft möglichst wenig treffen – und die Folgen für den Wald sollten zumindest nicht öffentlich bekannt werden. Im Hofjagdrevier Berchtesgaden beklagt der Forstmeister im Jahr 1815, dass *»der Unterwuchs vom Wildpret ganz zerfressen«* sei. Sieben Jahre später wird diese Aussage von einer Inventur bestätigt. Daraufhin wird der Forstmeister im Jahr 1826 abgesetzt und vom örtlichen Jagdamtskontrolleur abgelöst. Unter dessen Leitung verstummen solche Klagen (auch wenn die Wildschäden unvermindert auftreten). Ein Musterbeispiel für die Vormacht der Jagdverwaltung und der Selbstkontrolle. Auch in vielen anderen Landesteilen verläuft die Entwicklung ähnlich. Aus Schleswig-Holstein wird im Jahr 1840 gemeldet: *»Damwild und Rehe sind an manchen Orten noch so zahlreich …, wo es den jungen Schlägen zum höchsten Nachtheil gereicht. Gewiß ist die Verminderung des Wildes die erste Bedingung zur Erhöhung der Forstkultur.«*[15]

Die zunehmenden Wildschäden werden nur unzureichend ersetzt. Aus dem Odenwald sind folgende Aussagen der Bauern überliefert: *»Warum soll das Tier, das mehr dem Vergnügen als den Bedürfnissen des Lebens dient, eine größere Heiligkeit vor dem Gesetz haben als die Früchte des Landmanns, die im Schweiß gesät und oft nur unter Tränen geerntet werden? Man spreche doch klar aus: Das Wild ist hochheilig, ihm gebührt keine Schadensvergütung!«*[16]

Für diese Klagen gibt es einen weiteren Grund: Vielen Förstern war es gelungen, Jagdreviere zu pachten, beispielsweise in Bayern.[17] Für die meisten war die hoch angesehene Jagd mit ihren kurzfristig erlebbaren Ergebnissen immer noch wichtiger als ein kostengünstig aufwachsender Jungwald, dessen positive Ergebnisse erst die Nachfolger erleben würden. Das zeigt etwa das Beispiel des Försters und Jagdschriftstellers Carl Emil Diezel, der schreibt: »*… nachdem ich seit mehr als dreißig Jahren im ungestörten Besitz sehr ausgedehnter und trefflich bevölkerter Jagdbezirke gewesen … bin.«*[18] Bei diesem hohen Stellenwert *»trefflich bevölkerter Jagdreviere«* für viele Förster kann es nicht verwundern, dass ein angemessener Ersatz der Wildschäden für die vielen kleinen Waldbesitzer kaum durchzusetzen war. Dazu heißt es im Jahr 1842: »*… allein der Schaden werde*

Die Weide der Haustiere im Wald war früher zur Nahrungsmittelerzeugung notwendig. Nach Aufgabe der Dreifelderwirtschaft war sie jedoch meist entbehrlich und wurde mit Geld oder mit Grundstücken abgelöst. *(rechtes Bild)*
Mit der Nutzung der Laub- und Nadelstreu durch die Bauern wurde dem Wald ein großer Teil der Nährstoffe entzogen. Viele Standorte sind dadurch so verarmt, dass dort nur noch anspruchslose Kiefern und Birken wachsen konnten. *(linkes Bild)*

nicht nach dem wahren Wert abgeschätzt. Kleine Schäden würden überhaupt nicht vergütet. ... Die Geschädigten hätten aus dem Gesetz nur Ärger und Zeitverlust durch den Gang zu den Abschätzungen, und um dem zu entgehen, behielten sie den Schaden oft lieber für sich.«[19]

Aber es gibt auch andere Beispiele. Um Nürnberg und Ansbach ließ die preußische Verwaltung schon Ende des 18. Jahrhunderts das Rotwild abschießen, um die ausgeplünderten Wälder sanieren zu können. Der badische Regent setzte 1830 – gegen den Widerstand des Adels – ein bereits 21 Jahre zuvor formuliertes Gesetz in Kraft, das die staatlichen Förster persönlich für Wildschäden haftbar macht.[20] Das waren Versuche, durch klare forstliche Ziele eine »waldgerechte« statt einer »jagdgerechten« Nachhaltigkeit durchzusetzen. Denn immer mehr Staaten sahen es als Ziel, dass der Wald nicht mehr vorrangig dem Jagdvergnügen dienen, sondern einen finanziellen Beitrag zur Staatskasse leisten soll. Dazu wurden die Forstverwaltungen straffer organisiert. In Bayern etwa wurde 1808 eine »General-Forstadministration« mit ausgebildeten Fachleuten aufgebaut, die dem Finanzministerium unterstellt war. Die neue, wissenschaftlich ausgebildete Förstergeneration sah sich vor riesige Herausforderungen gestellt. Sie sollte neben den vielen Walderneuerungen auch die zahlreichen »Forstberechtigungen« der Bauern – wie etwa das »Streurechen«, die »Waldweide« oder das »Baumharzen« (durch Aufreißen der Baumrinde wird Harz gewonnen) – abschaffen. In der ersten Hälfte des 19. Jahrhunderts wurden so die früher sehr verworrenen Besitz- und Rechtsverhältnisse im Wald durch Ablösung mit Grundstücken oder Geld weitgehend geklärt. Professor Josef Köstler stellt fest: *»Die Verworrenheit der mittelalterlichen Leihe ist dem klaren Eigentumsbegriff der Neuzeit gewichen.«*[21]

Zur Walderneuerung säten und pflanzten die Förster besonders in den Staatsforsten die viel Licht ertragenden Kiefern und Fichten mit der Absicht, diese Standorte zunächst zu bedecken und dort später wieder Eichen und Buchen wachsen zu lassen.[22] Aber dann änderte sich der Holzmarkt. Das Eisenbahnnetz wurde ausgebaut und Brennholz immer häufiger durch Kohle ersetzt. Gleichzeitig wurde viel Holz für den Bergbau, den Ausbau des Bahn- und Telefonnetzes sowie

Der Ausbau des Bahnnetzes hatte bedeutende Auswirkungen: Kohle konnte in immer mehr Gebiete transportiert werden und dort das Brennholz ersetzen. Für den Kohleabbau wurde als Grubenholz allerdings viel gerades Nadelholz benötigt.

Vor 150 Jahren wurde berechnet, dass Monokulturen mit Kahlschlägen die höchste Verzinsung des Bodens ergeben. Die großen Risiken wurden allerdings nicht berücksichtigt: ein kurzfristiges Denken, das im Wald völlig verfehlt ist.

zahlreiche andere Zwecke benötigt. Die Bedürfnisse nach geraden Stämmen konnten die Kiefern und Fichten gut erfüllen.

Unterstützung kam außerdem von den Forstmathematikern. Die rechneten nämlich aus, dass Fichten- oder Kiefernreinbestände den höchsten finanziellen Ertrag abwerfen. Der in Tharandt bei Dresden lehrende Professor Max Pressler sah ab dem Jahr 1858 im Forstbetrieb ein auf Gewinnmaximierung ausgerichtetes Unternehmen, das die höchstmögliche Verzinsung des im Wald investierten Kapitals fordert. Diese »Bodenreinertragslehre« berücksichtigte jedoch weder die große Gefährdung dieser widernatürlichen Reinbestände durch beispielsweise Stürme noch den so geförderten Humusschwund. Trotzdem wurde sie von kurzfristig argumentierenden Förstern und auch Jägern immer wieder gefordert und praktiziert. So schreibt der bekannte Jagdschriftsteller Friedrich von Gagern: *»Kahlschläge mit nachfolgendem Fruchtbau (gemeint ist hier offenbar der Anbau von jungen Bäumen, Anm. d. V.) konzentrieren die Arbeit und Unruhe, konzentrieren aber auch das Wild, und beides in Wechselwirkung hat sein Gutes.«*[23]

1848: Abschaffung der Feudaljagd und neue Zweiklassen-Jagdgesellschaft

Im Jahr 1848 wurde die Feudaljagd – das Recht eines kleinen, meist adeligen Teils der Grundbesitzer, auf fremdem Grund und Boden zu jagen – abgeschafft. Einige Monate durften alle Grundbesitzer auf ihrem Grund und Boden selbst jagen. Die in Jahrhunderten aufgestaute Wut der Bauern gegen die Feudaljagd entlud sich in gemeinschaftlich organisierten Jagden,

99 Prozent der Waldbesitzer besaßen damals nur kleinere Flächen und waren lediglich »Jagdgenossen«. Sie hatten wenig Einfluss auf die Höhe des Wildbestandes und daher kaum eine Chance, die langfristig wirkenden Wildschäden angemessen ersetzt zu bekommen.

mit allerdings wenig geeigneten Waffen. Trotzdem gelang es, die Wildbestände auf den Flächen der vielen kleinen Grundbesitzer, die meist in der Nähe der Siedlungen lagen, stark zu reduzieren. Nach knapp zwei Jahren gab es, lokal unterschiedlich, deutlich weniger Wild. Die meisten der bisherigen Feudaljäger und Förster waren schockiert. Sie wollten eine rasche Änderung. Was dann geschah, hat der Sozialkritiker Ulrich Wendt so beschrieben: *»Am 7. März 1850 schon war ein neues Jagdgesetz geschaffen. … Man sieht, was den Herren am Herzen lag, und welcher Gegenstand die größte Eile hatte.«*[24] Und weiter: *»Der Bauernjäger mußte fort, die Jagd war wichtiger, als die Hebung des Volkes, und deshalb waren große Jagdbezirke nötig. … Durch die Begrenzung des Jagdrechts auf eine Fläche von 300 Morgen ist das Recht zur Jagd der Bevölkerung faktisch wieder genommen worden, und beschränkt geblieben auf den großen Grundbesitz und die Geldleute.«*[25]

Die neuen Jagdgesetze bestimmten, dass nur Grundbesitzer mit einer zusammenhängenden Fläche von etwa 75 Hektar ihre Flächen selbst bejagen dürfen. Das war eine absolute Minderheit, die große Mehrheit der Grundbesitzer musste ihre Flächen in »Genossenschaftsjagden« zusammenfassen, die dann an einen Jagdpächter vergeben wurden. Damit war eine neue »Zweiklassengesellschaft« der Grundbesitzer geschaffen. Mit dem Ausbau des Eisenbahnnetzes konnten immer mehr Jäger Jagden im ländlichen Raum pachten. Sie wollten als »Jagdherren« ihre soziale Stellung dokumentieren. Schäden am Jungwald interessierten sie dabei wenig. Sie mussten zwar für die Wildschäden auf den Äckern in angemessenem Umfang aufkommen, da diese leicht zu erkennen sind. Im Wald ist das jedoch viel schwieriger, weil Bäume erst nach vielen Jahrzehnten erntereif sind. Deshalb ist die Berechnung von Wildschäden im Wald kompliziert und umstritten. Die Wildschäden müssen jedes halbe Jahr angemeldet werden, die des letzten Halbjahres erscheinen daher oft nur als geringfügig. Diese Regelung hat dazu geführt, dass die allermeisten Schäden gar nicht erst gemeldet wurden. So hatten auch die privaten Waldbesitzer vor 140 Jahren kaum eine Chance, einen Wildschaden angemessen entschädigt zu bekommen. Sie mussten ihre Bäumchen entweder aufwändig schützen oder konnten nur die weniger verbissgefährdeten Fichten oder Kiefern pflanzen. Die Folge dieser unterschiedlichen Behandlung von Schäden auf dem Acker und im Wald war, dass viele Jäger forderten, im Wald auf künstlich geschaffenen Freiflächen Wildäcker oder Wildwiesen für die zunehmende Zahl des Schalenwildes zu schaffen. Und viele Förster erfüllten diese Forderungen gern.

Den Wald unter den Schutz des Wissens aller stellen

Einen naturnäheren Wald wollte auch Emil Adolf Roßmäßler (1806 bis 1867). Er war ein anerkannter Forstzoologieprofessor an der Forstlichen Lehranstalt in Tharandt. Im Frühjahr 1848 schloss er sich der revolutionären Bewegung an und wurde in das Parlament in der Paulskirche gewählt. Dort forderte er unter anderem eine einheitliche, vom Einfluss der Kirche befreite und allen Volksschichten offene Volksschule. Nach der Auflösung des Parlaments wurde Roßmäßler angeklagt und vom Amt eines akademischen Lehrers »quiesziert«. Danach widmete er sein Leben der Volksaufklärung. Er gab das naturwissenschaftliche Volksblatt *Aus der Heimat* heraus, in dem er auch über den Schutz des Waldes und alter, ehrwürdiger Bäume schrieb. Für die Forstgeschichte ist das im Jahr 1863 erschienene Buch *Der Wald* besonders bemerkenswert. Schon im Eingangskapitel »Wald und Forst« zitiert Roßmäßler einen berühmten Satz Heinrich Cottas aus dem Jahr 1816: *»Hier und da staunen wir noch riesenhafte Eichen und Tannen an, die ohne alle Pflege gewachsen sind, während wir uns überzeugt fühlen, dass von uns an jenen Stellen durch keine Kunst und Pflege ähnliche Bäume erzogen werden können.«*[26]

Ebenso wie andere kritische Förster (siehe die Seiten 76 und 77) hat Roßmäßler die negativen Auswirkungen der Lehre vom »Zinseszinswald« erkannt. Er verfasste eine ganzheitliche Darstellung des Waldes. Sein Kernanliegen lautete: *»Daß ich es gerade heraussage: Was mich schon seit Jahren zu dieser Darstellung des Waldes getrieben hat …: Es ist der Wunsch, den Wald gegenüber den maßlosen und gedankenlosen Anforderungen an denselben unter den Schutz des Wissens Aller zu stellen.«* Das war so gar nicht im Sinne der Jagdförster und der neuen »waidgerechten Hegejäger«. Und deshalb wurde und wird Roßmäßler mit seinen kritischen Aussagen ebenso wie der sozialkritische Simon Rottmanner hundert Jahre früher von der Forstgeschichte weitgehend totgeschwiegen.

Vor 150 Jahren wollte Emil Adolf Roßmäßler »den Wald gegenüber den maßlosen und gedankenlosen Anforderungen an denselben unter den Schutz des Wissens Aller stellen«. Das gilt auch heute noch.

Eine kurze Erholungsphase für naturnahe Wälder

Die starke Wildreduktion der Jahre 1848 und 1849 hat vielen Wäldern in Deutschland immerhin für etwa zwanzig Jahre eine Erholungsphase verschafft. Ein großer Teil der Millionen natürlich ausgesamter und damit kostenloser kleiner Tannen und Laubbäume konnte wieder aufwachsen. Viele Förster glaubten um 1850, dass sie sich vom Makel einer »dressierten Holzaxt« befreien können, wenn sie sich engagierte forstliche Ziele zur Wiederbegründung naturnaher Mischwälder geben. Ein Beispiel stammt aus dem Jahr 1852. Im Forsteinrichtungswerk für das Forstamt Tölz heißt es: *»Die Erfahrung und der natürliche Fingerzeig, daß auch hier in diesen Gebirgs-Waldungen die aus Fichten, Tannen und Buchen gemischten Bestände den Boden auf höherer Produktionskraft erhalten und den ungünstigen elementarischen und anderen nachtheiligen Einflüssen erfolgreicheren Widerstand bieten, als reine Fichtenbestände, bestimmt dazu, überall die Erhaltung, beziehungsweise die Erziehung gemischter Bestände als ersten und obersten Grundsatz gelten zu lassen, wenn gleich bei den gegenwärtigen Absatzverhältnissen die Nachfrage nach Fichten-, Bau- und Nutzholz stärker, als*

In den Jahren 1848 bis 1850 hatten alle Grundbesitzer jagen dürfen. In Ortsnähe wurde das Wild stark reduziert. Etwa zwanzig Jahre lang konnten wieder naturnahe Mischwälder aufwachsen, die auch heute noch bewundert werden.

jene nach Tannen- und Buchenholz hervortritt.«[27] Ein so klares langfristiges Ziel ist eine entscheidende Voraussetzung für eine waldgerechte Nachhaltigkeit.

Oberlandforstmeister Lukas Leiber hat das rückschauend so beschrieben: *»Es ist bedauerlich, daß die weidgerechte Jagd im Laufe eines Jahrhunderts der Holzproduktion im ganzen weniger Hilfe geleistet hat als die Freipirsch des Revolutionsjahres 1848. … Wieviel ideale Waldbestände führte man in den letzten Jahrzehnten bei forstlichen Lehrwanderungen mit Stolz vor; die bei näherer Prüfung ihre vollkommene Schönheit jenen beiden Jahren verdankten!«*[28]

Leider war diese waldfreundliche Zeit rasch wieder zu Ende. Die Weichen dafür hat der bereits erwähnte Förster C. E. Diezel gestellt. Er schreibt 1856: *»Wenn ich … mich dennoch entschlossen habe, … auch noch ein Kapitel zum Rehwilde zu liefern, so kommt es mir beinahe vor, als handle es sich nur noch um eine diesem Thiergeschlecht zu haltende Leichenrede.«*[29] Diezel beurteilt die Überlebensstrategie der Rehe (siehe Seite 37) mit ihren Versteckkünsten und der enormen Vermehrungsfähigkeit völlig falsch. Sein Buch *Erfahrungen auf dem Gebiete der Niederjagd* prägte hundert Jahre lang viele Jägergenerationen. Und seine Beschreibung der »kurz bevorstehenden« Ausrottung des Rehwildes wird bis heute als »Totschlagargument« der Jagdschutzverbände benützt, wenn von Waldbesitzern die Reduktion des Rehwildbestandes auf ein waldverträgliches Maß gefordert wird.

Die »waidgerechte Hegejagd« als bürgerliches Statussymbol

Viele Förster und andere Jagdliebhaber folgten den Argumenten Diezels. Sie wollten eine neue, auch in vermögenden bürgerlichen Kreisen angesehene elitäre Form der Jagd. Aus Elementen der bisherigen Feudaljagd und der »Tierzucht im Freien« der Hofjagdreviere formten sie die »waidgerechte Hegejagd«. Sie wollten sich ganz bewusst von den »Fleischjägern« unterscheiden und erfanden neue, eigentlich wertlose Jagdtrophäen wie etwa die Gehörne von Rehböcken oder kleine Federn von Enten und Eichelhähern. In den Vorständen der neu gegründeten »Jagdschutzvereine« dominierten die Förster. Da das Rotwild in vielen Gebieten wegen der großen Schäden, die es in der Landwirtschaft anrichtete, nicht mehr geduldet wurde, konzentrierten sie sich auf die Trophäe des Rehbockes. Dazu heißt es: *»Erst mit der bürgerlichen Jagd wurde das … Rehwild – oder besser gesagt – der Rehbock zur begehrtesten Beute der meisten Jäger, zum ›Hirsch des kleinen Mannes‹.«*[30]

Das war in den meisten Regionen eine völlig andere Form der Jagd als bisher. Denn bis in die 1870er Jahre dienten Rehe zur Fleischversorgung der Familien, noch im Jahr 1871 wurde ein Rehbock nach seinem Gewicht beurteilt. So wurde etwa ein Rehbock mit mehr als 38 Pfund Gewicht als *»Capitalbock«* bezeichnet.[31] Aus der Nutzung einer natürlichen Ressource wurde jetzt ein Statussymbol. Der Jagdwissenschaftler Detlev Müller-Using beschrieb jene »bürgerliche Jagd« so: *»Mehr und mehr machte sich das Prestigebedürfnis der Arrivierten auf allen Gebieten der Jagd geltend. Es wurde vielfach Mode, die erreichte soziale Stellung durch Erwerb einer noch immer als feudal geltenden Berechtigung, durch Anpachtung einer Jagd also, oder gar durch Kauf eines Eigenjagdrevieres, zu dokumentieren und damit die Kreditwürdigkeit unter Beweis zu stellen.«*[32]

Die Vorstellung eines naturwidrigen »Reh-Harems« war Teil der um 1870 neu entwickelten »Hegejagd«. Der Rehbock wurde zum »Hirsch des kleinen Mannes« und ähnlich wie Hirsche »gehegt«. Das musste zu einer Explosion der Zahl der Rehe führen.

Ende des 19. Jahrhunderts wurde die Jagd neu gestaltet: Aus der früheren Nutzung natürlicher Ressourcen wurde ein Statussymbol. Die erreichte soziale Stellung sollte als »Jagdherr« eines eigenen Jagdreviers dokumentiert werden.

Diese neue Form der Jagd führte zusammen mit der Fehleinschätzung der Überlebensstrategie der Rehe durch C. E. Diezel zu einer für den Wald dramatischen Entwicklung. Die Rehe als Tiere des Dickichts werden seitdem wie die Hirsche als Tiere des Offenlandes bejagt. Deutlich wird das an den noch heute vorherrschenden Jagdmethoden: Die meisten Jäger warten am Waldrand auf die Rehe, die nur äußerst ungern aus dem Waldesdunkel heraustreten. So sehen die Jäger immer nur einen Bruchteil des tatsächlichen Rehwildbestandes. Durch Maßnahmen aus der Viehzucht wie Fütterung und gezielte Auslese – die »Hege mit der Büchse« – wollten die Jäger die Qualität der Jagdtrophäen, der Gehörne, verbessern und die Zahl der Rehe erhöhen. Die Rehwildbestände sind dann auch tatsächlich stark angestiegen. Da man Rehe im dichten Wald aber nicht zählen kann, ist die Entwicklung des Rehwildbestandes nur über die Zahl der »gestreckten« Tiere annähernd zu beurteilen. So sind etwa in Bayern im Jahr 1865 an die 20 000 und im Jahr 1908 an die 55 000 Rehe »gestreckt« worden. Seitdem ist diese Zahl noch einmal auf das Fünffache angestiegen (siehe auch nebenstehende Grafik).

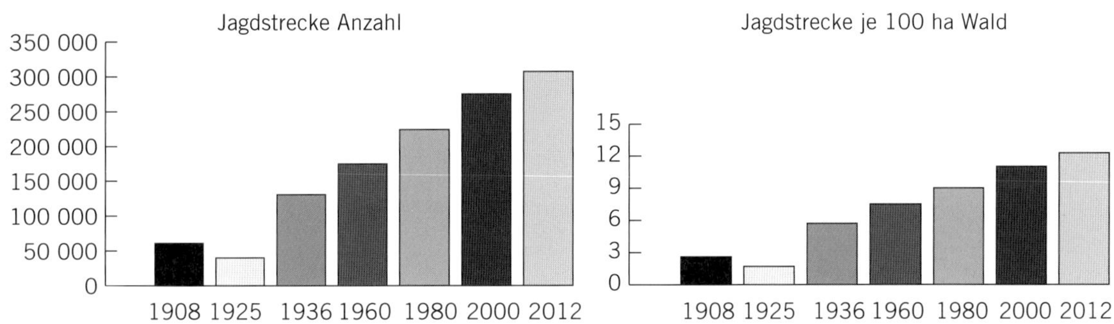

Jagdstrecke Rehwild in Bayern: Die Zahl der »gestreckten« Rehe ist in den letzten hundert Jahren etwa auf das Sechsfache angestiegen. Für den Wiederaufbau zukunftsfähiger Jungwälder müssen die Rehwildbestände für einige Jahre sehr stark abgesenkt werden. Danach erholt sich die zartblättrige Bodenvegetation, und dann sind auch wieder mehr Rehe »waldverträglich« und mit den Gesetzen vereinbar.

Die zunehmende Zahl des Reh- und Rotwildes führte dazu, dass auch der Wildverbiss wieder anstieg. So ist in einem Artikel »Über die Verhütung von Wildschaden« aus dem Jahr 1879 zu lesen: *»Vor Allem aber das Verbeißen der jungen Schläge … gibt leider eine ziemlich bedeutende Beeinträchtigung unserer Waldungen durch Roth- und Rehwild. Es kann dieselbe so weit gehen, daß einzelne Holzarten, deren Einmischung in die Bestände aus waldbaulichen Rücksichten höchst wünschenswerth wäre, oft geradezu nicht angezogen werden können. Es gilt dieß vor Allem von der Tanne … so daß Tannenkulturen oft wie unter der Scheere gehalten werden.«* Als zweckmäßiges Mittel gegen das Verbeißen wird das Bestreichen mit Steinkohlenteer empfohlen. Der Aufsatz endet: *»Möge dies nun schon mehrfach angewendete Mittel möglichste Verbreitung finden, im Interesse unserer Wälder und unseres edlen Wildes.«*[33]

In der Falle des Kurzzeitdenkens

Die zahlenmäßige »Aufhege« des Wildbestandes konnte für Jäger und Jagdförster in wenigen Jahren zum Erfolg führen. Die schwerwiegenden langfristigen Folgen für den Wald musste erst die nächste, oft sogar erst die übernächste Generation an Waldbesitzern oder Förstern erdulden. Von der mit hohem Sozialprestige verbundenen Trophäenjagd ließen sich die Mehrheit der Waldgroßgrundbesitzer und viele Förster dazu verleiten, die kurzfristig erreichbaren Ziele zu verfolgen und möglichst viele Rehe und Hirsche mit stattlichen Jagdtrophäen heranzuhegen. Sie saßen damit in der »Falle des Kurzzeitdenkens«. Klagen über langfristig wirkende Schäden am Jungwald durch das allzu viele Wild waren da höchst unerwünscht.

Schon vor 130 Jahren suchten die Jäger nach Ausreden für Wildschäden im Wald. Bis heute wiederholen sie: Nicht die unnatürlich hohen Wildbestände, sondern Waldbesucher, die Eisenbahn oder auch der Autoverkehr sind Schuld an den Wildschäden.

Deshalb begann die Suche nach Ausreden. So wurde ständig behauptet, dass die allermeisten Waldbesucher – außer den Jägern, versteht sich – das Wild bei der Nahrungssuche störten. Nur deshalb komme es zu dem Verbiss junger Bäume. Als weitere Ausrede diente der angebliche Mangel an natürlicher Nahrung. Deshalb müsse man dem Wild nur befriedigend Nahrung geben, und schon würden die jungen Waldbäume vom Verbiss verschont. Ein wissenschaftlicher Großversuch im Raum In-

Vor 130 Jahren kam es zu großen Sturm- und Insektenschäden in naturfernen Forsten. Der Münchner Waldbauprofessor Karl Gayer schreibt dazu: »Sehen aus wie Wald, sind's aber nicht.«

golstadt führte zu dem Ergebnis, dass bei unbegrenzter Futtergabe nur der Verbiss der Fichte weitgehend verhindert werden kann. Allerdings wurde so die Nachkommenschaft der Rehe deutlich gesteigert. Im Laufe der letzten etwa 130 Jahre hat sich eine regelrechte »Nachhaltigkeit der Ausreden« entwickelt. Dazu gehört auch ein weiteres: Alle Untersuchungen über ein hervorragendes Unterscheidungsvermögen des Wildes zwischen »normalen« Waldbesuchern wie etwa Wandergruppen und »gefährlichen« Waldbesuchern wie den Jägern durften in der Jagdpresse nicht veröffentlicht werden.

In der zweiten Hälfte des 19. Jahrhunderts kam es immer häufiger zu starken Schäden durch Stürme und Insektenmassenvermehrungen in den naturwidrigen Fichten- und Kiefernforsten. Das veranlasste den Waldbauprofessor Karl Gayer zu folgender Aussage: *»Ihr innerer Zustand hat sich vielfach nachtheilig verändert; wir haben zahlreiche Waldbestockungen (›sehen aus wie Wald, sind's aber nicht‹), welchen nicht mehr … die Kraft innewohnt, jene segensreichen Einflüsse zu gewähren; von Jahr zu Jahr wächst die Zahl jener Gelände, für welche der Wald seinen kulturbeschützenden Dienst zu versagen beginnt.«*[34] Das war eine klare Diagnose der langfristigen Entwicklung, eine entscheidende Voraussetzung für eine waldgerechte Nachhaltigkeit und eine deutliche Gegenposition zur »Falle des Kurzzeitdenkens«.

»Macht Euch die Erde untertan«

Kaiser Wilhelm II. wollte auch die Tierwelt beherrschen und nahm den Bibelspruch »Macht Euch die Erde untertan« ganz wörtlich. Der Wald wurde zur Kulisse der Trophäenjagd und Wilhelm II. zum mächtigen Schirmherrn aller »waidgerechten Hegejäger«.

Zunächst folgten viele Förster den langfristig vorausschauenden Vorschlägen Karl Gayers zur Rückkehr zu einem »gemischten Wald«. Aber dann kam erneut eine dramatische Wende. Kaiser Wilhelm II. wollte nicht nur eine neue Machtpolitik für Deutschland, er wollte auch die Natur beherrschen. Als leidenschaftlicher Trophäenjäger hatte er schon 1898 als Vierzigjähriger seinen tausendsten Hirsch erlegt. Er ließ auch die erste Trophäenschau in Deutschland ausrichten.[35] Damals gab es für die stärksten Trophäen sogar einen Pokal, den »Kaiserbecher«[36]. Sie wurden zum Symbol für eine allzu wörtliche Auslegung des Bibelspruches »Macht Euch die Erde untertan«. Alle Tierarten wurden nach dem Willen der Herrschenden in zwei Klassen eingeteilt: Die »Guten«, etwa die Hirsche und Rehe, wurden »gehegt« und wenn sie

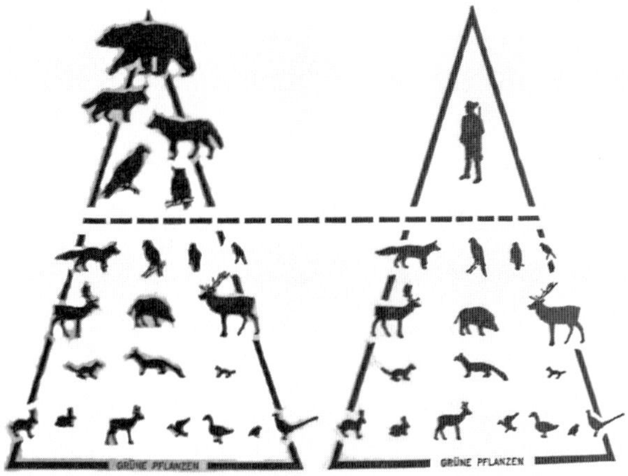

Nach der Vorstellung der »Hegejäger« standen früher die großen Beutegreifer an der Spitze allen Lebens. Jetzt sollten die Jäger diese Spitzenposition einnehmen und so zu den Herren über die Natur und besonders über den Wald werden. *(linkes Bild)*

Alle Tiere wurden in zwei Klassen eingeteilt. Die »Guten« wie Hirsche, Rehe und Fasanen wurden gehegt und gefüttert. Männliche Tiere mit begehrten Trophäen (etwa Geweihe) wurden »erlegt« und als Statussymbole vorgezeigt. *(unten links)*

Tiere wie etwa Füchse, Dachse, Eulen oder Eichelhäher galten als schädlich für die Hegejagd. Sie wurden das ganze Jahr mit allen Mitteln gnadenlos bekämpft. Das Gleichgewicht in der Lebensgemeinschaft wurde so empfindlich gestört. *(unten rechts)*

gute Trophäen hatten auch »erlegt«. Die »Schlechten« wie etwa die Füchse oder Bussarde wurden rücksichtslos mit Gewehren, Fallen und Gift bekämpft. Nur wenige Tierarten waren so unbedeutend, dass sie nicht in dieses Zweiklassensystem eingeordnet wurden. Die Jäger behaupteten, dass sie die Rolle der Spitzenregulatoren wie Wolf, Bär und Luchs einnehmen müssten, die sie vorher ausgerottet hatten.

Kaiser Wilhelm II. wurde zum Vorbild für die meisten bürgerlichen Jäger und die Förster. Die Folgen dieser Sonderform der Jagd, der »Hegejagd«, liegen auf der Hand: Die Wildbestände und auch der Verbiss an vielen Baum-, Strauch- und Krautarten stiegen rasch wieder an, die Erfolge bei der Waldverjüngung ließen nach. Das sollte aber natürlich nicht öffentlich bekannt werden. Deshalb wurde streng darauf geachtet, dass das System der Selbstkontrolle des Waldes durch die Förster eingehalten wurde. Sensible Daten wie etwa zum Wildverbiss sollten nicht an externe Waldfreunde gelangen. Wo sich negative Erscheinungen (von Hirschen geschälte Bäume oder zerfressene junge Laubbäume) absolut nicht verheimlichen ließen, wurde die »Nachhaltigkeit der Ausreden« perfektioniert (etwa Störungen durch Eisenbahnen, Waldarbeiten, Holzsammler, Beerensucher, Touristen oder die Waldweide mit Haustieren).

Damit war die zwanzig- bis dreißigjährige Periode einer »waldgerechten Nachhaltigkeit« für die meisten Staatsforste und größeren Privatwaldbesitze schon wieder beendet. Die Vertreter der naturfernen Kunstforste jedoch sahen sich trotz aller verheerenden Sturm- und Schädlingskalamitäten Anfang des 20. Jahrhunderts mit ihren Zinseszinsrechnungen bestätigt. Sie erreichten, dass in Bayern erhebliche Teile der älteren Staatswälder eingeschlagen wurden, da sie angeblich weniger Ertrag liefern als jüngere Forste. Und wegen des hohen Wildverbisses wurden dann – eine »großartige« Umkehrung der Kausalkette – meist wieder Fichten oder Kiefern gepflanzt.

Symptom- vor Ursachenbehebung

Nach dem Ersten Weltkrieg kehrten die Soldaten mit ihren Gewehren in die Heimat zurück. Es herrschte eine große Hungersnot. In vielen Waldgebieten wurden daher illegal, aber auch legal zahlreiche Rehe und Hirsche erlegt. So sollten »Volksjäger« zum Beispiel im Raum Garmisch wöchentlich fünfzig Stück Rotwild und fünfzig Gämsen erlegen, um die Hungersnot zu bekämpfen. Für diese Jäger war die Trophäe unwichtig, deshalb

1918 herrschte allseits großer Hunger. Die heimgekehrten Soldaten jagten Wild als wertvolle Nahrung. Hier haben sie einen jungen Hirsch mit Bastgeweih geschossen. Das galt als »nicht waidgerecht«, hat aber den Hunger gestillt.

Vor neunzig Jahren erreichten Waldbesitzer, dass sie für Holzverkäufe aus »Naturkalamitäten« in ihren naturfernen Forsten nur geringere Steuern bezahlen mussten. Das war eine fatale Botschaft mit dem Inhalt »Weiter so mit den naturfernen Forsten«.

Anders sah es ein staatlicher Forstmeister. Nach einem großen Sturmwurf ließ er in Stein meißeln: »Willst Du den Wald bestimmt vernichten, so pflanze nichts als reine Fichten.«

haben sie auch Hirsche im Bast (noch nicht fertig ausgebildete Geweihe) erlegt – eine Todsünde für alle Trophäenjäger.

Der Wildbestand blieb in Ortsnähe und in einigen schwer zugänglichen Waldteilen vorübergehend naturnah niedrig. Wieder konnten dort zumindest für einige Jahre gut gemischte Jungwälder aufwachsen. Doch meist blieb es bei schönen Worten. So wurde in Sachsen zwar eine entscheidende Reduzierung des Rotwildes auf ein Stück je hundert Hektar angeordnet, die Verfügung des Landforstmeisters endete so: *»Beamte, die wegen ihrer Jagdleidenschaft und durch übertriebene Hege des Wildes den Wald schädigen, sind unnachgiebig zur Rechenschaft zu ziehen.«*[37] Das wurde aber nicht energisch durchgesetzt, und so wurde 1933 festgestellt: *»Die Staatswaldungen sind neben den großen Privatwaldungen doch die Vorratskammern, aus denen sich die Wildstände immer wieder ergänzen konnten.«*[38]

In den letzten Jahrzehnten hatten sich große Kalamitäten durch Massenvermehrungen von Insekten oder Stürme in den naturwidrigen Fichten- und Kiefernreinbeständen gehäuft. Nach dem Ersten Weltkrieg bestand nun die Chance, die von Karl Gayer beschriebenen Ursachen für die Kalamitäten anzuerkennen und diese Kunstforste wieder in naturnahe Wälder umzubauen. Zwei Männer, August Bier und Alfred Möller, wollten genau das tun.

Professor August Bier war in Berlin seit 1907 Chef der ersten Königlich Preußischen Universitätsklinik für Chirurgie. Er war ein Freund des Waldes und hat sich im Jahr 1912 in Sauen südöstlich von Berlin einen größeren Kiefernforst für ein großes Waldumbau-Experiment gekauft. Die Standorte in dieser Region sind durch sehr geringe Niederschläge sowie feinbodenreiche bis sandige Bodenformen geprägt. Von Natur aus würden hier Eichenwälder wachsen. Infolge einer jahrhundertelangen menschlichen Nutzung war der Oberboden jedoch degradiert, die Bodenflora bestand überwiegend aus Cladonia-Arten (Flechten). Der ganze Forst war lückig und die Kiefern schwachwüchsig. August Bier bezeichnete sich als »Waldarzt«, er verglich die Befunde beim Men-

Der berühmte Arzt August Bier wollte beweisen, dass er devastierte Wälder wie kranke Menschen heilen kann, und experimentierte im Sauener Wald – wegen der hohen Wildbestände mussten (und müssen) dort allerdings alle jungen Wälder eingezäunt werden. Ein Waldbauprofessor nennt das »Waldsterben von unten«.

schen mit denen des Waldes. Er diagnostizierte den ungemischten Kiefernforst als einen kranken Wald und wollte ihn durch eine Reihe von Maßnahmen und die Selbstheilungskräfte der Natur heilen. Er beurteilte die »Kalamitäten« durch die Forleule (kleiner, etwa drei Zentimeter großer Schmetterling) anders als die Förster und sagte dazu: *»Der Sinn der Forleulenseuche ist der Fruchtwechsel über den Anflug der Birke. Der Kot der Foreule ist eine Düngung des Bodens und läßt Weidenröschen und Farne aufkommen. … Wird einmal die Forleule die gute Mischung wieder herstellen, indem sie die Bürokratie belehrt?«*

Seine Therapie sah die Anlage von Waldmänteln, die Verbesserung des Bodenzustandes und den Schutz seltener Pflanzen und Tiere vor. Um den Humus- und Bodenzustand zu verbessern, hat er Reisig und Kartoffelkraut auf den Waldböden ausbreiten lassen. In den Jahren zwischen 1923 und 1929 hat er auf einer Fläche von 375 Hektar Laubbäume unter die lückigen Kiefernforste pflanzen lassen. Allerdings war der Wildbestand schon damals zu hoch. Alle Flächen, in denen der auf die Monokulturen folgende Jungwald aus Mischbaumarten aufwachsen sollte, mussten eingezäunt werden, um das Wild von den jungen Bäumen fern zu halten. August Bier stellt 1933 resigniert fest: *»Der große Wildstand bei uns lässt unter keinen Umständen einen natürlichen Wald aufkommen.«*

Zum 150. Geburtstag von August Bier im Jahr 2011 hat die Stiftung August Bier Bilanz gezogen. Die Festredner stellten fest, dass sein Waldumbauexperiment in Sauen ein Erfolg war. Professor J.-H. Bergmann fasste es so zusammen: *»Hier hat ein überragender Geist und ein scharfer Beobachter … der Forstwirtschaft neue Wege gewiesen und einen Wald geschaffen, der einmalig ist.«* Die Revierleiterin Monique Müller fasste die Erfolge so zusammen: *»Wasser wurde im Wald gehalten und Waldränder geschaffen, verbessert wurden das Waldinnenklima und der Bodenzustand, es gibt weniger Kalamitäten, Zuwachsraten und Holzqualität wurden erhöht.«* Nicht gelöst wurde das Wildproblem, Wildschäden durch Rotwild, Rehwild und Schwarzwild seien das Kernproblem in Sauen. *»Der Erhalt der Artenvielfalt ist unserer Meinung ohne Zaun nicht möglich.«* Dazu stellte Professor Dr. Reinhard Mosandl fest: *»Die derzeitige Gatterfläche je Holzboden von 12 Prozent (63 Hektar) grenzt … an ›Wahnsinn‹. … Heute reden wir von Klimawandel und allen möglichen Vorgängen in der Baumkrone, doch diese Faktoren sind nicht in der Lage, das Waldwachstum völlig zu ruinieren, wohl aber das Wild. … Dieser Wildeinfluss ist nichts anderes als Waldsterben von unten.«*[39]

Professor Alfred Möller (1860 bis 1922) war Direktor der Forstakademie in Eberswalde. Er entwickelte die Idee vom »Dauerwald«. Dabei sollte der Waldboden immer von Bäumen bedeckt bleiben. Deshalb waren Kahlschläge absolut tabu. Seine Vorschläge wurden heftig kritisiert, denn sie wurden als indirekte Kritik an früheren Fehlentwicklungen bei der Jagd und im Waldbau aufgefasst. Und negative Auswirkungen der »waidgerechten Hegejagd« auf den Wald sollten und durften unter keinen Umständen öffentlich bekannt werden.

Aber da gab es ein finanzielles Problem: Besonders die größeren Waldbesitzer erlitten durch die Insekten- und Sturmkalamitäten empfindliche finanzielle Verluste. Dagegen mussten sie etwas tun. Es gab zwei Alternativen: entweder die Ursachen der Kalamitäten dadurch bekämpfen, dass die Kunstforste in naturnahe Mischwälder zurückverwandelt werden, oder die finanziellen Verluste durch die angeblichen »Naturkatastrophen« durch staatliche Vergünstigungen abfedern. Die Vertreter der Waldbesitzer, die über gute Beziehungen zu waldfreundlichen Politikern verfügten, wählten den zweiten Weg der Symptombekämpfung. Die Kalamitäten wurden zur »höheren Gewalt« erklärt, für die kein Waldbesitzer, Förster oder Jäger verantwortlich gemacht werden kann. So erreichten die Waldbesitzer, dass im Jahr 1920 ein Paragraph ins Einkommenssteuergesetz aufgenommen wurde. Danach hatten die Waldbesitzer nach »Holznutzungen infolge höherer Gewalt« nur eine stark reduzierte Einkommensteuer zu bezahlen.[40]

Für die weitere Waldentwicklung war das ein fatales Signal des Kurzzeitdenkens: Besonders die größeren Waldbesitzer konnten davon ausgehen, dass sie bei neuen Kalamitäten in ihren instabilen Kunstforsten keine allzu großen finanziellen Verluste erleiden würden. Ihre Anstrengungen, Fichten- oder Kiefernwälder wieder in naturnahe Mischwälder umzubauen, hielten sich folglich in Grenzen. Beim hohen Stellenwert der »waidgerechten Hegejagd« war der Waldumbau auch sehr kostenaufwändig – bei den rasch wieder ansteigenden Wildbeständen mussten alle jungen Buchen, Eichen, Ahorne, Tannen und andere verbissgefährdete Baumarten für mehr als zehn Jahre eingezäunt werden. Ohne Zaunschutz sind ganz überwiegend wieder Fichten oder Kiefern aufgewachsen. Sie sind heute achtzig bis neunzig Jahre alt und vielfach anfällig für Sturm- und Schadinsektenkalamitäten oder für Waldbrände.

Unterstützung von Naturschützern strikt abgelehnt

In dieser Zeit gab es wohlwollende Angebote zur Unterstützung der Förster, die wieder naturnahe Wälder aufbauen wollten. Im Jahr 1925 fand in Bamberg der erste Deutsche Naturschutztag statt. Dort boten viele engagierte Naturschützer den Förstern an, sie nachhaltig beim Wiederaufbau naturnaher Wälder zu unterstützen. Sie baten dafür um einige Schutzgebiete zum Beispiel im Spessart. Die hochrangigen Forstbeamten lehnten jedoch brüsk ab, da sie befürchteten, dass die Naturschützer so einen konkreten Einblick in die Waldentwicklung bekommen und damit ihre forstliche Selbstkontrolle unterlaufen werden könnte. Das war eine schwerwiegende Weichenstellung mit Folgen, die bis heute andauern: In vielen Bundesländern sahen die Spitzenforstbeamten und die meisten der größeren Waldbesitzer die Natur- und Umweltschützer als ihre

1925 gab es ein Angebot der Naturschützer, die Forstwirtschaft zu unterstützen. Sie wollten ein größeres Schutzgebiet im Spessart mit vielen alten Bäumen. Die Forstbürokratie lehnte dies strikt ab, da sie eine Aufweichung ihrer Selbstkontrolle befürchtete.

Hauptfeinde und wollten ihre Unterstützung nicht annehmen. Die meisten der hochrangigen Förster haben eher die Jagdschutzverbände viele Jahrzehnte als ihre wichtigsten Lobbyunterstützer betrachtet. Als einige Förster aber damit begannen, sich auch aus betriebswirtschaftlichen Gründen für waldangepasste Wildbestände einzusetzen, haben sie auch diese Lobbyhilfe verloren. Aber davon später.

Trophäenjagd nach dem Führerprinzip

Unter Reichspräsident Paul von Hindenburg gewann die Trophäenjagd schon bald wieder die Oberhand. In den späten 1920er Jahren begannen einzelne Förster mit Vorarbeiten für ein neues Jagdgesetz, der Entwurf lag 1933 fertig vor. Nach der Machtergreifung durch die Nationalsozialisten übernahm der trophäenjagdbesessene Hermann Göring diesen Entwurf weitgehend und verkündete schon 1934 das »Reichsjagdgesetz«. Ziel war es, mit planwirtschaftlich-zentralistischen Methoden die Wildbestände anzuheben. Die Trophäenjagd wurde nach dem Führerprinzip organisiert, der jeweils ranghöhere Parteifunktionär, Offizier oder Forstbeamte durfte den Hirsch mit der stärkeren Trophäe erlegen. Alle Jäger wurden Zwangsmitglieder im »Reichsbund Deutsche Jägerschaft«. Andersdenkende, »unwaidmännisch« jagende Jäger kamen vor ein »Jäger-Ehrengericht« und wurden ausgeschlossen. Effektive Jagdmethoden wurden verboten, die Jagdtrophäen sollten durch Einkreuzung von Tieren mit besonders starken Trophäen sowie durch Eliminierung von »Artverderbern« verbessert werden. Die Idee »Macht Euch die Erde untertan« war weitgehend verwirklicht. Ulrich Scherping, der damalige Leiter des Reichsjagdamts, hat dazu später geschrieben: *»Wir litten in jener Zeit unter einer Erkrankung von Seele und Gemüt, dem Trophäenfimmel.«*[41] Viele der Gaujägermeister und sonstigen Funktionäre waren gleichzeitig Forstbeamte. Seit dem 18. Jahrhundert war die Vorherrschaft der Jagd über den Waldbau nicht mehr so ausgeprägt wie in dieser Zeit. Die Selbstkontrolle funktionierte nach wenigen Jahren perfekt. Nur wenige Förster wagten es, Wildschäden anzusprechen – sie wurden sofort abgesetzt oder versetzt.

Ab 1934 sollte der Wildbestand planmäßig »aufgeartet« werden. Gejagt wurde nach dem Führerprinzip, der »Reichsjägermeister« durfte die stärksten Hirsche erlegen. Standard war »Jagd vor Wald«; über Wildschäden durfte nicht gesprochen werden.

So eine Vielfalt an Kräutern und jungen Bäumen kann in Deutschland ohne Zaunschutz nur in wenigen Wäldern aufwachsen. Schon Freiherr von Boeselager beklagte 1935, dass bei hohen Wildbeständen die Rehe nicht mehr genügend zartblättrige Pflanzen als Futter finden. Auch heute noch kann etwa das Waldweidenröschen oder wie hier ein Türkenbund bei zu vielen Rehen nur hinter wildabweisenden Zäunen zum Blühen kommen.

Zunächst gab es aber noch Jäger, für die nicht Trophäen, sondern die Tiere im Vordergrund standen. Im Jahr 1935 sagte Freiherr von Boeselager auf die Frage, wie das deutsche Rehwild »aufzuarten« sei: *»Meiner Ansicht nach kann das Reh einfach einen sehr starken Bestand nicht vertragen, ohne krank zu werden oder zu degenerieren, und zwar nicht aus Mangel an Äsung überhaupt, sondern aus Mangel an ganz bestimmten Äsungsbestandteilen, die es nur findet, solange der Rehstand relativ schwach ist.«*[42]

Der amerikanische Wildbiologe Aldo Leopold beschreibt die Verhältnisse nach einer Bereisung der Wälder in Deutschland so: *»Der Förster erkauft einen unnatürlichen Zuwachs an Holz um den Preis der Bodengesundheit, und den Überbestand an Schalenwild unterhält er auf Kosten aller schmackhaften Sträucher und Kräuter. … Das Endergebnis ist die Ausrottung der bevorzugten Äsungspflanzen, eine unnatürliche Monotonie der Vegetation.«* Er spricht damit ein Problem an, das in der Diskussion um Wald und Jagd bisher weitgehend ausgeklammert wurde: die Verarmung des Waldes an zartblättrigen Pflanzen durch die unnatürlich hohe Zahl an Rehen. Darunter haben besonders die Rehe selbst gelitten. Aldo Leopold hat auch eine plausible Erklärung für das weitgehende Fehlen einer kritischen Beurteilung der Zustände im Wald: *»Die Forstbeamten, welche die meisten* *jagdlichen Privilegien im Wald genießen, sind nicht gewillt, sich ihre Privilegien im Interesse des allgemeinen Wohls beschneiden zu lassen.«*[43] Er benennt damit das Hauptproblem der Waldbewirtschaftung in Deutschland, das schon Simon Rottmanner rund 150 Jahre zuvor beschrieben hatte.

Der Tharandter Waldbauprofessor Konrad Rubner schreibt im Jahr 1936: *»Die leidigste aller Fragen ist die der Wildschäden. … Reh- und Rotwild schädigen unsere Kulturwälder durch Verbiß, Fegen und Schälen in einem Maße, daß mancherorts die ernstliche Frage entsteht, ob überhaupt noch weiter Waldwirtschaft betrieben werden kann.«*[44]

1935 unterwarfen die Nationalsozialisten dann auch die Holznutzung einer »staatlichen Planwirtschaft« und froren die Preise auf sehr niedrigem Niveau ein. Die Waldbesitzer wollten zu solchen Preisen freiwillig allerdings nur wenig Holz schlagen. Deshalb bestimmten die Behörden, wie viel jeder Waldbesitzer einzuschlagen habe. Hermann Göring beauftragte Walter von Keudell und Friedrich Alpers, zwei Anhänger der »Dauerwaldidee« von Alfred Möller, die zur Kriegsvorbereitung notwendigen gewaltigen Holzmengen »waldverträglich« einschlagen zu lassen. Die Folge war jedoch, dass viele Waldteile durch eine allzu rasche und zu starke Entnahme von Bäumen instabil wurden. Der Auftrag, die gewaltigen Holzmengen »waldverträglich« bereitzustellen, musste schon nach wenigen Jahren scheitern. Wieder kam es zu Kahlschlägen. Das oberste Gebot der Forstwirtschaft – die Nachhaltigkeit – war ernsthaft gefährdet. Dazu trugen auch die weiter stark ansteigenden Wildschäden bei. Landforstmeister Dr. Rudolf Müller stellt dazu fest: *»In den Preußischen Staatsforsten entfielen in einem der Jahre kurz vor dem Kriege 30 Millionen Mark auf die direkten und indirekten Kosten der Wildschäden, die fast zur Gänze durch Rot- und Rehwild verursacht waren. Damals wie später, vorher und heute waren die überhöhten Wildstände die Ursache dieser gigantischen Verlustziffern. Die Tatsache und die Wildstände wurden vertuscht: Irgendwo saß, bis hinauf zur bekannten Spitze, immer einer, dem die Knochen mehr wert waren als frohwüchsige Kulturflächen und gesunde Stangenhölzer.«*[45]

Bis zum Ende des Krieges kletterten die Holzeinschläge bis zum Doppelten des Nachhaltshiebsatzes. Erst im Jahr 1952 wurden die Holzpreise endgültig wieder freigegeben. Die meisten Forstbetriebe verloren in dieser Zeit nicht nur die angesparten Holzreserven, sondern auch einen erheblichen Teil ihres im Wald angelegten Produktionsvermögens.

Schlaglichtartig werden die Prioritäten um Jagd und Wald im Kriegswinter 1942 deutlich: Die Jagdbehörden ließen große Mengen Hafer an potentielle »Einser-Hirsche« (Hirsche mit besonders starken Geweihen) verfüttern, die für den Abschuss durch prominente Parteigenossen vorgesehen sind, statt ihn an hungernde Familien mit Kleinkindern zu verteilen.[46]

Um Jagdschäden mit wahrer »Jongleurskunst« herumgeredet

Nach dem verlorenen Krieg litten nicht nur die Menschen, sondern auch der Wald. Große Holzmengen wurden nach Frankreich, Russland und England abtransportiert. Und die Menschen hatten fast nur Holz, um zu heizen, Kohle gab es kaum. Besonders um die Städte wurden daher große Waldteile kahl geschlagen. Nach 1949 mussten etwa achttausend Quadratkilometer Kahlflächen aufgeforstet werden.

Forstmeister Dr. Willy Wobst 1948: Seit Jahrzehnten wird um die Probleme der Wildschäden herumgeredet. »Nicht der Forstmann bestimmt, welche Holzarten (...) aufwachsen werden, sondern das Wild.«

Wieder gab es die Chance für den Aufbau naturnaher und stabiler Wälder. Und wieder gab es ein Hindernis: die Devise Wild vor Wald in den Köpfen der meisten Förster.

Noch im Jahr 1948 hat Forstmeister Willy Wobst auf einen Punkt hingewiesen, um den seit Jahrzehnten mit einer »wahren Jongleurskunst« herumgeredet werde: *»Nahezu die gesamte deutsche Forstwirtschaft steht unter dem unbestreitbaren Diktat des Wildes. Nicht der Forstmann bestimmt, welche Holzarten angebaut werden sollen beziehungsweise aufwachsen werden, sondern das Wild. Auch darf der mehr oder weniger unsichtbare Schaden nicht übersehen werden, der dadurch entsteht, daß das Wild zahlreiche, für die Gesunderhaltung des Bodens, namentlich des Humus, außerordentlich wichtige Bodenpflanzen ... überhaupt nicht aufkommen läßt.«*[47]

Wobst war nicht allein. In den Waldbauvorlesungen des Münchner Professors Josef Köstler haben hunderte Forststudenten in den Nachkriegsjahren bis in die siebziger Jahre hinein die folgenden Feststellungen und Forderungen immer wieder gehört:

- *»Zweifellos war die Erkenntnis der Nachhaltigkeit eine große kulturelle, für die ganze Menschheit nützliche Leistung, aber die Verwirklichung der Nachhaltigkeit berechtigt zu keinen erhebenden Gefühlen und zu keinen lauten Lobpreisungen.«*
- *»Waldbauer werden heißt ... Waldpfleger und Heilkünstler in kranken Wäldern werden. In diesem Sinne ist die Ausbildung in Diagnose und Therapie Voraussetzung der waldbaulichen Tätigkeit.«*
- *»Das waldbauliche Denken hat vom Walde, und zwar von ungestört entwickelten Naturwäldern auszugehen, da nur in ihnen die Lebensgesetze der Wälder einwandfrei untersucht werden können. ... Es war ein grober Irrtum anzunehmen, man könne im Walde die Natur ›beherrschen‹.«*
- *»Seit der Mitte des 19. Jahrhunderts wurde eine bürgerliche Jagdleidenschaft gefördert, die vielfach zum Ausbau eines eigenen Jagdkultes führte, auf dessen Altar die Gesundheit und die Natürlichkeit ganzer Waldgebiete geopfert wurde.«*
- *»Zur Naturschau ... muss noch ein Zweites kommen: das Verantwortungsbewusstsein gegenüber den kommenden Generationen; denn ohne diese charakterliche Seite lässt sich das Nachhaltsprinzip als das Kernprinzip auch des Waldbaus nicht ernstlich verfolgen.«*

Der Waldbauprofessor Josef Köstler beklagt, dass die Jagd Erfolge beim Waldumbau verhindere, der Einfluss des Wildbestandes auf die Betriebswirtschaft nicht untersucht und die Verantwortung gegenüber kommenden Genrationen zu wenig beachtet würden.

Noch nach dem Zweiten Weltkrieg waren in vielen älteren Fichtenforsten junge Buchengruppen zu sehen, sogenannte »Rebel-Gruppen« – Belege für die Waldumbaubestrebungen etwa seit dem Jahr 1900.

- *»Jedenfalls hat man sich seit fünfzig Jahren* [also seit dem Jahr 1900, Anm. d. V.] *in vielen Betrieben mit der Umwandlung nichtstandortgemäßer Fichtenreinbestände in standorttauglichere Mischbestände beschäftigt, ohne dass das Gesamtproblem im allgemeinen über Anfangslösungen wirklich hinausgekommen wäre trotz prachtvoller örtlicher Erfolge. Den abwegigen Vorstellungen der Zinseszinsrechnung oder der sofortigen ›Rentabilität‹ ist entgegenzuhalten die in der Nachhaltigkeitsidee wurzelnde Forderung, dass an Stelle geernteten Altbestandes ein mindestens gleichwertiger … Jungbestand zu treten hat.«*
- *»Vor allem ist aber … auf einen Schadenfaktor wieder hinzuweisen, der in vielen Fällen einen intensiven naturgemäßen Waldbau ausschließt oder aufs schwerste hemmt: der Wildstand. Es ist eine der ersten Pflichten jedes Betriebsleiters zu klären, welchen Einfluss der Wildstand auf Waldbau und Betriebswirtschaft ausübt. … Diese Prüfung ist kaum in einem Betrieb eingehend und gewissenhaft durchgeführt worden.«*
- *»Für die kommenden hundert Jahre steht das Problem an, nicht standortgemäße Reinbestände von Fichte und Kiefer wieder in standortgerechtere Mischbestände zurückzuwandeln.«*[48]

Wilhelm Münker, Gründer des Ausschusses zur Rettung des Laubwaldes, hat 1951 zahlreiche Förster und Forstwissenschaftler zur Ursache für den Rückgang des Mischwaldes befragt. Fast alle haben die Feststellung bestätigt: *»Der Zustand ist einfach unhaltbar, daß die Wildschäden am Walde mehrfach, ja zehnfach höher sind, als die von Feuer, Wind und Schneebruch sowie Insekten zusammen.«*[49] Und einige Jahre später schreibt Walter Mann, höchster Forstbeamter im Bundesministerium: *»Der akut kranke und wunde Wald schreit nach Hilfe. So sagt man, aber das ist falsch. Der arme Wald kann leider nicht schreien. Wäre es so …, könnten die Millionen jungverbissener Laubhölzer … laut, laut aufheulen, wenn man ihnen die Krone, das Kernstück ihres Lebens, abbeißt.«*[50]

Die Antwort der »waidgerechten Hegejäger« auf diese und viele andere ähnliche Feststellungen hat Krafft Freiherr von

Crailsheim-Amerang schon im Jahr 1948 richtungsweisend für die nächsten Jahrzehnte gegeben: *»Ich weiß mich mit 99 von hundert der deutschen Jäger und Forstwirte übereinstimmend, daß eine derartige Maßnahme weder notwendig, noch diskutabel erscheint. Der deutsche Wald ohne Schalenwild kann mit einer Kirche ohne Kruzifix verglichen werden.«*[51] Der uninformierten Bevölkerung wird mit solchen Aussagen suggeriert, dass die Reduktion der Schalenwildbestände auf ein naturnahes und waldverträgliches Maß einer Ausrottung des Wildes gleichkommt. Und viele Parlamentarier sowie Wirtschaftsbosse treten als prominente Schirmherren der Hegejäger auf.

»Der arme Wald kann leider nicht schreien. Wäre es so …, könnten die Millionen jungverbissener Laubhölzer … laut, laut aufheulen, wenn man ihnen die Krone abbeißt.«

Eine (vertane) Chance für den Umbau der Wälder

Viele Förster wollten trotzdem die Chance nutzen und wieder naturnähere Wälder aufbauen. In die zahlreichen Kahlflächen haben sie daher häufig auch Laubbäume pflanzen lassen. Aber viele von ihnen wollten gleichzeitig die alten Konflikte zwischen Trophäenjagd und naturnahem Jungwald nicht sehen: In den aufwachsenden Forstkulturen haben sich die Reh- und Hirschbestände sehr stark vermehrt. Viele dieser Jungwälder mussten daher wegen des enormen Wildverbisses durch aufwändige Zäune geschützt werden. Die Kosten waren enorm. Der Forstpolitikprofessor Julius Speer prophezeite daraufhin: *»Wenn es uns nicht gelingt, eine radikale Minderung des Wildes zu erreichen, so ist unser ganzes Bemühen um die Neugründung von Mischwäldern vergeblich.«*[52] Wo die Jungwälder nicht aufwändig umzäunt werden konnten, sind die meisten der gepflanzten Laubbäume durch starken Verbiss folglich auch wieder verschwunden.

Dennoch gab es in den Nachkriegsjahren einige starke Mastjahre der Laubbäume, daraus hätten sich ganz kostenlos vielfältige junge Laubmischwälder entwickeln können. Und der Umbau der instabilen Nadelforste in naturnahe und stabile Mischwälder wurde auch fast überall wieder gefordert. So heißt es etwa in Bayern im Jahr 1954 in einem Buch des Bayerischen Landwirtschaftsministeriums: *»Die nächsten Jahrzehnte stellen jedoch noch große Aufgaben im Umbau von zu stark gefährdeten Nadelreinbeständen … in standortgerechte Mischbestockungen.«*[53]

Eine Opposition zur Altersklassen-Forstwirtschaft entsteht

Nach dem Zweiten Weltkrieg wollten nicht nur Professoren, sondern auch forstliche Praktiker in Opposition zur vorherrschenden Altersklassen-Forstwirtschaft die Ideen von Alfred Möller (siehe Seite 82) in die Praxis umsetzen. Im Jahr 1950 gründeten etwa fünfzig Waldbesitzer und Förster aus Ost- und Westdeutschland die »Arbeitsgemeinschaft Naturgemäße Waldwirtschaft« (ANW). Sie wollten den Wald als Gesamtökosystem betrachten, ihr Ziel war ein Dauerwald aus mehreren standortangepassten Baumarten. So sollten die naturgegebenen Standortkräfte optimal genutzt und gepflegt werden. Im Altersklassenwald stehen alte, mittelalte und junge Waldteile sowie Kahlflächen auf getrennten Flächen. Im Dauerwald hingegen sollte es keine Kahlflächen geben, und die unterschiedlichen Entwicklungsstadien sollten in den einzelnen Waldparzellen neben- oder untereinander stehen. Die ANW bot etwa Exkursionen zu Beispielbetrieben an, wo die Erfolge naturgemäßer Waldwirtschaft besichtigt und intensiv diskutiert werden konnten.

1950 hat sich mit der Arbeitsgemeinschaft Naturgemäße Waldwirtschaft eine Opposition zum Altersklassenwald gegründet. Auf Exkursionen zu Beispielbetrieben haben die Mitglieder gelernt, wie optimale Zukunftswälder aufgebaut werden können.

Anfangs wurde die Arbeit der ANW von den amtlichen Forstverwaltungen belächelt. Als sich ihr dann aber immer mehr Waldbesitzer und Förster anschlossen, begann ein erbitterter Kampf der Forsthierarchie gegen die »Irrlehre« der »Naturgemäßen« mit ihren »geradezu primitiven Erntegrundsätzen«.[54] In der Bayerischen Staatsforstverwaltung wurde im Jahr 1966 ein Wirtschaften nach den Grundsätzen der ANW sogar verboten.[55] Doch immer mehr Waldbesitzer und Förster erkannten, dass als Ergebnis einer jahrzehntelangen ökologiefernen Reinertragslehre großflächig gleichaltrige Nadelbaumreinbestände entstanden waren. Sie wollten nicht weiter leugnen, dass diese Forste sehr labil und auch betriebswirtschaftlich negativ zu beurteilen sind. Sie waren für die größeren Waldbesitzer nur deshalb noch wirtschaftlich, weil sie steuerlich massiv begünstigt wurden. Mit der weiteren Ausnutzung der kostenlos wirkenden Kräfte der Natur hätten die ANW-Betriebe nicht nur stabilere Wälder aufbauen, sondern auch betriebswirtschaftlich wesentlich bessere Ergebnisse erzielen können. Es kam jedoch anders.

Die Vorherrschaft der Jagd über den Waldbau wird wiederhergestellt

Ab 1950 wurden forstliche Standorte kartiert. Daran beteiligte Botaniker haben auf die stark unterschiedliche Artenvielfalt inner- und außerhalb der Zäune hingewiesen – ein Blick von Außenstehenden, der vielen Förstern nicht gefallen hat.

Völlig unbeeindruckt von diesen Warnungen und den waldfreundlichen Zielen bildete sich eine kleine, aber sehr einflussreiche Koalition aus Förstern und Jägern, die schon das Reichsjagdgesetz von 1934 entworfen hatten, und neuen, jagdfreundlichen Parlamentariern. Sie erreichten, dass schon im Jahr 1952 ein Bundesjagdgesetz verabschiedet wurde, das weitgehend mit dem Reichsjagdgesetz identisch war – Schalenwildbestände und Wildschäden stiegen wieder an. Für viele maßgebliche Förster galt weiter der Grundsatz »Jagd vor Wald«. So übernahm etwa Hans Gussone im Jahr 1947 die rheinland-pfälzische Wald- und Jagdverwaltung. Ihm gelang es, Jagd und hohe Wildbestände *»zu retten«*[56]. Forderungen von Naturschützern, angesichts der immer häufigeren »Naturkatastrophen« wieder naturnahe Wälder aufzubauen, wurden mit großer Arroganz zurückgewiesen. Der hessische Landforstmeister Werner Roßmäßler erklärte 1958: *»Ebenso abzulehnen sind laienhafte Forderungen nach Umstellung der Forstwirtschaft von Nadel- auf Laubholz, von reinen auf Mischbestände. … Die Entscheidung forstlicher Angelegenheiten steht allein den hierzu berufenen und verantwortlichen Forstwirten zu. Derartige Anmaßungen von Laienseite klar und deutlich in aller Öffentlichkeit zurückzuweisen, erscheint bei der Erörterung des Problems Wald und Wild … notwendig. Wollte man jedoch allein einen Umbau unseres Wirtschaftswaldes abwarten, dann würde dieses einen Abschuß in einer Höhe erfordern, daß damit der Wildstand ausgerottet würde.«*[57]

Im Bayerischen Wald wurden Hirsche mit großen Geweihen als Ersatz für verlorene Ostgebiete mit den stärksten Hirschen »herangehegt« – und dafür sehr viele geschälte und dann abgebrochene Fichten in Kauf genommen.

Ahorne und andere Laubbäume wurden außerhalb dieses Zaunes immer wieder verbissen. Nach einer Bestimmung im Jagdgesetz wird der Schaden nicht ersetzt, da es keine »Hauptbaumarten« sind – eine »Lizenz zur Artenverarmung«.

Schulkalender 1997„Wald, Wild und Wasser" des Landesjagdverbandes

„Unser Wald ...Heute kehrt man aus ökologischen Gründen wieder mehr zum Mischwald zurück. Das zieht für die Waldbesitzer und Forstbeamten große wirtschaftliche Probleme nach sich. Die Fichte hieß nicht umsonst „der Brotbaum des Waldbauern". Ein Mischwald, so schön er aussieht, ist weniger ertragreich. Die Waldbesitzer sind aber auf Ertrag angewiesen..."

Die Jagdschutzverbände haben erreicht, dass der Staat für sie eine Jagdabgabe erhebt. Sie erhalten so große finanzielle Mittel für ihre Öffentlichkeitsarbeit. Damit können sie etwa in den Schulen gegen einen Waldumbau argumentieren.

Jagdfunktionäre forderten, dass in größeren Staatswäldern künstliche Äsungsflächen für das Wild angelegt werden müssen. Solche Wildwiesen oder Wildäcker wurden von jagdfreundlichen Förstern besonders in Rotwildgebieten auch tatsächlich geschaffen. Der Streit um das Ausmaß solcher Freiflächen zog sich über die nächsten Jahrzehnte hin. Im Bundesjagdgesetz steht, dass *»die Hege die Erhaltung eines den landschaftlichen und landeskulturellen Verhältnissen angepaßten Wildbestandes zum Ziel hat«*. Die immer neuen Forderungen nach mehr offenen Wildäsungsflächen im Wald bedeuten aber genau das Gegenteil: Der Wald sollte sich den steigenden Wildbeständen anpassen.

In Bayern verteidigte der aus Pommern stammende Oberforstmeister Götz von Bülow den Vorrang der Trophäenjagd, obwohl diese auch in seinem Forstamt zu vielen mittelalten Wäldern geführt hat, in denen die Rinde fast aller Bäume von Hirschen abgeschält war. Er begründete das so: *»Wir haben unersetzliche Verluste im Osten unseres Vaterlandes hinnehmen müssen, so vor allem die Rotwildvorkommen Ostpreußens, … mit den stärksten deutschen, ja europäischen Hirschen.«*[58]

Im neuen Bundesjagdgesetz gibt es eine Bestimmung, die zwangsläufig zu einer Artenverarmung im Wald führen muss. Dort heißt es: *»Der Wildschaden an … Forstkulturen, die durch Einbringen anderer als der im Jagdbezirk vorkommenden Hauptholzarten einer erhöhten Gefährdung* *ausgesetzt sind, … wird nicht ersetzt, wenn die Herstellung von üblichen Schutzvorrichtungen unterblieben ist, die unter gewöhnlichen Umständen zur Abwendung des Schadens ausreichen.«* Das heißt: Wer sich eine Linde, einen Ahorn oder eine Tanne leisten will, der muss diese »Nicht-Hauptbaumarten« eben einzäunen. Das kommt einer Lizenz zur Artenverarmung gleich!

Es gelang den Schirmherren der »waidgerechten Hegejagd«, eine »Jagdabgabe« in die Landesjagdgesetze einzuführen, die den Landesjagdschutzverbänden (seit 2013 Landesjagdverbände) hohe finanzielle Mittel verschafft. Diese »Jagdabgabe« wird vom Staat mit der Erteilung des Jagdscheines erhoben und danach von der »Obersten Jagdbehörde« des zuständigen Ministeriums in Absprache mit Jagd-, Grundbesitzer- und Naturschutzverbänden verteilt. Mit diesen Mitteln waren die Jagdschutzverbände in der Lage, eine umfangreiche Öffentlichkeitsarbeit zu finanzieren. So konnten sie etwa ihre Mitglieder auch davon überzeugen, dass Waldbesitzer gar keine Mischwälder wollen und deshalb kein Waldumbau notwendig ist.

Durch den weitgehenden Vorrang der Hegejagd vor dem Wald wurden die forstlichen Ziele zum Aufbau naturnaher Mischwälder weitgehend verfehlt. Die Staatsforstverwaltungen und die größeren Privatwaldbesitzer haben sich bislang immer selbst kontrolliert. In ihren Planungs- und Kontrollwerken (Forsteinrichtungen) standen immer gute, langfristige Ziele und Vorgaben für den Wiederaufbau stabiler Mischwälder. Ein Vergleich der Ergebnisse mit diesen Zielen hat sich allerdings meist auf die Feststellung beschränkt, dass in den jüngsten Wäldern schon mehr Laubbäume und Tannen vorkommen als in den etwas älteren – nur selten wird allerdings die Hauptursache dafür erwähnt: Die Wälder sind meist noch verjüngungswillig. Die älteren Bäume streuen reichlich Samen aus, deshalb wachsen vielfach auch einige Jahre lang viele kleine Bäumchen unterschiedlicher Arten in die Höhe. Dann jedoch werden die verbissempfindlicheren Baumarten wie etwa Eichen, Tannen, Ahorne oder Eschen so stark verbissen, dass die meisten von ihnen wieder absterben. Übrig bleiben meist nur die Baumarten mit besonderen Abwehrstrategien wie etwa Fichte oder Kiefer.

Tannen werden in der Regel erst ab einer Höhe von dreißig bis fünfzig Zentimetern besonders stark verbissen. Diese Tatsache führt zu Fehlinterpretationen bei den Waldinventuren, da so der Eindruck entsteht, dass in den jeweils jüngsten Waldteilen der Tannenanteil höher ist als vor zwanzig Jahren.

Zunächst entsteht so aber immer wieder neu die Illusion, dass der jüngste Wald zielgerechter und artenreicher aufwächst als der zwanzig oder dreißig Jahren alte. Deshalb hat diese Art der Selbstkontrolle nur bedingt und lokal zum Aufbau tatsächlich funktionsgerechter Jungwälder geführt, die ohne besondere Schutzmaßnahmen aufwachsen konnten.

Erneute steuerliche Begünstigung der Waldkalamitäten

Nach 1945 kam es besonders durch eine Massenvermehrung der Borkenkäfer erneut zu großen Kalamitäten in den naturwidrigen Kunstforsten. Wieder thematisierten Forstprofessoren und Forstpraktiker den Zusammenhang zwischen hohen Wildbeständen und »Waldkatastrophen«. Sie hofften auf die Unterstützung privater Waldbesitzer und der Forstverbände bei der Forderung, die stark überhöhten Wildbestände auf ein waldverträgliches Maß zu reduzieren – vergeblich. Dagegen erreichten 1954 die Schirmherren der Trophäenjagd, dass die bereits früher bestehende steuerliche Begünstigung von Holznutzungen nach Sturmwürfen oder Insektenmassenvermehrungen weiter als »Kalamitätsnutzungen infolge höherer Gewalt« anerkannt, ja sogar ausgeweitet wurde. Wieder war die Botschaft eindeutig: Wer naturferne und instabile Forste aufwachsen lässt, wird zwar häufig Verluste durch »Naturkalamitäten« erleiden, aber steuerlich entlastet. Viele Waldbesitzer haben das als Aufforderung zum »Weiter so« mit hohen Wildbeständen und instabilen Forsten verstanden.

Von diesen steuerlichen Begünstigungen profitierten in erster Linie größere Forstbetriebe mit einem »Eigenjagdrevier« – sie konnten im Prinzip selbst bestimmen, wie viel Wild in ihrem Wald lebt. Vielen dieser Grundbesitzer war die Trophäenjagd als hochangesehene Freizeitbeschäftigung wichtiger als ein nachhaltig stabiler Wald. Andere Waldbesitzer hingegen haben die Chancen des Eigenjagdreviers genutzt und versucht, die Wildbestände und damit die Wildschäden auf ein waldverträgliches Maß zu reduzieren. Waldbesitzer ohne Eigenjagdrevier konnten sich meist nicht gegen die jagdfreundlichen Ziele der Jagdpächter durchsetzen. So hat sich in weiten Bereichen eine Zweiklassengesellschaft bei Waldnutzung und Jagd herausgebildet.

Eine Chance zur großzügigen Förderung wird verspielt

Nach längeren Vorbereitungen wurden am 25. März 1957 die Römischen Verträge zur Bildung einer Europäischen Wirtschaftseinheit unterzeichnet. Darin ging es auch um eine gemeinsame Agrarpolitik. Die Vertreter der Landwirtschaft hatten darauf verwiesen, dass sie unter schwierigen Bedingungen produzieren müssten und dass es ihnen nicht gut gehe. Landwirtschaftliche Flächen und Produkte werden seitdem massiv staatlich gefördert. Die Forstwirtschaft hingegen hat sich nicht unter das Dach der Römischen Verträge begeben. Man kann vermuten, dass dafür drei Gründe maßgebend waren:

1. *Die deutsche Forstwirtschaft hat nach außen hin immer wieder betont, dass die Wälder »auf einem guten Weg« sind. So war es nachvollziehbar, dass die Politiker eher dem Wirtschaftszweig helfen wollten, der von sich behauptete, es gehe ihm schlecht.*
2. *Die Holzpreise waren damals noch relativ hoch und die Arbeitslöhne niedrig. Deshalb haben die meisten Forstbetriebe noch einigermaßen günstige Betriebsergebnisse erzielt und konnten hoffen, dass dies auch in Zukunft so bleiben wird.*
3. *Die größeren Forstbetriebe wollten nicht, dass staatliche Prüfer Waldzustand und Waldentwicklungen kontrollieren. Das oberste Prinzip der Selbstkontrolle sollte nicht angetastet werden.*

Mit ihrer Entscheidung, sich im Gegensatz zur Landwirtschaft betrieblichen Kontrollen weitgehend zu entziehen, entgingen den Forstbetrieben in den letzten fünf Jahrzehnten staatliche Fördergelder in Höhe vieler Millionen DM beziehungsweise Euro.

Ein prominenter Mahner für zukunftsfähige Wälder scheitert

Anfang der 1960er Jahre war mit Max Woelfle ein Leiter der Bayerischen Staatsforstverwaltung im Amt, der kein Trophäenjäger war. Er wollte nicht weiter wegschauen und schrieb in einer Jagdzeitung: *»Mit allem Nachdruck muß festgestellt werden, daß die bayerischen Staatswaldungen dem ganzen Volke gehören und nicht den egoistischen Belangen einer kleinen Gruppe von Jagdscheininhabern geopfert werden dürfen. ... Es steht fest, daß auf sehr großen Waldflächen eine geregelte Waldwirtschaft wegen des*

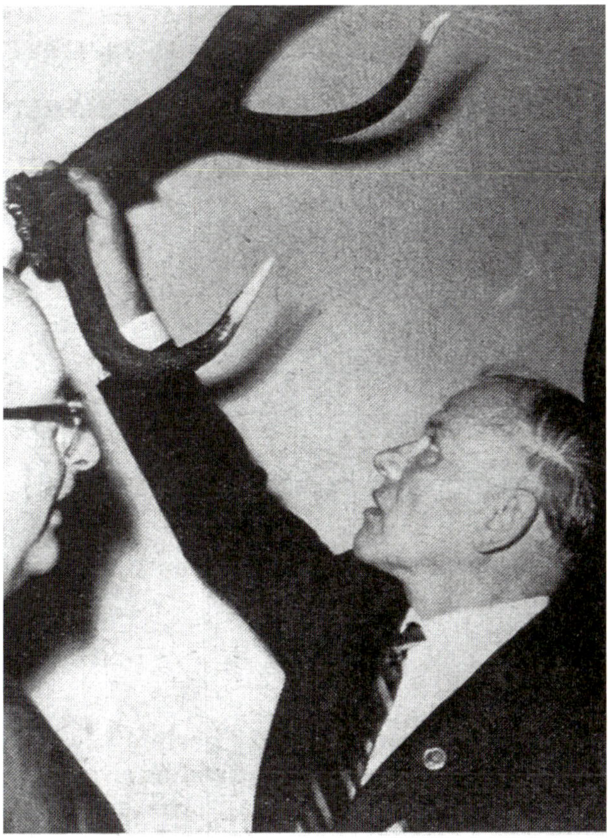

Auch nach 1945 hat es mächtige Schirmherren der Trophäenjagd gegeben. Bundestagspräsident Eugen Gerstenmeier hat 1963 mit dem Ausdruck »Lebensrecht des deutschen Wildes« Klagen über allzu hohe Wildschäden abgeschmettert.

Alle Trophäen erlegter Tiere müssen auf Pflichtschauen vorgeführt werden. Die Trophäen werden streng bewertet und oft auch zensiert. Diese Schauen dienen auch dazu, Politiker zu positiven Aussagen für diese Sonderform der Jagd zu bewegen.

Auftretens unvorstellbarer Wildschäden nicht mehr möglich ist.«[59] Die Jäger und auch die Förster konnten das sachlich nicht widerlegen. Sie suchten und fanden stattdessen einen prominenten Schirmherrn zur Verteidigung der elitären Trophäenjagd: Bundestagspräsident Eugen Gerstenmeier hatte in staatlichen Jagdrevieren im Schwarzwald besonders starke Hirsche erlegen dürfen. Bei der Eröffnung der Jagdausstellung 1963 forderte er dann auch das *»Lebensrecht des deutschen Wildes«*.[60] Die Prioritäten waren festgeschrieben: Für den Wald gibt es nur schöne Sonntagsreden und die Selbstkontrolle. Für die elitäre Trophäenjagd gibt es harte Fakten, wie etwa die einzig zu entschädigenden »Hauptholzarten« (siehe Seite 92) oder die jährlichen Zwangstrophäenschauen, auf denen die Trophäen dieser Form der Jagd als gesellschaftliche Statussymbole zu bewundern sind.

Doch einige Förster wollten diese Perversion ihres Berufsbildes nicht länger hinnehmen. Im Jahr 1966 unterschrieb Max Woelfle eine »Entschließung« an alle bayerischen Forstämter mit der eindeutigen Anweisung, alle Waldbesitzer über ihre Rechte gegenüber den Jägern und über ihre

In Bergwäldern wurde die fehlende Waldverjüngung oft mit fehlendem Licht begründet. Deshalb wurden immer wieder Bäume gefällt. Der zu hohe Wildbestand sollte später »angepasst« werden.

Zehn Jahre später sind die jungen Bäumchen immer wieder verbissen worden, stattdessen hat sich hartkantiges Gras ausgebreitet. Der Schnee konnte so an immer mehr Stellen abgleiten und die einzeln aufwachsenden Fichten herausreißen.

Möglichkeiten zur Vermeidung von Wildschäden aufzuklären. Diese Anweisung wurde jedoch nur von wenigen Forstämtern ordnungsgemäß vollzogen und schon kurz nach der Pensionierung von Max Woelfle im Jahr 1967 außer Kraft gesetzt.

Das »Verschlechterungsverbot« wird ausgehebelt

Der Waldbauprofessor Josef Köstler hatte schon 1950 darauf hingewiesen, dass *»an Stelle eines geernteten Altbestandes ein mindestens gleichwertiger … Jungbestand zu treten hat«*[61]. Das entspricht einem »Verschlechterungsverbot«, das heute etwa für die »Natura 2000«-Schutzgebiete gilt. Dieses Verschlechterungsverbot wurde 1972 in der Zeitschrift der *Schutzgemeinschaft Deutscher Wald* aufgegriffen. In einem Aufsatz zur Bedeutung der Forstwirtschaft für den Umweltschutz wurde nach einer kritischen Diagnose des Zustands der Schutzwälder die Forderung erhoben, dort den Schalenwildbestand deutlich zu reduzieren. Um die Schutzfunktionen nicht weiter zu gefährden, sollte als Sofortmaßnahme die *»Abholzung geschlossener, naturnah aufgebauter Mischwald-Reservebestände beendet werden, bis zur Wiederherstellung eines ausgewogenen Gleichgewichtes in der Lebensgemeinschaft«.*[62]

Aus der Sicht eines vorsorgenden Umweltschutzes war das dringend notwendig. Aber da gab es einen Haken: Man hätte aus einer so konsequenten Maßnahme Fehler der bisherigen staatlichen Jagd- und Forstwirtschaft ableiten können. Das wollten die leitenden Staatsforstbeamten unbedingt verhindern. Und so wurden weiterhin auch in stabile, naturnahe Mischwälder Lücken geschlagen, um den jungen Tannen-, Fichten- und Laubbaumsämlingen Licht und Wärme zum Aufwachsen zu geben – während die notwendige Änderung der jagdlichen Situation später erfolgen sollte. Der starke Wildverbiss hat jedoch dazu geführt, dass vielfach stark vergraste Lücken oder lückige Fichtendickungen ohne stabilisierende Tannen und mit nur wenigen Buchen entstanden sind: eine deutliche Verschlechterung der Schutzfunktion der Bergwälder.

Trophäenjagd von Forstbeamten mit nachhaltiger Forstwirtschaft unvereinbar

Nach einer Landtagsanfrage aus dem Jahr 1973 stellte sich heraus, dass die meisten der Hirsche mit besonders starken Trophäen im Bayerischen Staatswald von Staatsforstbeamten erlegt wurden, und das *»zwanglos der Dienststellung nach geordnet«*. Wieder wird der Vorrang der Trophäenjagd vor einem funktionsgerechten Wald deutlich. Die Schlussfolgerung daraus kann nur

Der kostenlose Abschuss starker Trophäenträger durch Forstbeamte führte zu Interessenkonflikten. Dieses Privileg ist mit einer betriebswirtschaftlich erfolgreichen, nachhaltigen Forstwirtschaft nicht zu vereinbaren.

lauten: Eine Trophäenjagd von Forstbeamten ist mit einer umfassend nachhaltigen Forstwirtschaft grundsätzlich nicht vereinbar.

Der Wildbiologe Antonin Bubenik stellte dazu fest: *»Das Interesse am Geweih als Trophäe nimmt unter den Jägern derart zu, daß die Hege der Geweihträger in weiten Gebieten Europas Gefahr läuft, allein auf eine ständige Steigerung der Geweihmasse gerichtet zu werden, um somit aus dem edlen Wild ein Zuchtobjekt zu machen.«*[63]

Fehlende Aufklärung über Wildschäden im Wald

Als Ergebnis einer Dissertation über die Wildschadensproblematik[64] hat der Forstpolitikprofessor Richard Plochmann festgestellt, dass Wildschäden im bäuerlichen Privatwald nur selten angemeldet und völlig unzureichend (zu weniger als 10 Prozent) ersetzt werden. Wildschäden in der Landwirtschaft sind auch von Jägern leicht zu erkennen und werden von ihnen meist schnell und befriedigend ersetzt. Deshalb sind die Jäger dort auch schneller bereit, die Wildbestände zu reduzieren. Im Wald hingegen sind Wildschäden meist schwer zu erfassen. Ein angemessener Ersatz ist fast immer mit viel Ärger mit dem Jagdpächter und vielfach zudem mit der Jagdgenossenschaft verbunden. Deshalb verzichten die meisten Waldbesitzer auf die Eintreibung eines Schadenersatzes und versuchen, ihre Bäumchen mit viel Arbeit und allerlei Hilfsmitteln gegen den allzu starken Wildverbiss zu schützen. Plochmann forderte deshalb eine breit angelegte Aufklärungsarbeit bei den bäuerlichen Waldbesitzern.[65]

Die zahlreichen kleineren Waldbesitzer sind von den meisten Förstern, aber auch von ihren Verbänden nur unzureichend über ihre Rechte zur Verhütung von Wildschäden aufgeklärt worden. Sie versuchten mühsam, ihre Bäumchen zu schützen.

Am Weihnachtsabend 1971 wurde ein solcher Aufklärungsfilm ausgestrahlt. Der bekannte Tierfilmer Horst Stern zeigt darin mit beeindruckenden Bildern die Folgen der überhöhten Wildbestände und sagt: *»Zwar ist ein Wald ohne Wild kein toter Wald. Dieses oft bemühte Jägerwort verrät eine erstaunliche Mißachtung des vielfältigen botanischen Lebens in einer Waldgesellschaft und degradiert den Wald zur Kulisse der Jagd. Sagen wir lieber so: Ein Wald ohne Wild ist ein armer Wald. Niemand will ihn. Niemand auch ist gegen die Jagd. Doch wenn riesige Erholungsräume wie unsere Alpen oder der Bayerische Wald durch feudalistische Wildansammlungen an den Rand des Ruins gebracht werden, da ist es an der Zeit, über die Privilegien einiger weniger auf Kosten der Allgemeinheit öffentlich zu reden.«*[66]

Ein Zeitfenster für zukunftsorientierte Waldwirtschaft

Menschen wie Richard Plochmann und Horst Stern sind nicht allein. Der bayerische Landwirtschaftsminister Hans Eisenmann (von 1969 bis 1987 im Amt) stellte mit Unterstützung des waldfreundlichen Landtagspräsidenten Rudolf Hanauer (1960 bis 1978 im Amt) die Weichen für ein neues, fortschrittliches Waldgesetz, das 1974 einstimmig vom Bayerischen Landtag beschlossen wurde. Neu ist die Bestimmung, dass manche Wälder neben ihrer wirtschaftlichen Bedeutung (vorwiegend Holzproduktion) vorrangig auch andere Aufgaben erfüllen sollen.

Der Landtag beschloss 1974 einstimmig nicht nur das Waldgesetz, sondern auch, dass der Staatswald dem allgemeinen Wohl in besonderem Maße dient. Deshalb sollten die Bürger ihren Wald schützen. Das missfiel vielen Förstern und Jägern. *(Bild oben)*

Anfang der 1970er Jahre gab es in Bayern einige waldfreundliche Jahre. Landwirtschaftsminister Hans Eisenmann ließ sich überzeugen, dass ein waldfreundliches Waldgesetz mit einer Funktionsplanung notwendig ist. *(linkes Bild)*

Solche »Vorrangfunktionen« wie zum Beispiel Boden-, Wasser- oder Straßenschutz sowie Erholung sind zu kartieren und bei der Bewirtschaftung zu berücksichtigen. Neu ist auch eine klare Bestimmung, dass der Staatswald dem allgemeinen Wohl in besonderem Maße dient. In diese waldfreundliche Zeit fiel auch die Errichtung des ersten deutschen Nationalparks im Bayerischen Wald 1970. Sehr bedeutsam war auch die Entscheidung von Hans Eisenmann im Jahr 1973, dass in einem größeren Sturmwurfloch im Nationalpark die umgefallenen Bäume nicht aufgearbeitet wurden und natürlich recyceln durften. Gegenwind kam von begeisterten Jägern, die die Schirmherrschaft über die Trophäenjagd übernommen hatten: in Niedersachsen Ministerpräsident Ernst Albrecht, in Bayern die Ministerpräsidenten Franz Josef Strauß und Max Streibl.

Der seit Jahrzehnten geforderte Waldumbau hin zu naturnahen und stabilen Wäldern wurde außer durch die fest etablierte Trophäenjagd noch durch weitere Probleme erschwert. Die Holzpreise für die Laubbäume lagen wesentlich niedriger als die für Nadelbäume, außerdem stiegen die Arbeitslöhne sehr rasch an. Konnte man im Jahr 1955 mit dem Erlös von einem Kubikmeter Holz 43,5 Waldarbeiterstunden bezahlen, so waren es 1975 nur noch 3,4 Stunden.[67] Das führte dazu, dass viele Waldbesitzer aus finanziellen Überlegungen weiter vorrangig auf den Anbau von Fichten oder Kiefern setzten.

Das »Waldsterben« alarmiert die Öffentlichkeit

Anfang der 1980er Jahre rief das »Waldsterben« große Aufmerksamkeit im ganzen Land hervor. Um es einzudämmen, setzten die Politiker durch, dass der Ausstoß von Luftschadstoffen, insbesondere von Schwefeldioxid, deutlich gesenkt wurde. Eine andere ebenfalls geforderte Maßnahme gegen das Waldsterben aber lief ins Leere: Die Jagd sollte dafür sorgen, dass nicht mehr so viel Waldverjüngung vom allzu vielen Wild abgefressen wird. Der Präsident des Bayerischen Jagdschutzverbandes stimmte diesem Antrag im Landtag zwar zu – kurz darauf nannte er es in der *Süddeutschen Zeitung* jedoch einen »Ausrottungsbefehl«.[68] Die meisten Jäger vernahmen diese Botschaft, und so kam es trotz klarer Landtagsbeschlüsse nur lokal zu einer Reduktion der Wildbestände.

Die Landtagsbeschlüsse forderten auch die Sanierung der Schutzwälder in den Bergen, da sie ihre Funktionen nicht mehr befriedigend erfüllen konnten. Viele der zu sanierenden Wälder waren bevorzugte Wildeinstände, und der Wildverbiss war dort so hoch, dass nur wenige junge Bäume aufwachsen konnten. Je mehr Lücken so entstanden, desto leichter konnte der Schnee als Lawine ins Tal hinabdonnern. Oft mussten deshalb vielbefahrene Straßen gesperrt werden. Ein Beispiel soll die Dimensionen aufzeigen: Nordwestlich von Berchtesgaden war der von Natur aus kostenlos wachsende Schutzwald der jahrzehntelangen Trophäenjagd geopfert worden. Der sollte nun auf vier Quadratkilometern Fläche mit einem Kostenaufwand von etwa 55 Millionen DM mit Pflanzungen saniert sowie mit hölzernen und stählernen Bauwerken gestärkt werden. Hauptvoraussetzung für den Erfolg der aufgewandten Mittel: Der Wildverbiss musste stark reduziert werden, die bisherige Trophäenjagd, also der dafür notwendige hohe Wildbestand, war schließlich die Hauptursache für den immer lückiger werden-

Anfang der 1980er Jahre hat das »Waldsterben« die Öffentlichkeit aufgeschreckt. An den toten Fichten konnten alle Bürger das ganze Ausmaß der Waldschäden und damit der Luftverschmutzung erkennen. Deshalb hat die Politik rasch reagiert.

In manchen Schutzwäldern wurde seit 1880 Rot- und Gamswild intensiv gehegt. Bei den Jagden wurden fast nur Trophäenträger erlegt *(linkes Bild)*. Der Wildverbiss war dort sehr hoch. Immer öfter sausten Lawinen aus dem lückigen Wald bis zur Staatsstraße. Dieser Schutzwald musste mit großem finanziellem Aufwand mit Pflanzungen sowie massiven Verbauungen saniert werden *(rechtes Bild)*. Von den hohen Kosten hätte man jedes Kilogramm Horn der hier und im Umfeld erlegten Tiere mit Gold aufwiegen können.

den Schutzwald. Vergleicht man die Kosten dieser Schutzwaldsanierung mit dem Gewicht der dort in den letzten hundert Jahren geschossenen Jagdtrophäen, so ergibt sich, dass man jedes Kilogramm der Jagdtrophäen mit Gold hätte aufwiegen können.

Die notwendigen jagdlichen Maßnahmen wie etwa die Verlegung von Fütterungen oder die Verringerung des Wildbestandes konnten nur gegen große Widerstände durchgesetzt werden. Die Forstdirektion empfahl etwa, das Wild aus dem extrem steilen Gelände zu vertreiben, was aufgrund des Geländes jedoch völlig unmöglich war. Diese Anweisung war ein Hinweis darauf, wie groß damals noch die Bedeutung der Trophäenjagd für leitende Forstbeamte war.

Leider haben sich die Waldbesitzerverbände meist nicht entschieden genug für eine Änderung der waldschädlichen Jagdpraxis eingesetzt. In den Präsidien waren nicht selten Großprivatwaldbesitzer tonangebend, die selbst der an Trophäen orientierten Jagd anhingen oder die Konflikten mit den Jagdschutzverbänden (heute Jagdverbänden) aus Harmoniebedürfnis aus dem Weg gingen. Deshalb konnten nachhaltige Fortschritte hin zu einer gesicherten artenreichen Mischverjüngung ohne besondere Schutzmaßnahmen nur in einigen größeren Privatwäldern und in einzelnen Staatswaldrevieren erzielt werden.

Ein waldfreundlicher Jagdverein wird gegründet

Einige Förster und Waldbesitzer hatten in den 1960er und 1970er Jahren versucht, durch Mitarbeit in den Jagdschutzverbänden weniger waldschädliche Jagdmethoden zu erreichen. Sie alle scheiterten am kompromisslosen Beharren der Jagdfunktionäre auf den erreichten Privilegien der »waidgerechten Hegejagd«. Als einzigen Weg, eine waldfreundliche Jagd zu erreichen, sahen sie die Gründung eines alternativen Jagdverbandes. So wurde 1988 in München der »Ökologische Jagdverband« ins Leben gerufen, der sich seitdem für eine waldfreundlichere und tierschutzgerechte Jagd einsetzt. Die Mitglieder wollen nicht mehr die »Herren der Tiere und des Waldes« sein, sondern die Waldbesitzer beim Aufbau zukunftsfähiger Wälder unterstützen. Dieser alternative Jagdverein gewinnt viele neue und vor allem jüngere Mitglieder. Vom etablierten Jagdschutzverband wird er erbittert mit der Behauptung bekämpft, dass er die »Ausrottung des Rehwildes« anstrebe. Das ist zwar absolut falsch, erzielt aber anscheinend immer noch Wirkung bei uninformierten Politikern.

1989 wurde ein »Ökologischer Jagdverband« gegründet. Die Mitglieder verstehen sich nicht mehr als Herren, sondern als Beschützer des Waldes. Sie weisen auf die Not des Waldes hin und bieten praxisorientierte jagdliche Lösungen an.

Die Natur schlägt zurück – doch leitende Förster wollen nichts dazulernen

Ende Februar 1990 haben zwei Stürme dramatisch gezeigt, wie instabil die einförmigen Forste mit Bäumen einer Altersklasse sind. Sie fielen den Stürmen reihenweise zum Opfer. Im Nachhinein war vom *»Ende der ›ordnungsgemäßen Forstwirtschaft‹«* die Rede.[69] Man hätte annehmen können, dass leitende Forstbeamte in den Ministerien dieses Donnergrollen der Natur anerkennen und Konsequenzen daraus ziehen. Aber das Gegenteil geschah: Der zuständige Abteilungsleiter im bayerischen Staatsministerium erklärte nach einem kurzen Waldbesuch, der Sturm habe naturnah gepflegte Mischwälder genauso umgeworfen wie Fichtenreinbestände.[70]

Noch deutlicher wurde Otto Bauer, der Leiter der Bayerischen Staatsforstverwaltung. In einer Anweisung stellt er fest: *»Die Vorstellung einer Broschüre über ›Naturnahe Forstwirtschaft‹ dürfe nicht dazu führen, dass die Presse die irrige Meinung verbreitet, dass die Sturmschäden 1990 durch die* *einstige Gründung reiner Nadelwälder von der Forstwirtschaft ›hausgemacht‹ wurden. Es muss vielmehr zum Ausdruck kommen, dass dieses Ereignis ein Jahrhundertschaden war, dem selbst stabilste Alteichen zum Opfer fielen.«*[71] Das war ein verzweifelter Akt der Selbstkontrolle, die Folgen der Hegejagd auf die Stabilität der Wälder zu verschleiern. Eine genaue Auswertung der Sturmschäden in Bayern hat später ergeben, dass die Fichte etwa viermal so stark sturmwurfgefährdet ist wie die Buche oder die Tanne.[72]

Noch arroganter formuliert es der Leiter der rheinland-pfälzischen Staatsforstverwaltung, Ernst Schneider: *»Es zeugt schon von einem hohen Maß an fachlicher Ignoranz (oder an Ideologie), wenn versucht wird, den waldbaulichen Maßnahmen … der letzten 150 Jahre die Schuld an der gegenwärtigen Katastrophe zuzuweisen.«*[73] Der damalige Vorsitzende der Arbeitsgemeinschaft Naturgemäße Waldwirtschaft, Sebastian von Rotenhan, kommentiert das so: *»Eine solche Diskussion aber einfach abzuwürgen, indem man waldbauliche Fehler schlicht abstreitet …, heißt nichts anderes, als nicht bereit zu sein, aus der Katastrophe zu lernen und die richtigen Schlüsse für die Zukunft zu ziehen.«*[74]

1990 hat Sturm »Wiebke« weit überproportional viele Fichten umgefegt. Leitende Forstbeamte behaupteten, dass alle Baumarten gleich betroffen seien – ein Beweis für die fehlende Bereitschaft, aus Fehlern bei der Jagd und beim Waldbau zu lernen.

Unbequeme Journalisten werden attackiert

Als das Problem der enormen Wildschäden immer öfter in der Öffentlichkeit diskutiert wurde, behauptete der Präsident des Bayerischen Jagdschutzverbandes allen Ernstes, dass 80 bis 90 Prozent der Wildschäden an Forstpflanzen verhindert werden könnten, wenn das Wild nicht mehr so stark durch Waldbesucher gestört würde.[75] Denn wegen der vielen Menschen ziehe sich das Wild zurück, die Jagd werde erschwert und die Wildschäden nähmen zu.

Die meisten Jäger behaupten, hoher Wildschaden sei den vielen Waldbesuchern geschuldet. Sie warten auf ihren Jagdkanzeln am Wanderweg und locken das Wild mit Futter aus dem Wald – effektiv können Rehe allerdings nur über »Bewegungsjagden« bejagt werden.

Das Reh als »Weltmeister im Sich-verstecken« kann gut zwischen »gefährlichen« Jägern und normalen Waldbesuchern unterscheiden, wie eine wissenschaftliche Studie belegt hat. Die Jäger wollen aber nicht, dass das öffentlich bekannt wird.

In anderen Ausgaben der *Süddeutschen Zeitung* wurde öfter und meist auch kompetenter als in den Lokalzeitungen über das Wald-Wild-Problem berichtet. Der Präsident des Jagdschutzverbandes hat daraufhin den betreffenden Journalisten der Unwahrheit bezichtigt und versucht, Einfluss auf die Berichterstattung zu nehmen. Er startete eine Leserbriefkampagne, einen weiteren Hebel glaubte er zudem ansetzen zu können, weil ein Gesellschafter der *Süddeutschen Zeitung* leidenschaftlicher Jäger war. Nach einem Anruf des Jägerpräsidenten hat dieser den Journalisten auch tatsächlich einbestellt. Die Chefredaktion hat sich damals aber einen solchen Einfluss auf die Berichterstattung verbeten. Auf die Frage, ob eine solche Rückendeckung auch heute noch üblich ist, hat der Journalist das für die *Süddeutsche Zeitung* bejaht, aber bei kleineren Zeitungen sehr in Frage gestellt.[76]

Meist konnte sich der Jagdschutzverband allerdings auf seine guten Kontakte zu »Jagdförstern« an den richtigen Stellen verlassen. Als der Bayerische Oberste Rechnungshof zu hohen Wildverbiss feststellte, konterte der Jagdschutzverband mit der Behauptung, Experten der Forstverwaltung hätten geringere Verbisse festgestellt.[77] Der bayerische Ministerpräsident Max Streibl war begeisterter Jäger. Er stellte im Jahr 1991 in einer Kabinettsitzung fest, dass es nach seiner örtlichen Kenntnis nicht zu viel Wild gebe. Und er forderte den Landwirtschaftsminister auf, dafür zu sorgen, dass die Staatsforstverwaltung nicht mehr »zu viel« Wild schieße.

Die Bayerische Forstliche Versuchs- und Forschungsanstalt hat in einer mehrjährigen wissenschaftlichen Studie festgestellt, dass sich Rehe weder durch Pilzsucher noch durch Spaziergänger in unmittelbarer Nähe stören lassen. Auch lärmende Gruppen stören die Rehe nur kurze Zeit. Die Rehe bleiben ruhig liegen oder stehen und beobachten. Die Fachpresse veröffentlichte diese Wahrheit jedoch nur auszugsweise, und der Jagdschutzverband erreichte, dass die Publikation der Ergebnisse nicht über die »Jagdabgabe« bezuschusst wurde. Die Ergebnisse sind deshalb weitgehend unbekannt geblieben. Andernfalls hätte kaum mehr jemand das Märchen von den wildverscheuchenden Waldbesuchern geglaubt.

Die Politik reagiert auf jagdliche Privilegien

Hochrangige Staatsförster hatten sich nach dem Krieg das Recht eingeräumt, in den Staatsjagdrevieren die begehrten »Einserhirsche« oder »Einsergamsböcke« kostenlos zu erlegen (siehe Seite 105). Privatjäger mussten dafür eine hohe Abschussgebühr bezahlen. Diese Privilegien hatten zur Folge, dass nur wenige Förster die Überzahl an Rehen und Hirschen kritisierten. Und da auch überraschend viele Politiker Trophäenjäger sind, hatten sie ebenso wie die Jagdschutzverbände auch nichts gegen diese Privilegien einzuwenden. Nach den öffentlichen Diskussionen um das »Waldsterben«, die Schutzwaldsanierung und die Folgen der Stürme von 1990 war die Öffentlichkeit aber stärker für das Thema sensibilisiert. Auch die staatlichen Kontrollämter haben ermittelt. Der Hessische Rechnungsprüfungshof etwa hat 1992 festgestellt: *»Die Hessische Staatsforstverwaltung hat die Wilddichten kontinuierlich anwachsen lassen. … Viele Forstverwaltungen haben ihre Wildbestände in der Vergangenheit nach Kräften zu vertuschen versucht. … Als Folge der unvertretbar hohen Wildbestände stellte der Rechnungsprüfungshof katastrophale Verbiss- und Schälschäden im Wald fest.«*[78]

In jungen Wäldern sind oft noch viele Tannen oder Laubbäume beigemischt. Diese Baumarten werden viel stärker verbissen als Fichten oder Kiefern und werden überwachsen. Langfristig entstehen so wieder artenarme Monokulturen.

In Hessen stellte die Rechnungsprüfung 1992 fest, dass Forstämter ihre hohen Wildbestände vertuscht hätten. Dadurch seien im Staatswald katastrophale Verbiss- und Schälschäden entstanden. Bisher wurde kein Beamter zur Rechenschaft gezogen.

In Bayern hat die Ungeschicklichkeit eines Berufsjägers das Fass zum Überlaufen gebracht. Der hatte genau aufgelistet, wie viele Stunden er für die »Nachsuche« eines vom Leiter der Staatsforstverwaltung beschossenen starken Hirsches, für das Auskochen des Hirschkopfes und den Transport der Trophäe ins Ministerium aufgewendet hat. Der Bayerische Oberste Rechnungshof hat den Zusammenhang von kostenlosen Abschüssen durch hochrangige Förster und enorme Verbissschäden kontrolliert. In einem Zeitungsbericht heißt es dazu: *»Auf 80 Prozent der selbstbejagten Staatsforstflächen funktioniert die Waldverjüngung nicht, weil die Beamten nicht ihre Pflicht tun. … Die Verbissschäden haben offensichtlich mit einer Überhege zu tun, und die wird wiederum betrieben, damit hohe Staatsforstbeamte … auch einen kapitalen Hirsch schießen können. … Im Klartext heißt das, dass hohe Forstbeamte bei Wildschäden wissentlich ein Auge zudrücken, weil sie andernfalls keinen kapitalen Hirsch vor die Flinte bekämen.«*[79] Die Reaktionen darauf reichten von *»Amigo-Filz«* bis *»Skandal«*[80]. In einem Kommentar stand: *»Die Engelsgeduld der deutschen Demokraten mit dem von Hermann Göring installierten Jagdfeudalismus ist erstaunlich, aber auch gefährlich.«*[81]

Dieses Ereignis war zusammen mit den Feststellungen des Obersten Rechnungshofes und den Kommentaren in der Presse auch dem bayerischen Landwirtschaftsminister zu viel. Noch im Jahr 1994 hat er den kostenlosen Abschuss von Hirschen mit starken Trophäen durch Staatsforstbeamte untersagt. Das war eine wichtige Entscheidung zum Wohl eines zukunftsfähigen Staatswaldes.

Ziellosigkeit führt zu drastischen Forstreformen

Diese Ereignisse hatten aber noch weitere Folgen. Das Ansehen und die Glaubwürdigkeit der Staatsforstverwaltung waren beschädigt. Immer mehr Politiker begannen, die Effektivität der bisherigen Forstorganisation zu hinterfragen. Diese Überlegungen verstärkten sich, als auch aus dem Privatwald kritische Stimmen kamen. Der Vorsitzende eines Waldbesitzervereins beispielsweise beklagte sich: *»Es kann nicht sein, dass Waldbesitzer von uneinsichtigen Jägern mit Billigung der Jagdbehörden schleichend enteignet werden.«*[82]

Die Staatsforstverwaltungen hatten schon in den 1970er Jahren versucht, durch die Auflösung vieler Forstreviere und Forstämter wirtschaftlicher zu arbeiten. Doch war an einigen Glaubenssätzen nicht gerüttelt worden:

- An den unbefriedigenden wirtschaftlichen Ergebnissen ist der schlechte Holzpreis schuld.

Der hohe Wildverbiss außerhalb von Zäunen hat das Vertrauen privater Waldbesitzer erschüttert. Der Vorsitzende eines Waldbesitzervereins sprach von einer schleichenden Enteignung durch die Jäger.

- Fast jeder Wald erfüllt gleichzeitig seine landeskulturellen, wirtschaftlichen, sozialen und ökologischen Aufgaben zufriedenstellend.
- Der Altersklassenwald bietet die besten wirtschaftlichen Ergebnisse. Andere Modelle wie etwa eine »naturgemäße Waldwirtschaft« sind abzulehnen.
- Die »waidgerechte Hegejagd« verursacht nur lokal größere Schäden durch das Wild am jungen Wald.
- Eine Kontrolle der Erfolge unserer Arbeit ist »nur von uns selbst mit unserem Fachverstand« möglich. Eine Kontrolle von Außenstehenden ist deshalb abzulehnen.

Durch die starke Verschiebung des Verhältnisses von Arbeitslöhnen für Waldarbeiter zum Holzpreis sind in den 1990er Jahren die meisten Staatsforstverwaltungen in die roten Zahlen gerutscht. Diese reagierten lediglich durch die Auflösung weiterer Forstdienststellen. Die Glaubenssätze blieben wieder unangetastet. Dabei hätten diese nach dem Grundsatzurteil des Bundesverfassungsgerichtes vom 31. Mai 1990 dringend geändert werden müssen. Denn darin war entschieden worden, dass die Bewirtschaftung des Körperschafts- und Staatswaldes zuerst der Umwelt- und

Wälder sollen Wirtschafts- und Gemeinwohlfunktionen sowie soziale Leistungen erfüllen. Oft wird behauptet, dass das überall gleichzeitig möglich sei. Für einen optimalen Trinkwasserschutz ist jedoch ein besonderer Waldaufbau notwendig *(linkes Bild)*.
Ganz andere Wälder sind Monokulturen, in denen Großmaschinen optimale Gewinne bringen *(rechtes Bild)*. Deshalb bezeichnet Professor Reinhard Volz das Ziel, alle Funktionen auf derselben Fläche zu erfüllen, schlicht als »Ausdruck der Ziellosigkeit«.

Erholungsfunktion dient und nicht der Sicherung von Absatz und Verwertung forstwirtschaftlicher Erzeugnisse. Trotz dieser eigentlich klaren Prioritäten wollten jedoch die meisten Landesforstverwaltungen Gemeinwohl- und Wirtschaftsleistungen auf dem allergrößten Teil ihrer Waldflächen gleichzeitig erfüllen. Der Freiburger Forstpolitikprofessor Karl-Reinhard Volz bezeichnete das *»schlicht als Ausdruck der Ziellosigkeit«*.

Diese Ziellosigkeit führte dazu, dass die Landespolitiker das Heft selbst in die Hand nahmen und etwa ab 2005 eine radikale Änderung der Forstorganisationen durchsetzten. Die Staatsforstverwaltungen hatten bis dahin vier unterschiedliche Aufgabenbereiche erfüllt: Sie hatten die staatlichen Forste bewirtschaftet, die übrigen Waldbesitzer beraten, staatliche Fördermittel verteilt und den Gesetzesvollzug überwacht. Jetzt wurden die Kompetenzen in fast allen Bundesländern aufgeteilt. Eine »Rest-Forstverwaltung« sollte die Waldgesetze überwachen, die privaten Waldbesitzer beraten und staatliche Zuschüsse an die Waldbesitzer verteilen. Die Bewirtschaftung des Staatswaldes wurde an »Anstalten des öffentlichen Rechts« übergeben, deren vorrangige Aufgabe es ist, Gewinne zu erwirtschaften. Gegen dieses Modell gab es heftige Widerstände in der

Seit Beginn der 2000er Jahre wurde die Forstorganisation fast überall geändert: Staatsforste als Anstalten öffentlichen Rechts sollen Gewinne an den Staatshaushalt abliefern – auch durch den Verkauf wertvoller alter Buchen nach China.

Bevölkerung, da befürchtet wurde, dass die Gemeinwohlleistungen des Waldes bei einem solchen Modell vernachlässigt werden. In Bayern scheiterte 2004 ein Volksbegehren gegen diese »Forstreform« nur knapp. Viele Waldfreunde hatten allerdings nicht mit abgestimmt, da die bisherige Staatsforstverwaltung erheblich an Glaubwürdigkeit verloren hatte und viele Bürger hofften, dass es nach der Forstreform besser würde. Die Chance dazu bestand tatsächlich. Dazu hätte man eine nüchterne Analyse der Ursachen für die Unzufriedenheit mit der bisherigen Forstorganisation durchführen sowie klare Ziele und Prioritäten für eine zukunftsorientierte Bewirtschaftung des Staatswaldes sowie der Förderung des Privatwaldes festlegen müssen. Diese Chance wurde jedoch nicht genutzt, da man keine Fehler der Vergangenheit eingestehen wollte.

Hauptziel der Forstreformen war es, Gewinne zu erzielen. Dieses Ziel wurde durch zwei Maßnahmen beziehungsweise Entwicklungen auch erreicht: Die Zahl der Forstbetriebe und Försterstellen wurde radikal reduziert, und der durchschnittliche Holzpreis ist in den letzten Jahren, nicht zuletzt als Folge der Energiekrise, stark angestiegen.

Die Mängel dieser Reform zeigten sich jedoch schnell. Die Bayerischen Staatsforsten sollen zum Beispiel von den »Rest-Forstverwaltungen« kontrolliert werden, die wiederum dem Landwirtschaftsminister unterstehen. Dieser ist allerdings auch Aufsichtsratsvorsitzender der Staatsforsten. Nach diesem Modell muss er sich also selbst kontrollieren. Das ist ziemlich fragwürdig. Jedes Jahr liefern die Staatsforsten einige Millionen Euro an die bayerische Staatskasse ab. Das wird jedes Mal gefeiert und gilt dann auch als Argument dafür, dass das System gut funktioniert. In den anderen Bundesländern gibt es ähnliche Organisationsmodelle. Allerdings hat sich noch kein Modell als optimales Zukunftsmodell herauskristallisiert.

Alle größeren Staatswälder und die meisten Kommunal- und Privatwälder in Deutschland sind nach dem PEFC-Verfahren (»Pan European Forest Certification«) zertifiziert. Es soll eine nachhaltige Waldbewirtschaftung gewährleisten und prüft dafür die Einhaltung niedriger Standards der Waldbewirtschaftung. Hin und wieder werden dabei auch die jagdlichen Probleme des allzu starken Wildverbisses festgestellt und thematisiert. Das führt allerdings zu keinerlei Konsequenzen und ist deshalb weitestgehend wirkungslos.

Ein Beispiel soll das zeigen. In der Monatszeitschrift des Bayerischen Jagdschutzverbandes war unter der Überschrift »Wald ohne Wild ist Wald ohne Seele« folgendes über den PEFC-zertifizierten Augsburger Wald zu lesen: *»Forstdirektor Hartmut Dauner konnte zeigen, dass eine wirtschaftliche und ökologisch sinnvolle Waldnutzung und ein angepasster Wildbestand gut zusammenpassen. … Auch im Wald kann schon Notzeit sein, bevor der erste Schnee gefallen ist, etwa wenn nur Seegras den Boden bedeckt. … In den Fuggerschen Stiftungswäldern findet man üppige Verjüngungen. Doch hier werden junge Pflanzen durch einen Zaun geschützt.«*[83] Das Beispiel zeigt sehr deutlich, dass hier ein wildabweisender Zaun als selbstverständlicher Ausgabeposten des Waldbesitzers angesehen wird. Damit werden die hohen Folgekosten zu hoher Wildbestände wie vor rund 230 Jahren auf den Waldbesitzer abgewälzt. Das Zertifizierungsverfahren toleriert diese indirekte Bezuschussung der Trophäenjagd. Ein effektiver und bezahlbarer Waldumbau hin zu tatsächlich zukunftsfähigen und stabilen Mischwäldern ist so nicht möglich.

In einem früheren Fichtenforst wurde effektiv gejagt *(linkes Bild)*. Mit erfolgversprechenden Jagdmethoden konnten im Staats-, Kommunal- und Privatwald auf lokaler Ebene gute Erfolge beim Waldumbau erzielt werden.
Acht Jahre später ist hier ohne besondere Schutzmaßnahmen ein dichter Laub-Nadel-Mischwald aufgewachsen *(rechtes Bild)*. Solche Erfolge wurden fast immer gegen den Widerstand der Jagdschutzverbände durchgesetzt.

Echter Waldumbau nur mit extrem hohen Kosten möglich

Ein Waldumbau wird seit einhundertsechzig Jahren in regelmäßigen Abständen immer wieder gefordert – und wurde in vielen Waldgebieten auch begonnen. Fast überall müssen naturnahe junge Wälder jedoch mit wildabweisenden Zäunen sehr lange vor Wildverbissschäden geschützt und kontrolliert werden. Die langjährige, intensive Kontrolle der Zäune konnte oft nicht regelmäßig durchgeführt werden. Deshalb waren die meisten Zäune auch nicht völlig wilddicht oder wurden zu früh wieder abgebaut. So ist es auch nicht verwunderlich, dass für die Stabilität eines Waldes wichtige, aber besonders verbissgefährdete Baumarten wie etwa Eiche oder Tanne trotz des Schutzes nicht in ausreichender Zahl aufwachsen konnten. Und so konnten befriedigende Waldumbauerfolge meist nur auf lokaler Ebene erzielt werden. Schon vor sechzig Jahren hat Professor Köstler festgestellt: *»Das Haupthindernis für die Rückwandlung reiner Fichten- und Föhrenbestände in Mischbestände liegt im Wildverbiß.«*[84] Heute kann man feststellen, dass diese Aussage so generell nicht mehr zutrifft, denn es gibt zumindest lokal gegenteilige Beispiele.

Kapitel 4

Welche Wälder wollen wir für die Zukunft?

»Weißt du, was ein Wald ist? Ist ein Wald etwa nur zehntausend Klafter Holz? Oder ist er eine grüne Menschenfreude?«

Diese Zeilen hat Bertolt Brecht vor siebzig Jahren formuliert. Seit einigen Jahrzehnten wird die »grüne Menschenfreude« von Wissenschaftlern und Förstern als »Wohlfahrtswirkung des Waldes« bezeichnet. Und auch der ehemalige Waldexperte der Welternährungsorganisation FAO, Jack Westoby, hat vor knapp dreißig Jahren die Rolle der Forstwirtschaft in ähnlicher Weise kommentiert: *»Forestry is not about trees, it is about people.« (»Bei der Forstwirtschaft geht es nicht um Bäume, sondern um Menschen.«)* Da stellt sich die Frage: Wie sollen die Wälder der Zukunft aussehen, damit sie auch unseren Enkeln optimal dienen können?

Zur Beantwortung dieser Frage nochmals ein kurzer Blick zurück. Im Mittelalter stand um viele Dörfer herum nur eine begrenzte Waldfläche zur Gewinnung von Brenn- und Nutzholz zur Verfügung. Dort wurde über Nieder- oder Mittelwälder versucht, eine jährlich etwa gleichbleibende, »nachhaltige« Holznutzung zu gewährleisten. An anderen Orten war eine gleichmäßige Holzversorgung zur Gewinnung wertvoller Güter – wie etwa Salz – besonders wichtig. So wurde etwa in Reichenhall schon vor fünfhundert Jahren berechnet, wie viel Holz jährlich in den zur Nutzung zugänglichen Wäldern eingeschlagen werden kann. Diese Einschlagmenge, der »Hiebssatz«, war eine großartige Idee der nachhaltigen Nutzung einer nachwachsenden Ressource.

Vermessung des Holzvorrates durch einen Förster und Hilfskräfte. Die genaue Inventur des Waldzustandes ist schon seit Jahrhunderten Voraussetzung für eine langfristige Planung und damit auch für die Idee der Nachhaltigkeit.

Seit mehr als hundertfünfzig Jahren gibt es in der Forstwirtschaft auch eine Tradition der Vorausplanung der künfti-

Borkenkäfer haben die Fichte im Vordergrund abgetötet *(linkes Bild)*. Zwei Jahre später ist sie genutzt, die Tannen und Buchen im Hintergrund sind gesund *(rechtes Bild)*. Die Prognosen besagen, dass Fichten im Klimawandel besonders stark leiden werden. Sie verlieren ihre Funktion als »Brotbaum der Forstwirtschaft« – klimatolerantere Baumarten wie etwa Tannen und Buchen müssen daher viel zahlreicher aufwachsen können.

gen Baumartenzusammensetzung. Diagnosen im Abstand von etwa zehn Jahren sollten den Erfolg dieser Vorausplanung ständig messen. Im Gegensatz zu den Hiebssätzen sind die Kontrollen der Baumartenzusammensetzung der Jungwälder wegen der engen Verflechtung mit den jagdlichen Privilegien der Förster aber meist wenig kritisch ausgefallen. Deshalb konnten sich bei der Waldbewirtschaftung häufig auch nur die kurzfristig erreichbaren Ziele (etwa die Hege hoher Wildbestände oder der Aufbau von Nadelbaumreinbeständen) durchsetzen.

Im Zeichen des Klimawandels steht nun auch die langfristige forstliche Planung vor neuen Herausforderungen. Bisher konnten die Planer davon ausgehen, dass in hundert Jahren etwa dieselben Standortbedingungen herrschen wie zum Zeitpunkt der Planung. Bedingt durch den Klimawandel können wir mittlerweile aber nur annähernd vorhersagen, welche Baumarten wo in hundert Jahren noch gut wachsen werden. Die Erfahrungen der letzten Jahrzehnte lassen zwar mit einiger Sicherheit darauf schließen, dass Fichten vielerorts besonders stark leiden werden. Für viele unserer etwa fünfzig heimischen Baumarten ist eine solche Vorhersage jedoch sehr schwierig. Daher müssen wir uns bemühen, in unseren jungen Wäldern möglichst alle standortheimischen Baumarten aufwachsen zu lassen. Wir brauchen außerdem in jedem größeren Waldgebiet Flächen, in denen der Mensch gar nicht mehr eingreift. Nur so können wir lernen, welche Baumarten unter dem Klimawandel stark leiden oder welche begünstigt werden. Diese Lehren können Waldbesitzer und Förster dann dazu nutzen, um in den aufwachsenden Wäldern diejenigen Baumarten zu begünstigen, die dem Klimawandel am besten angepasst sind.

Waldpfleger und Heilkünstler

Voraussetzung für eine solide forstliche Vorausplanung ist eine kritische Diagnose der Waldentwicklung vorausgegangener Jahrzehnte. Im Jahr 1950 schrieb der Münchner Waldbauprofessor Josef Köstler in seinem Buch *Waldbau,* dass Waldbauer unter den heutigen Verhältnissen Waldpfleger und Heilkünstler in kranken Wäldern seien. Die Ausbildung in Diagnose und Therapie sei daher Voraussetzung der waldbaulichen Tätigkeit.[85] Seine Diagnose und seine Therapievorschläge von 1950 sind eine gute Basis für den Aufbau der Zukunftswälder. Neun der wichtigsten Aussagen von Josef Köstler möchte ich zitieren und kommentieren.

»Zweifellos war die Erkenntnis der Nachhaltigkeit eine große kulturelle, für die ganze Menschheit nützliche Leistung, aber die Verwirklichung der Nachhaltigkeit berechtigt zu keinen erhebenden Gefühlen und zu keinen lauten Lobpreisungen.«

Den ersten Teil dieser Aussage werden die meisten Politiker und Waldfreunde sicher unterstreichen. Auch den zweiten Teil werden viele Menschen für zutreffend halten, die Nutzung des Waldes in Deutschland ist auf Teilflächen tatsächlich nachhaltig. Auf großen Waldflächen ist die »Verwirklichung einer umfassenden Nachhaltigkeit« aber immer noch weit von einem tatsächlich gesamtnachhaltigen Zustand entfernt. Allzu stark steht die Gewinnorientierung im Vordergrund. Wie in den 1950er und 1960er Jahren wird wieder die »Kielwassertheorie« propagiert. Danach werden gleichzeitig auch alle Gemeinwohlfunktionen des Waldes ausreichend erfüllt, wenn der Wald einen möglichst hohen Gewinn abwirft.

Ein Sturm hat hier alle etwa neunzigjährigen Fichten umgeworfen. Klimawandelbedingt ist mit noch mehr heftigen Stürmen zu rechnen. Die flach wurzelnden Fichten sind dadurch besonders stark gefährdet.

»Das waldbauliche Denken hat vom Walde, und zwar von ungestört entwickelten Naturwäldern auszugehen, da

nur in ihnen die Lebensgesetze der Wälder einwandfrei untersucht werden können. … Das waldbauliche Tun hat sich mit Lebensgemeinschaften zu befassen, es hat die Gesetzmäßigkeiten der Natur zu beachten und sich ihnen anzupassen. Es war ein grober Irrtum anzunehmen, man könne im Walde die Natur ›beherrschen‹.«

Seit Köstler das geschrieben hat, haben zahlreiche Stürme vor allem in den naturfern aufgebauten, standortwidrigen Nadelbaumforsten große Schäden verursacht. Der Zusammenhang zwischen naturwidrigem Waldzustand und besonders starken Schäden wurde und wird oft geleugnet. Das bestätigt nachdrücklich diese Aussage von Josef Köstler. Angesichts von Klimawandel und Energiekrise muss man davon ausgehen, dass der Aufbau tatsächlich zukunftsfähiger Wälder nur möglich ist, wenn man eine naturnahe Forstwirtschaft nicht nur bei Sonntagsreden lobt, sondern auch die Voraussetzungen für sie schafft. Entscheidend dafür ist, dass wir die »Ge-

Kritische Kontrolle der Jagdtrophäen *(linkes Bild)* und Inventur eines jungen Kiefern-Birken-Waldes *(rechtes Bild)*. Hauptziel der Jagd ist seit etwa 120 Jahren die Erbeutung prestigeträchtiger Jagdtrophäen. Um das zu erreichen, wurden hohe Standards für die Jagdtrophäen angesetzt; für den Waldzustand sollten sich die Waldbesitzer mit niedrigen Standards begnügen.

setzmäßigkeit der Natur« erforschen und danach auch beachten. Nur dann können wir den groben Irrtum korrigieren, im Wald die Natur durch standortwidrige Forste und unnatürlich hohe Wildbestände zu beherrschen und zu manipulieren.

»Seit der Mitte des 19. Jahrhunderts wurde eine bürgerliche Jagdleidenschaft gefördert, die vielfach zum Ausbau eines eigenen Jagdkultes führte, auf dessen Altar die Gesundheit und die Natürlichkeit ganzer Waldgebiete geopfert wurden.«

Vor 140 Jahren haben Förster und Jäger mit der »waidgerechten Hegejagd« begonnen, hohe Standards für die Trophäenjagd zu entwickeln und gleichzeitig die Standards für den Wald herabzusetzen. Immer wieder haben einzelne Förster auf diesen krassen Verstoß gegen eine umfassende Nachhaltigkeit im Wald hingewiesen. Die Reaktion der Politik war fast immer gespalten: Die große Bedeutung eines gesunden und naturnahen Waldes für das Gemeinwohl wurde mit schönen Worten betont, gleichzeitig gab es keine oder nur halbherzige Entscheidungen, um die enorme Macht des Jagdkultes zu beschränken. Daran konnten auch so aufrüttelnde Ereignisse wie das »Waldsterben« nichts ändern. Zu eng waren die Verflechtungen von trophäenjagenden Politikern, Waldgroßgrundbesitzern und Förstern, zu einflussreich die Lobby für diese Sonderform der Jagd.

In den letzten 25 Jahren konnten allerdings einige Fortschritte für den Wald erzielt werden. Dazu gehören die Gründung alternativer Jagdvereine, der Abbau jagdlicher Privilegien der Staatsforstbeamten in einzelnen Bundesländern, die Aufnahme von »Wald vor Wild« in einige Gesetze sowie revierweise Aussagen zum Zustand der Vegetation. Die größte Wirkung haben Exkursionen in Forstbetriebe erzielt, in denen die Auswirkungen der bisherigen Hegejagd auf den Wald erkannt und teilweise auch berechnet wurden. Die Zusammenhänge von Jagd und Zustand der Waldverjüngung zeigen sich überall zuerst an der Vielfalt der Pflanzenarten inner- und außerhalb wildabweisender Zäune. Förster und Waldbesitzer, die das thematisiert haben, wurden von den Jagdförstern und den Hegejägern häufig äußerst polemisch angegriffen. Viele waren von solchen Angriffen so beeindruckt, dass sie resigniert und nicht mehr über das Thema gesprochen haben. Deshalb waren es zunächst nur wenige Betriebe, die zeigen konnten, wie sich der Wald bei einer naturnäheren Jagd entwickelt. In neuerer Zeit haben aber auch einige Waldbesitzer mit größerem Waldbesitz erkannt, dass eine naturnähere Jagd enorme positive Wirkungen auf Artenvielfalt, Stabilität und Wirtschaftlichkeit ihrer Wälder hat.

Waldbesitzer informieren sich bei Exkursionen über die Voraussetzungen für einen zukunftsfähigen Waldaufbau. Bisher konnten zukunftsfähige Mischwälder fast überall nur hinter wildabweisenden Zäunen aufwachsen. Das ist extrem teuer.

Die positiven Ergebnisse dieser Betriebe haben wesentlich dazu beigetragen, dass die Durchschnittswerte aller Wälder etwa bei der Anzahl junger Laubbäume besser geworden sind. Ein großer Teil der zielgerechten jungen Wälder ist allerdings hinter wildabweisenden Zäunen oder in Plastikhüllen aufgewachsen. Dadurch konnte der Anteil der Laubbäume in den jungen, ein- bis zwanzigjährigen Wäldern von 51 Prozent im Jahr 2002 auf 58 Prozent in 2012 (Ergebnis der neuen Bundeswaldinventur) gesteigert werden. Für eine wirkungsvolle Diagnose und somit eine wirtschaftlich vertretbare Planung ist es folglich unbedingt notwendig, bei der Inventur der jungen Wälder zwischen Waldteilen mit und ohne besondere Schutzmaßnahmen zu unterscheiden. Nach wie vor entscheidet im deutschen Wald viel zu oft noch immer die Art der Jagdausübung und damit die Zahl der Rehe und Hirsche, welche Baum-, Kraut- und Straucharten in den jungen Wäldern aufwachsen dürfen. Der entscheidende Weiser für die Zahl der Rehe und Hirsche und damit weitgehend auch für die Höhe des Wildverbisses ist die Entwicklung der Jagdstrecken des Schalenwildes. Zusammenfassend lässt sich feststellen, dass die Aussage von 1950 zwar grundsätzlich auch heute noch gilt, inzwischen aber regional Fortschritte in der Jagdpolitik und einigen Forstbetrieben zu verzeichnen sind.

Ein Waldfreund misst die Höhe gleichaltriger Bäumchen inner- und außerhalb eines vor 25 Jahren errichteten Zaunes. An solchen Zäunen ist der Einfluss der überhöhten Wildbestände auf den Zustand des Jungwaldes besonders deutlich zu erkennen.

»In den Betrieben sind nicht nur naturwissenschaftliche Grundlagen zur Diagnose nötig, sondern auch Kenntnisse der historischen Entwicklung, die in unseren Wirtschaftswäldern erst den Schlüssel für die Diagnose geben.«

Diese Aussage hat gerade bei den Herausforderungen des Klimawandels und der Energiewende eine besondere Bedeutung. In den letzten Jahren sind viele Filme über die schönsten Wälder Deutschlands ausgestrahlt worden. Fast immer wurden knorrige Eichen, uralte Buchen, viele große Pflanzenfresser und Luchse als Idealbild vorgestellt. Das sind allerdings Wälder der Vergangenheit, deren Entstehungsgeschichte kaum erwähnt wird. Kaum vorgestellt wurden die vielen stark verbissenen, artenarmen Jungwälder, die in wenigen Jahrzehnten die Wälder der Zukunft sein werden und die den Herausforderungen des Klimawandels trotzen sollen. Den Betrachtern wird ein falsches Bild vermittelt. Dabei ist eine nüchterne Diagnose des Zustandes unserer jungen und mittelalten Forste aber die Voraussetzung für den Wiederaufbau zukunftsfähiger Wälder. Und ein ganz entscheidender Teil dieser Diagnose muss die Nennung der Ziele zumindest seit 1950 und vor allem die vorurteilslose Aufzählung der Gründe für die Zielverfehlungen sein.

Junge, etwa zwanzig Jahre alte Buchen sind zu »Bonsais« zurückgebissen. Der starke Verbiss der jungen Bäume wird oft auch von Bundesbehörden beschönigt. Eine derart fehlerhafte Diagnose ist keine Grundlage für den Aufbau zukunftsfähiger Wälder.

»Die Berufstätigkeit im Walde verlangt eine über das kühle Verstandesdenken hinausgehende innere Anteilnahme. Wer die Liebe zum Walde nicht mächtig in sich wirksam fühlt, wird in ihm die letztmöglichen Erfolge nicht erreichen können. … Zur Naturschau … muß noch ein zweites kommen: das Verantwortungsbewußtsein gegenüber den kommenden Generationen; denn ohne diese charakterliche Seite, läßt sich das Nachhaltsprinzip als das Kernprinzip auch des Waldbaus nicht ernstlich verfolgen.«

Auch diese Aussage gilt heute noch. Die Bedeutung der »Liebe zum Wald« wird von all den Forstmanagern unterschätzt, die den Förster zu einem kurzfristig an unterschiedlichen Orten einsetzbaren »Holzeinschlagsmanager« degradieren wollen. Ein *»Verantwortungsbewußtsein gegenüber den kommenden Generationen«* kann nur ein Förster entwickeln, der längere Zeit »seinen« Wald betreut, der nicht nur einen jährlich möglichst hohen Ertrag erwirtschaften soll, sondern der auch alle anderen Aufgaben des Waldes optimal erfüllen will.

Kinder bewundern junge Tannen in einem alten Fichten-Reinbestand. Solche Zukunftswälder können nur mit einem ausgeprägten Verantwortungsbewusstsein der Waldbetreuer gegenüber den kommenden Generationen aufgebaut werden.

»Jedenfalls hat man sich seit fünfzig Jahren in vielen Betrieben mit der Umwandlung nichtstandortgemäßer Fichtenreinbestände in standorttauglichere Mischbestände beschäftigt, ohne daß das Gesamtproblem im allgemeinen über Anfangslösungen wirklich hinausgekommen wäre trotz prachtvoller örtlicher Erfolge. … Den abwegigen Vorstellungen der Zinseszinsrechnung oder der sofortigen ›Rentabilität‹ ist entgegenzuhalten die in der Nachhaltigkeitsidee wurzelnde Forderung, daß an Stelle geernteten Altbestandes ein mindestens gleichwertiger … Jungbestand zu treten hat.«

Heute wird die Notwendigkeit eines Waldumbaus hin zu naturnäher aufgebauten Wäldern nur noch von Vertretern der Trophäenjagd, der Holzindustrie oder in einigen Fällen auch eines einseitigen Artenschutzes bestritten. Die Erfolge eines zukunftsfähigen Waldumbaus mit geringem finanziellem Aufwand können in einer ganzen Reihe von Betrieben besichtigt werden. Im größeren Teil unserer Wälder beschränken sich die Erfolge des Waldumbaus allerdings auf Jungwälder, die in kostenaufwändigen Zäunen aufgewachsen sind, oder auf Forste mit einem vergleichsweise geringen Anteil an Laubbäumen.

Ein etwa achtzigjähriger Fichtenreinbestand ist noch dicht *(oben)*. Danach wurden die meisten Fichten aus Angst vor dem Borkenkäfer gefällt. Zehn Jahre später haben sich wegen des starken Wildverbisses nur hartes Gras und erneut Fichten durchgesetzt *(unten)*. Das ist »Primitiv-Waldbau« und keine nachhaltige Forstwirtschaft, da so in wenigen Jahrzehnten die nächste Kalamität vorprogrammiert ist.

»Vor allem ist aber … auf einen Schadenfaktor wieder hinzuweisen, der in vielen Fällen einen intensiven naturgemäßen Waldbau ausschließt oder aufs schwerste hemmt: der Wildstand. Es ist eine der ersten Pflichten jedes Betriebsleiters zu klären, welchen Einfluss der Wildstand auf Waldbau und Betriebswirtschaft ausübt. … Diese Prüfung ist kaum in einem Betrieb eingehend und gewissenhaft durchgeführt worden.«

Diese Feststellung von Josef Köstler beschreibt einen eigentlich absolut unverständlichen Tatbestand. Die Forstverwaltungen waren als besonders sparsame Behörden bekannt, bei denen genau darauf geachtet wurde, dass möglichst überall, etwa bei den Pflanzkosten oder beim Bau und Unterhalt der Forsthäuser, gespart wurde. Der Einfluss des Wildes – oder besser: der Jagd – stellt einen der Hauptkostenfaktoren der betriebswirtschaftlichen Situation eines Forstbetriebes dar. Dass all die hochqualifizierten Forstbeamten in leitenden Positionen den Einfluss des Wildstandes auf die Betriebswirtschaft nie ernsthaft geprüft haben, muss mit ganz besonderen Umständen zusammenhängen, die nur in der engen Verflechtung der meisten dieser Forstbeamten mit der Trophäenjagd bestehen können. Dadurch wurde auch an alle Förster draußen in der forstlichen Praxis signalisiert, dass eine ernsthafte Prüfung dieses Einflusses nicht erwünscht ist. Für viele der größeren deutschen Forstbetriebe bestehen diese für den Wald so verhängnisvollen Zusammenhänge heute immer noch. Der allergrößte Teil der deutschen Waldbesitzer hat allerdings auch nur einen sehr begrenzten Einfluss auf die Höhe des Wildbestandes, weil sie ihre Waldflächen wegen der geringen Größe nicht selbst bejagen dürfen. Damit können sie die betriebswirtschaftliche Situation ihrer Waldnutzung in einem entscheidenden Punkt gar nicht selbst beeinflussen (siehe Seite 70). Ihnen bleibt nur der Weg, ihre Waldverjüngungen kostenaufwändig einzuzäunen oder einen »Primitiv-Waldbau« mit nur einer oder zwei wenig verbissgefährdeten Baumarten zu betreiben.

»Der Vorwurf der Jagdfeindlichkeit war bisher einer der schwerwiegendsten für einen deutschen Forstmann. Solcher Verirrung wurden die Vorzüge der Jagd gegenübergestellt: Es wurde gepriesen, … daß die Jagd den Forstmann in den Wald führe. … Wer nicht der Bäume und des Walderlebens wegen in den Wald geht, den lehrt auch die Jagd nicht den Waldbau. … Der Hinweis auf die Hemmungen, die einer Ertragssteigerung und der Einrichtung organischer Forstbetriebe durch den Jagdkult entgegenstehen, ist nicht gleichbedeutend mit der Forderung nach Wildvernichtung.«

Der Vorwurf der »Wildvernichtung« wird noch heute fast überall dort erhoben, wo es ein Förster wagt, einen tatsächlich waldverträglichen Wildbestand anzustreben. Die Angriffe gipfeln in den meisten Fällen in der Anklage, dass dieser Förster die »armen« Rehe, Hirsche oder Gämsen aus rein wirtschaftlichen Gründen oder aus Hass auf diese Tiere ausgerottet habe oder ausrotten wolle). Das wird meist äußerst aggressiv und auch mit Unterstützung von Fachleuten wie etwa den Berufsjägern vorgetragen. Deshalb lassen sich weite Kreise der Bevölkerung von solchen Aussagen überzeugen. Dazu trägt auch der Umstand bei, dass Rehe und Hirsche durch die bisherige ganzjährige Bejagung anderer Tierarten sehr scheu und für den normalen Waldbesucher kaum noch zu sehen sind. Viele Förster schrecken vor diesen aggressiv vorgetragenen Vorwürfen zurück und betreiben die Jagd nur mehr halbherzig oder überlassen sie anderen, vorwiegend an Trophäen interessierten Jägern. Entscheidend dafür war auch, dass die Ministerien nicht eindeutig auf solche Vorwürfe etwa mit Grafiken über die Höhe der Jagdstrecken reagiert haben. Wilde Tiere kann man im Wald nicht zählen, deshalb kann man nur über solche Grafiken stichhaltige Aussagen über die Entwicklung von im Wald lebenden Wildarten erhalten. Und daraus ergibt sich, dass die Bestände von Rehen, Hirschen, Gämsen und Wildschweinen in den letzten dreißig Jahren stark angestiegen sind.

»Für die kommenden hundert Jahre steht das Problem an, nicht standortgemäße Reinbestände von Fichte und Kiefer wieder in standortgerechtere Mischbestände zurückzuwandeln.«

Josef Köstler sagte dies 1950. Von dieser Zeitspanne sind also schon 65 Jahre verstrichen. Der Erfolg hielt sich bis Ende der achtziger Jahre in überschaubaren Grenzen. Erst in den letzten Jahrzehnten konnten Erfolge durch lokale positive Beispiele sowie durch sehr viele aufwändige Schutzmaßnahmen erzielt werden. Köstler hat auch damals schon die Ursachen für die geringen Erfolge erkannt, wenn er schreibt: *»Das Haupthindernis für die Rückwandlung reiner Fichten- und Föhrenbestände in Mischbestände liegt im Wildverbiß.«* Zweifellos gibt es lokal großartige Erfolge bei diesem Waldumbau wie etwa in Brandenburg, im Sauerland, in Franken oder im Hochgebirge. Sie konnten allerdings fast überall nur gegen den erbitterten Widerstand der Jagdschutzverbände und manchmal auch der forstlichen Vorgesetzten erzielt werden. Die lokalen Erfolge haben gleichzeitig auch die Durchschnittswerte aller Forstbetriebe verbessert – und damit schmücken sich jetzt genau die Personen oder Verbände, die vorher gegen die aufmüpfigen Forstbetriebe polemisierten.

Abschließend schreibt Köstler: *»Es sind also viele Anforderungen, die gestellt werden. … Letzten Endes kommt alles auf das Streben an, ›uns durch Anschauen einer immer schaffenden Natur zur geistigen Teilnahme an ihren Produktionen würdig zu machen‹. Im Bekenntnis zu diesem glücklichen Wort Goethes und der aus ihr sprechenden Haltung will zum Ausdruck gebracht werden, daß wir uns mit Ehrfurcht den im Walde wirkenden Kräften zu nähern haben, statt in den Dünkel zu verfallen, die Natur beherrschen zu können.«* Diesen Worten können wir uns sicher voll anschließen. Wir müssen nur die richtigen Entscheidungen treffen, damit wir diese hehren Worte auch in die Praxis umsetzen können.

Große Herausforderungen für die Zukunft

Auch die meisten Politiker betonen, dass die Waldbewirtschaftung vor großen Herausforderungen steht. Viele der Maßnahmen, die wir heute für die Wälder der Zukunft fordern, wurden schon vor Jahrzehnten nachdrücklich verlangt – sind allerdings, wie in Kapitel 3 gezeigt, in weiten Bereichen am Widerstand einer kleinen, einflussreichen Minderheit aus Geldadel, Politikern, Jägern und Förstern gescheitert. Entscheidend dafür war auch, dass die Forstverwaltungen sich weitgehend selbst kontrolliert haben. Und die meisten Politiker wiederum haben die zahlreichen Ausreden, warum Ziele nicht erreicht wurden, wohlwollend akzeptiert.

Im Zeichen von Klimawandel, Energiewende und Globalisierung ist eine zukunftsorientierte Waldbewirtschaftung nun viel dringlicher als je zuvor. Oder wollen wir, dass unsere Enkel in sechzig Jahren fragen, warum Entscheidungen immer wieder hinausgeschoben wurden und warum sie noch viel mehr als wir unter unbefriedigend schützenden Wäldern zu leiden haben?

Viele Waldbesucher glauben, dass die meisten unserer Wälder noch naturnahe Lebensräume sind. Auf landwirtschaftlich genutzten Flächen können sie den Unterschied zwischen einer naturfernen Nutzung wie etwa einem Maisacker und einer naturnahen bunten Wiese rasch erkennen. Im sommergrünen Wald jedoch sehen sie meist keinen großen Unterschied zwischen einem naturfernen Fichten- oder Kiefernforst mit einigen Sträuchern und einem naturnahen Laubmischwald. Man fühlt sich auch im Fichtenforst in der Natur, man genießt die Stille, und es riecht nach Wald. Der Fachmann hingegen weiß, dass ein solcher Forst nicht naturnah ist. Würden mehr Waldbesucher diese Unterschiede erkennen, wären die Proteste in der Bevölkerung gegen die vielen naturfernen Wälder, die nur ungenügend als Ort der Erholung, der Wasserspeicherung oder des Schutzes vor Hochwassern und Steinschlag dienen, sicher lauter.

Waldbesucher blicken in einen naturfernen Fichten-Reinbestand mit einigen Haselnusssträuchern am Wegesrand *(oben)*, im unteren Bild ist ein naturnaher Laub-Nadel-Mischwald zu sehen. Im Wald kann der normale Naturfreund den Unterschied zwischen einer naturfernen und naturnahen Waldnutzung oft nicht erkennen.

Waldbesitz und Waldgesetze als Grundlage für die Wälder der Zukunft

Unsere Wälder sind im Besitz von unterschiedlichen Eigentümern. Diese Eigentumsformen haben sich im Laufe vieler Jahrhunderte herausgebildet. Heute gehören 34 Prozent der Waldfläche dem Staat (Staatswald), 20 Prozent unterschiedlichen Städten oder Gemeinden (Körperschaftswald) und 46 Prozent Privatpersonen (Privatwald). Traditionell gehört zum deutschen Wald auch, dass er dem Gemeinwohl dienen soll. Besonders deutlich wird das beim Betretungsrecht: In Deutsch-

Der Landwirt erntet seine Produkte nach etwa hundert Tagen *(oben)*, der Forstwirt nach hundert Jahren *(unten)*. Landwirte und Forstwirte wollen fast immer einen optimalen wirtschaftlichen Gewinn aus der Nutzung ihrer Flächen erzielen. Die Forstwirte müssen dazu allerdings viel langfristiger vorausdenken und nachhaltiger wirtschaften.

land darf man den Wald überall betreten, wenn dies aus besonderen Gründen (etwa eine eingezäunte Fläche oder eine Jagdeinrichtung) nicht besonders gekennzeichnet ist. In anderen Ländern ist das meist nur auf Teilflächen erlaubt.

Waldbesitzer möchten – genauso wie in der Landwirtschaft – einen wirtschaftlichen Gewinn aus der Nutzung ihrer Flächen erzielen. Das ist selbstverständlich legitim. Diese Gewinnorientierung steht bei sehr vielen Wäldern auch an erster Stelle. Aber es gibt darüber hinaus Leistungen des Waldes, die wegen des besonderen Standortes für die Bevölkerung oder die Natur einen noch höheren Nutzen haben als für den jeweiligen Waldbesitzer. Dazu gehören etwa die CO2-Speicherung, der Schutz vor Erosion, Steinschlag, Lawinen und Hochwassern, die Sicherung sauberen Wassers, die Erholungsfunktion für die Bevölkerung sowie die Erhaltung der waldtypischen Artenvielfalt.

Die Bedeutung des Waldes und seine Aufgaben sind in den Waldgesetzen geregelt. Im ältesten der modernen Waldgesetze, im Waldgesetz für Bayern von 1975, steht in Artikel 1 folgendermaßen formuliert:

»(1) 1. Der Wald hat besondere Bedeutung für den Schutz von Klima, Wasser, Luft und Boden, Tieren und Pflanzen, für die Landschaft und den Naturhaushalt.
2. Er ist wesentlicher Teil der natürlichen Lebensgrundlage und hat landeskulturelle, wirtschaftliche, soziale sowie gesundheitliche Aufgaben zu erfüllen.
3. Der Wald ist deshalb nachhaltig zu bewirtschaften, um diese Leistungen für das Wohl der Allgemeinheit dauerhaft erbringen zu können.

(2) Dieses Gesetz soll insbesondere dazu dienen:
1. die Waldfläche zu erhalten und erforderlichenfalls zu vermehren,
2. einen standortgemäßen und möglichst naturnahen Zustand des Waldes unter Berücksichtigung des Grundsatzes ›Wald vor Wild‹ zu bewahren oder herzustellen,

Blick in einen naturnahen Bergmischwald *(linkes Bild)* sowie Privatwaldbesitzer, die im Winter alte Laubbäume fällen, damit der Waldboden nicht zu stark geschädigt wird *(rechtes Bild)*. Nach den Gesetzen hat der Wald landeskulturelle, wirtschaftliche und soziale Aufgaben zu erfüllen. Die privaten Waldbesitzer sind vom Staat zu unterstützen, damit ihr Wald seine vielfältigen Aufgaben erfüllen kann.

3. die Schutzfähigkeit, Gesundheit und Leistungsfähigkeit des Waldes dauerhaft zu sichern und zu stärken,
4. die Erzeugung von Holz und anderen Naturgütern durch eine nachhaltige Bewirtschaftung des Waldes zu sichern und zu erhöhen,
5. die Erholung der Bevölkerung im Wald zu ermöglichen und die Erholungsmöglichkeit zu verbessern,
6. die biologische Vielfalt des Waldes zu erhalten und erforderlichenfalls zu erhöhen,
7. die Waldbesitzer und ihre Selbsthilfeeinrichtungen in der Verfolgung dieser Ziele zu unterstützen und zu fördern,
8. einen Ausgleich zwischen den Belangen der Allgemeinheit und der Waldbesitzer herbeizuführen.«

Um diese unterschiedlichen Aufgaben des Waldes angemessen zu berücksichtigen, gelten nach Artikel 5.2 des Bayerischen Waldgesetzes folgende Grundsätze:

»1. Der Wald hat Schutz-, Nutz- und Erholungsfunktionen. Er ist deshalb nach Fläche, räumlicher Verteilung, Zusammensetzung und Struktur so zu erhalten, zu mehren und zu gestalten, daß er seine jeweiligen Funktionen ... bestmöglich und nachhaltig erfüllen kann.
2. Die Funktionen der Wälder sind zu erfassen und zu werten. Geeignete Maßnahmen zur Erfüllung dieser Funktionen sollen geplant werden.«[86]

Alle neueren Waldgesetze Deutschlands enthalten ähnliche Absätze. Es gibt in allen Gesetzen zusätzlich besondere Bestimmungen über Staats- und Kommunalwälder. Der Gesetzgeber ist offenbar davon ausgegangen, dass die optimale Erfüllung der Schutz- und Erholungsfunktionen mit Mehrausgaben oder Mindereinnahmen verbunden ist, die über das Maß einer normalen »ordnungsgemäßen Waldbewirtschaftung« hinausgehen und die einem privaten Waldbesitzer nicht zuzumuten sind. Deshalb sollten zum Beispiel Erholungswälder wo immer möglich auf dem Gebiet von Staats- oder Körperschaftswäldern ausgewiesen werden.

In vielen Fällen müssen besondere Gemeinwohlleistungen standortbedingt allerdings auch in Privatwäldern erfüllt werden. Nach meiner Ansicht muss eine Methode gefunden werden, diese Leistungen so zu bewerten, dass die Waldbesitzer sie an die Allgemeinheit – also den Staat – verkaufen können. Zum Beispiel, wenn ein Waldbesitzer einen lückigen und vergrasten Steilhangwald in einen naturnah gemischten Dauerwald umbaut, der sich optimal für den Straßenschutz,

In einem ehemaligen Auwald wurde ein lange Zeit trockener Bach wieder bewässert. Solche »renaturierten« Auwälder sind wertvolle Hochwasser-Vorsorgewälder. Privatwaldbesitzer müssen hier massiv unterstützt werden.

aber auch für den Hochwasserschutz eignet. Allerdings muss es hier eine deutliche Staffelung der »Verkaufswerte« geben, je nachdem, ob ein solcher »Gemeinwohlwald« seine Funktion ausreichend, befriedigend oder sehr gut erfüllt.

Die bestehenden Gesetze würden eigentlich weitgehend ausreichen, die Wälder so zu nutzen und zu pflegen, dass auch kommende Generationen von den zahlreichen Wohltaten des Waldes profitieren können. Dennoch sind in einigen Bereichen Verbesserungen notwendig. So müsste die Erfüllung der Wohlfahrtswirkungen in den öffentlichen Wäldern noch deutlicher eingefordert und eine Vorschrift eingebaut werden, dass die Kosten aller Nutzungsformen des Waldes zu berechnen sind. Privaten Waldbesitzern sollte wie erwähnt zugesichert werden, dass ihnen der Staat besondere Wohlfahrtsleistungen ihres Waldes abkauft. Und in den Steuergesetzen sollten die völlig falschen Steuerentlastungen nach »Kalamitätsanfällen« in instabilen Forsten so modifiziert werden, dass sie nicht weiter als Anreiz zum Aufbau neuer instabiler Forste genutzt werden können. Entscheidende Voraussetzung für den Aufbau zukunftsfähiger und klimatoleranter Wälder sind allerdings Änderungen in den Jagdgesetzen, da sonst ohne extrem teure Schutzmaßnahmen alle anderen Maßnahmen in der Regel nicht fruchten.

Warum brauchen wir noch Staats- und Körperschaftswälder?

In den letzten zweihundert Jahren sind sehr viele Menschen aus den Dörfern in die Städte gezogen. In Deutschland lebten um 1810 etwa 25 Prozent der Bevölkerung »in der Stadt«, jetzt sind es etwa 75 Prozent. Und ihr Anteil wird weiter ansteigen. Die Menschen in den Städten stellen andere Anforderungen an den Wald als Menschen auf dem Land, für die vorrangig eine ständige Holzversorgung wichtig war. Für Stadtbewohner sind die Wälder hingegen in erster Linie Erholungsgebiete. Sie wollen auch, dass der Wald das Wasser gut filtert, damit sie sauberes Wasser bekommen. Für sie stehen also die »Gemeinwohlfunktionen« des Waldes im Vordergrund. Als Bevölkerungsmehrheit werden sie zunehmend verlangen, dass diese künftig besser erfüllt werden.

Bis vor einigen Jahren wurde der Wald fast überall in Deutschland von Staatsforstverwaltungen umfassend verwaltet und bewirtschaftet. Da diese Verwaltungen die wachsende Bedeutung des Umwelt- und Naturschutzes zu wenig beachtet und zunehmend »rote Zahlen« geschrieben haben[87], haben sie in fast allen Bundesländern an Ansehen verloren. Es wurden Stimmen laut, die eine Privatisierung der Staatswälder forderten. Tatsächlich gibt es nur einen echten Grund, warum der Staat oder eine Körperschaft eigene Wälder besitzen und bewirtschaften sollte: eben die »Gemeinwohlfunktionen«. Wenn sie in den Staats- oder Körperschaftswäldern allerdings nicht mehr im Vordergrund stehen, könnte man den Staatswald auch gleich privatisieren und die vergleichsweise teuren Beamten durch »billigere« Angestellte ersetzen. Forstbeamte bräuchte man dann nur noch zur Kontrolle, dass die Gesetze eingehalten und Leistungen der Wälder für das Gemeinwohl vom Staat gefördert werden. Das ist allerdings mit großer Wahrscheinlichkeit der weniger wirksame und auch teurere Weg, da dabei ein hoher Verwaltungsaufwand erforderlich

Lückig gewordene Hangwälder schützen die Straße nicht mehr vor Steinschlag. Solche Wälder haben vorrangig »Gemeinwohlfunktionen« zu erfüllen und sollten deshalb im Eigentum des Staates oder einer Kommune sein.

ist. Sinnvoller und günstiger wäre es, die Gemeinwohlfunktionen in den Staats- und Körperschaftswäldern wieder stärker bei den Zielvorgaben zu berücksichtigen.

In den letzten Jahrzehnten haben die Staatsforstverwaltungen in unterschiedlicher Weise versucht, wieder »schwarze Zahlen« zu schreiben. Die Zahl der Waldarbeiter wurde verringert, Försterstellen wurden abgebaut, die Arbeitsverfahren rationalisiert. Nur in einem Bereich wurden die Kosten nicht berechnet, obwohl das schon seit dem Jahr 1950 nachdrücklich gefordert wird: bei der gewissenhaften Klärung des Einflusses der Jagd auf Waldbau und Betriebswirtschaft.[88] Namhafte Waldbesitzer und Förster haben nach dem Zweiten Weltkrieg bestätigt, dass die Kosten dieser Form der Jagd etwa zehnmal so hoch sind wie alle anderen Schadfaktoren. Wenn es zu einer gewissenhaften Berechnung der Jagdkosten durch die Staatsforstverwaltungen und zu einer Vorlage wirkungsvoller Gegenmaßnahmen an die Politik gekommen wäre, hätte die Politik die Staatsforstverwaltungen vermutlich nicht so drastisch umorganisiert. Jetzt hat es den Anschein, dass die Staatswälder vieler Bundesländer weitgehend danach beurteilt und organisiert werden, wie viel Geld sie an den Staat abliefern. Dann ist es allerdings kein weiter Weg mehr zu einer tatsächlichen Privatisierung der Staatswälder.

Der Ansehensverlust des Waldes und der Forstwirtschaft kam auch in den Parteiprogrammen zur Bundestagswahl 2013 zum Ausdruck. Die Aussagen zur Forstwirtschaft zeichneten sich sämtlich durch vage Knappheit aus, während die Aussagen zur Jagd sowie zum Umwelt- und Naturschutz viel länger und konkreter sind – wenn auch mit ganz erheblichen Unterschieden zwischen den Parteien bei der Gewichtung der Gemeinwohlfunktionen und der Jagd im Rahmen der nachhaltigen Waldbewirtschaftung.

Der Wald als CO_2-Speicher

Unbestritten ist, dass der Wald in der Biomasse der Bäume, im Totholz und besonders im Mineralboden viel Kohlenstoff in Form von CO2 speichern kann. Der Wald hat deshalb als CO2-Senke und als Gegenpol zu den wachsenden Emissionen eine herausragende Bedeutung. So sind in einem hundertjährigen Buchenwald auf der Fläche etwa eines Fußballfeldes (ein Hektar) 500 Tonnen, im gesamten deutschen Wald mit 11,1 Millionen Hektar Fläche vier Milliarden Tonnen CO2 gespei-

Sowohl auf baumlosen Kahlschlägen *(oben)* wie auch auf Wildäsungsflächen *(unten)* im Wald ist die CO_2-Speicherkapazität stark reduziert. Ein naturnaher Wald hat jedoch große Bedeutung als CO_2-Senke für die Klimavorsorge. Temporär oder dauerhaft baumlose Flächen sollten daher so weit als möglich vermieden werden.

Eine alte Fichte ist in einem naturnahen »Dauerwald« umgefallen. Unten stehen schon junge Bäumchen bereit, wenn oben alte Bäume ausfallen. Hier ist eine ständig optimale CO_2-Speicherung gesichert.

chert. Im Kampf gegen die Klimaerwärmung kommt unseren Wäldern deshalb eine ganz wichtige Rolle zu. Um die optimale Waldzusammensetzung wird allerdings noch gestritten. Einige Vertreter der Wald- und Holzwirtschaft sind der Meinung, dass ein Altersklassenwald genauso viel CO_2 speichert wie ein naturnaher Mischwald. Fraglos dürfte hingegen sein, dass »baumlose« Waldflächen wie etwa Straßen und Wege, Rückegassen, Wildäcker und Kahlschläge nur wenig CO_2 aufnehmen können.

Nach allen Prognosen wird es in den nächsten Jahrzehnten besonders in den zahlreichen Kunstforsten zu vielen Kalamitäten kommen. Dabei werden auf größeren Waldflächen oft fast alle der alten Fichten oder Kiefern von Stürmen gefällt oder von Insekten zum Absterben gebracht. Solche Waldflächen werden dann für einige Jahre zu einer CO_2-Quelle statt zu einem Speicher. Damit der Wald seine positiven Wirkungen als CO_2-Senke erfüllen kann, muss er folglich ständig eine möglichst große Menge an Biomasse aufbauen. Das ist nur über einen »Dauerwald« zu erreichen, in dem auf kleinem Raum einzeln und truppweise junge, mittelalte und alte Bäume unter- und nebeneinander aufwachsen.

Es ist deshalb außerordentlich wichtig, dass es rasch gelingt, unter den heute noch vorhandenen Kunstforsten junge Mischwälder heranwachsen zu lassen. Große Waldflächen müssen in Dauerwälder aus klimatoleranten Baumarten umgebaut werden. Wichtig ist auch, dass das im Holz gespeicherte CO_2 nach der Ernte möglichst lange in Produkten aus Holz gespeichert bleibt und nicht gleich verbrannt wird, etwa als Brennholz oder Pellets. Erst nach einer »Kaskadennutzung« sollte es wieder an die Atmosphäre abgegeben werden.

Wie man aus Beobachtungen in Urwäldern und Beschreibungen von Urwaldresten vor zweihundert Jahren schließen kann, war dort wesentlich mehr Biomasse und damit auch CO_2 angereichert als in unseren heutigen Forsten. Mittlerweile herrscht allerdings auch weitgehende Einigkeit darüber, dass der Wald auf mindestens 95 Prozent seiner Fläche nachhaltig und als möglichst ergiebiger CO_2-Speicher genutzt werden sollte. Eine optimale CO_2-Speicherung in unseren Wäldern wird erreicht, wenn eine möglichst große Fläche mit Wald bedeckt und dort dau-

Ein Förster beobachtet, wie aus Holz, das in naturnah gestuften Mischwäldern aufgewachsen ist, wertvolles Furnier entsteht *(linkes Bild)*. Die Dauer der »Substitution«, also des Ersatzes anderer Stoffe durch Holz, entscheidet darüber, ob durch die Holznutzung mehr CO_2 gespeichert wird als bei einer Nichtnutzung. Die Holznutzung sollte zudem in naturnahen Mischwäldern erfolgen, die gut »gestuft« sind *(rechtes Bild)*.

erhaft möglichst viel Kohlenstoff in den Bäumen, in der übrigen Vegetation, im Totholz und besonders im Mineralboden gespeichert ist. Dafür sind naturnah gemischte und gestufte Dauerwälder ideal.

Schutz vor Erosion und Humusschwund

In den meisten Naturwäldern »halten« die Wurzeln der Bäume den Boden gut fest. Sie schützen ihn davor, vom Wind ausgetrocknet und verweht oder vom Regen ausgewaschen zu werden. Es gibt Mineralböden, etwa Böden mit hohen Lössanteilen oder Jungmoränen, die sehr nährstoffreich sind. Die Wälder auf solchen Standorten wurden im Laufe der letzten zweitausend Jahre

Auf einer steilen Kahlfläche ist der meiste Humus abgebaut worden *(linkes Bild)*. Achtzehn Jahre später haben sich wieder Kräuter und einige Bäumchen angesiedelt *(rechtes Bild)*. In einem intakten Bergmischwald gibt es pro Hektar fast zehnmal so viel Auflagehumus wie auf einem ehemaligen Kahlschlag.

aber weitgehend gerodet, um die guten Böden landwirtschaftlich nutzen zu können. Wälder wachsen daher heute meist auf nährstoffärmeren Standorten. Hier ist das Wachstum des Waldes besonders auf eine dicke und fruchtbare Humusschicht angewiesen. Diese hat sich im Laufe der Jahrtausende aus abgestorbenen Pflanzen und Tieren auf und im Waldboden angesammelt.

Die in älteren Beschreibungen erwähnte dicke »Dammerdeschicht«[89] war Voraussetzung dafür, dass in Urwaldresten mächtige Bäume wie diese hier wachsen konnten: *»In den Urwaldungen steigt der Zuwachs der einzelnen Stämme progressiv bis ins höchste Alter und man gewahrt in denselben Stämme von 400 bis 500 Jahren, welche bei einer Länge von 41 bis 52 Metern*[90] *ein Durchmesser von 1,8 bis zwei Metern bei Brusthöhe und einen Cubikgehalt von 31 bis 38 Kubikmetern haben. Die Bestandsmasse bleibt jedoch in diesen Waldungen ziemlich unverändert, indem der sich ergebende Abgang an Verfallholz durch den vermehrten Zuwachs der freiergestellten und jüngeren Stammklassen ersetzt wird.«*[91] Wird diese für unsere Zeit außergewöhnlich mächtige Humusschicht durch Kahlhiebe und/oder die Entnahme von Waldstreu reduziert, verlieren diese Standorte sehr viel von ihrer Leistungsfähigkeit. In der Lüneburger Heide (siehe Foto Seite 57) und der Oberpfalz gab es solche Humusverluste beispielsweise durch eine jahrhundertelange intensive Brennholznutzung und Streunutzung (siehe Foto Seite 67). Die Folge war eine drastische Verschlechterung der Standortsgüte sowie eine Artenverschiebung hin zu nährstoffärmeren Wäldern mit vorwiegend Kiefern.

Diese Zusammenhänge sind seit langem bekannt. So hat der Waldbauprofessor Karl Gayer schon vor 133 Jahren festgestellt: *»Der Wald selbst, in seinem ununterbrochenen Bestande, bietet also den Schutz gegen Beeinträchtigung der Standortkräfte, und zwar in umso höherem Maße, je vollkommener die Waldbestockung, d.h. je ununterbrochener, zeitlich und örtlich, der Kronenschirm des Waldes den Boden überdeckt.«*[92]

Neuere Untersuchungen im bayerischen Hochgebirge haben bestätigt, dass es auf ehemaligen Kahlschlagflächen zu einem massiven Schwund an Humus und zu einer deutlichen Veränderung der Form vom Tangelhumus hin zum Mull gekommen ist. Aufgezeigt an einem konkreten Beispiel[93] bedeutet dies, dass in einem intakten Bergmischwald im Mittel 120 Tonnen Auflagehumus pro Hektar vorkommen, auf einem ehemaligen Kahlschlag dagegen nur noch dreizehn Tonnen pro Hektar. Das Schwinden der ernährungsphysiologisch günstigen, da sauren organischen Auflage führt auch dazu, dass die Bäume dem Auflagehumus weniger Nährstoffe entnehmen können.

In einem Bergmischwald wurden kleinflächig alte Bäume gefällt *(linkes Bild)*. Sechzehn Jahre später sind bei »angepasstem« Wildbestand die natürlich ausgesamten Tannen, Ahorne, Buchen und Fichten bis zu fünf Meter hoch *(rechtes Bild)*. Humus wurde nicht abgebaut. Bei Starkregen können solche Bergmischwälder zeitweise bis zu 110 Liter Wasser pro Quadratmeter zurückhalten; Waldflächen mit degradiertem Humus aber nur noch dreizehn Liter.

Für die aktuelle Diskussion ist besonders wichtig: Der Humusschwund reduziert ganz dramatisch die Fähigkeit des Waldes, Wasser bei Starkregen zeitweise zurückzuhalten. So speichert der intakte Bergwaldhumus stolze 110 l/m^2, der degradierte Humus dagegen nur noch rund 17 l/m^2. Durch eine artenreiche und geschlossene Bergwaldverjüngung kann dem entgegengewirkt und Humus aufgebaut werden. Auf diese Weise verbessert sich nicht nur die Fähigkeit des Bergwaldes zur Wasserspeicherung erheblich, sondern auch die zur Kohlenstoffspeicherung, zudem nicht zuletzt die Vitalität des Waldes.[94].

Nach den oben zitierten älteren Waldbeschreibungen und den neueren Untersuchungen kann man davon ausgehen, dass es in vielen mitteleuropäischen Urwäldern durch den jährlichen Laubabfall und andere tote organische Stoffe zu einer jahrtausendelangen Humusanreicherung gekommen ist. Diese Humusmengen waren die Grundlage für die großartigen Wuchsleistungen von Urwäldern. Dann hat der Mensch begonnen, diesen Urwäldern Holz in unterschiedlicher Form zu entnehmen. Wo er ausreichend alte Bäume sowie Äste und Blätter zurücklässt, kann sich ein Gleichgewicht zwischen Humusabbau und Humusaufbau entwickeln. Voraussetzung ist allerdings, dass am Waldboden genügend junge Bäumchen darauf warten, rasch aufzuwachsen, die Lücken zu schließen und neuen Humus zu bilden (siehe die Seiten 176 und 177).

Zu einem Humusabbau kommt es hingegen, wenn bei einer stärkeren Holzentnahme zeitweilig keine Biomasse produziert wird, weil am Waldboden noch keine kleinen Bäumchen »im Wartestand«

Auf einer Sturmwurffläche wurden alle Bäume genutzt *(linkes Bild)* und das Reisig zur »energetischen« Nutzung auf Haufen zusammengefahren *(rechtes Bild)*. Auf allen nährstoff- und humusärmeren Böden sollten auch nach Kalamitäten möglichst viele Laubbäume, Tannen, Lärchen sowie alles Reisig auf der Fläche liegen bleiben, um Humusschwund zu vermeiden.

sind. Besonders stark ist dieser Humusabbau dann, wenn auch die dünneren Baumteile (Zweige, Blätter) genutzt werden, wie noch bis nach dem Zweiten Weltkrieg bei der intensiven Brennholznutzung oder der Entnahme von Bodenstreu geschehen. Das ist inzwischen zwar Vergangenheit, kommt aber seit einigen Jahren in Form der sogenannten »Ganzbaumnutzung« wieder zurück. Dabei werden die gefällten Bäume mitsamt allen Zweigen sowie Blättern oder Nadeln an die Lagerplätze gebracht. Dort wird das Stammholz abgetrennt und der Rest zu »Bioenergie« verarbeitet. Eine solche Ganzbaumnutzung ist aber nur ausnahmsweise vertretbar, wenn der Waldboden sehr nährstoffreich und eine naturnahe Waldverjüngung bereits vorhanden ist. Nur dann können CO2-Speicherung, Erosions- und Wasserschutz sowie der Holzzuwachs noch ausreichend funktionieren.

In den letzten Jahren haben sich einzelne Forscher intensiver mit diesem Problem beschäftigt. So stellen etwa Eckart Kolb und Axel Göttlein fest: *»Holz erfährt als Energieträger in den letzten Jahren eine zunehmende Renaissance. Dieser Trend ist einerseits erfreulich und begrüßenswert, fördert er doch das Interesse an einer geregelten Waldwirtschaft und rückt den Wald auch wieder mehr in das Zentrum des öffentlichen Interesses. Trotz dieser Euphorie sollte allerdings berücksichtigt werden, dass nicht jeder Waldstandort eine intensivierte Nutzung verträgt. Die moderne, hoch mechanisierte Forsttechnik ermöglicht es heute, auch das Kronenmaterial effizient zu nutzen, was trotz kurzfristiger finanzieller Vorteile auf nährstoffarmen Standorten kritisch gesehen werden muss. …*

Einer Vollbaumnutzung vergleichbare Verhältnisse existierten bis weit in das letzte Jahrhundert hinein, als die Wälder teilweise ausgefegt wurden, um Streu und Brennholz zu gewinnen. Die Folgen dieser Nährstoffverarmung äußerten sich in Wachstumsdepressionen, abnehmender Rentabilität der Wälder und einer Artenverschiebung hin zu nährstoffärmeren Wäldern.«

Eine Bodenübersichtskarte von Deutschland zeigt, in welchen Landschaften eine intensive Nutzung der Waldstandorte möglich scheint oder eher kritisch zu beurteilen ist. Im Hinblick auf die Auswirkungen erntebedingter Nährstoffexporte wurden dafür vier Klassen gebildet: »sehr kritisch«, »kritisch«, »ausreichend« und »unkritisch«. Es fällt auf, dass gerade die großflächigen Waldlandschaften überproportional viel kritische bis sehr kritische Standorte einschließen, da die »Gunststandorte« meist landwirtschaftlich genutzt werden. Aktuelle Forschungsergebnisse, aber auch die Erfahrungen aus der Vergangenheit zeigen uns, dass wir mit Nutzungsintensivierungen sehr vorsichtig und standortbezogen umgehen sollten. Es ist dringend notwendig, die Forschungen zu dieser Problematik zu intensivieren, wenn es zu keinem Verstoß gegen die Nachhaltigkeit der Waldbewirtschaftung kommen soll.

Schutz vor Steinschlag und Lawinen

In den letzten Jahrhunderten wurden viele Straßen und Eisenbahnen durch die Unterhänge bewaldeter Berge und Hügel gebaut, oder es wurden Siedlungen am Fuß solcher Hänge errichtet. In solchen Bereichen ist der Wald auch dazu da, die Menschen vor Steinschlag und Lawinen zu schützen. Wird der Schutzwald zu lückig, weil junge Bäume nicht aufwachsen können, beginnt der Schnee zu kriechen, es entstehen »Schneemäuler« und danach Lawinen, die bis auf

In einem lückigen Schutzwald reißt der Schnee in Form von »Schneemäulern« ab und stürzt dann als Lawine bergab *(oben links)*. Zwei Lawinen haben einem Polizeiauto auf der Deutschen Alpenstraße den Weg abgeschnitten *(oben rechts)*. In Lawinenschutzwäldern sollten alte und junge Bäume eng »verzahnt« sein, um das Abgleiten des Schnees zu verhindern. Dafür müssen viele Revierinhaber aufhören, im Gebirgswald vorrangig »Hirschzuchtparadiese« zu sehen und die enormen Folgekosten so auf folgende Generationen zu übertragen.

Hier sind alte Nadel- und Laubbäume eng mit jungen Tannen »verzahnt«. Optimale Steinschlag- und Lawinenschutzwälder sind naturnah gemischt und bestehen ständig aus unterschiedlich hohen Bäumen. Dabei spielen junge, schattenertragende Tannen eine besonders wichtige Rolle.

die Straßen hinunterdonnern. Der Zusammenhang von starken Holzfällungen und zunehmender Gefahr durch Steinschlag oder Lawinen ist seit langem bekannt und hat auch immer wieder zu Protesten der örtlich betroffenen Bevölkerung geführt, so etwa vor fünfzig Jahren gegen stärkere Holznutzungen an der »Weißwand« im Berchtesgadener Land. Der schleichende Verlust der Schutzwirkung dieser Wälder durch den jahrzehntelangen starken Wildverbiss wurde allerdings nicht thematisiert, da der Hauptprotestierer selbst Jagdpächter im benachbarten Gebiet war.

Es besteht weitgehende Einigkeit darüber, welche Wälder die Schutzfunktionen gegen Steinschlag und Lawinen am besten erfüllen: Sie müssen naturnah gemischt sein und ständig aus unterschiedlich alten Bäumen bestehen. In Sonderfällen kann dabei auch eine Abweichung von der natürlichen Baumartenzusammensetzung zielführend sein. So ist zum Beispiel zur Vermeidung eines Lawinenabgangs oft ein etwas höherer Anteil an Nadelbäumen – zum Beispiel Tannen – im Vergleich zu den natürlich vorherrschenden Laubbäumen erforderlich, etwa wenn eine Straße durch den Unterhang eines steilen Gebirgshanges führt. In den bayerischen Alpen herrschen dort von Natur aus meist Laubmischwälder mit vielen Buchen vor. Die Buchenblätter bilden am Boden jedoch eine glatte Fläche, auf der der Schnee leicht abgleiten kann. Deshalb ist hier eine höhere Beteiligung der tiefwurzelnden und stabilisierenden Tanne erwünscht.

Wälder als Trinkwasserreservoir und Hochwasserschutz

Eine ganz besondere Bedeutung haben Wälder bei der Regulierung des Wasserhaushaltes. Das ist seit langem bekannt. So heißt es etwa im bayerischen Waldgesetz aus dem Jahr 1975, dass bei allen Maßnahmen im Staatswald die Belange der Wasserwirtschaft zu berücksichtigen sind. Diese umfasst zwei Hauptziele:

- die Versorgung der Bevölkerung mit sauberem Trinkwasser
- die Speicherung von Wasser bei Starkniederschlägen im Waldboden und dadurch bedingt ein langsamer Wasserabfluss aus dem Wald

Versorgung der Bevölkerung mit sauberem Trinkwasser

Für die optimale Versorgung mit sauberem Trinkwasser ist ein möglichst hoher Waldanteil in den Wassereinzugsgebieten sehr wichtig. Der Wald filtert Schadstoffe aus dem Wasser, dort werden nur wenige chemische Bekämpfungsmittel eingesetzt und der Abfluss von Wasser ist gleichmäßiger als aus dem »Offenland«. Deshalb ist es wünschenswert, weniger wertvolle landwirtschaftlich genutzte Flächen aufzuforsten; der Einsatz von chemischen Mitteln sollte auf den verbleibenden Flächen vermieden werden. In optimalen Trinkwasserschutzwäldern sollte der Waldboden möglichst tief durchwurzelt sein, und die Bäume sollten ein leicht zersetzliches

Hier wurde ein alter Fichtenforst in einen naturnahen Wasserschutzwald umgebaut. Viele Wasserschutzgebiete liegen noch in naturfernen Nadelforsten – gemischte und »gestufte« Dauerwälder erfüllen die Funktion jedoch viel besser, sodass rasch ein Umbau erfolgen sollte.

Laub abwerfen, damit eine humusreiche, wasserspeichernde Bodenschicht entstehen kann. Auf den meisten Standorten wird die natürlich vorkommende Waldgesellschaft diesen Ansprüchen gerecht.

Der Waldaufbau sollte auch möglichst stabil und damit weniger anfällig für Sturmschäden und Insektenkalamitäten sein, um seine Funktion als »Trinkwasserlieferant« erfüllen zu können. Auch deshalb müssen naturferne Fichtenforste möglichst rasch in naturnahe Mischwälder umgebaut werden. Ein positives Beispiel für einen optimalen Wasserschutzwald wird auf Seite 170 vorgestellt. Ein weiterer Punkt: In wenig humusreichen, naturfernen Forsten ist wegen der geringeren Speicherkapazitäten die Diskrepanz zwischen wenig wasserführenden Bächen in regenarmen und Hochwassern in regenreichen Zeiten oft sehr groß.

Hochwasserschutz beginnt im Bergwald

Hochwasser sind seit Jahrhunderten bekannte natürliche Ereignisse. Sie treten bei extremen meteorologischen Situationen auf und können verheerende Schäden anrichten. Durch die Rodung der Auwälder als natürliche Hochwasserauffanggebiete und durch die Besiedlung vieler flussnaher Standorte ist die Gefahr starker Hochwasserschäden in den letzten Jahrhunderten viel größer geworden. Den Klimavorhersagen zufolge wird es in den nächsten Jahrzehnten immer häufigere Starkregenereignisse geben. Der technische Hochwasserschutz ist jedoch extrem teuer. Deshalb wird sich auch die Politik in stärkerem Maß mit einem vorsorgenden biologischen Hochwasserschutz beschäftigen müssen. Zwar hat es dazu schon früher Überlegungen und Ansätze gegeben (siehe die Seiten 138 und 139), sie sind aber bisher nur unzureichend umgesetzt worden.

Bei einem Hochwasser treten die größten Schäden im Randbereich der Flüsse auf. Die flutbildenden Wassermassen stammen aus vielen kleineren Wassereinzugsgebieten, sehr häufig sind sie mit Wald bedeckt. Wären diese Wälder so aufgebaut, dass sie kurzzeitig viel Wasser zurückhalten können und es erst nach und nach an die Bäche abgeben, würden Hochwasserfluten zwar nicht verhindert, aber in ihren Auswirkungen doch erheblich abgeschwächt. Es muss daher noch gründlicher geklärt werden, welche Wälder einen Beitrag zum Hochwasserschutz leisten können und

»Auf Wiedersehen« ist eine Warnung vor kommenden Überschwemmungen. Naturnah gemischte und gestufte Bergwälder sowie wieder funktionsfähige Auwälder könnten viel für vorsorgenden Hochwasserschutz leisten.

wie sie aufgebaut sein müssen. Weitgehend unbestritten ist, dass der Waldboden möglichst tief, intensiv durchwurzelt und porenreich sein soll, damit er möglichst viel Niederschlagswasser speichern kann. Auch die Kraut- und Strauchschicht sollte ein rasches Versickern des Wassers in den Boden begünstigen.

Hochwasserfördernd hingegen wirken Fichtenreinbestände auf den Unter- und Mittelhängen der Gebirge sowie Bergwälder mit einem dichten Grasfilz, in den das Wasser schlecht einsickern kann. Im Hügel- und Bergland ist daher zu untersuchen, auf welchen geologischen Formationen und in welchen Wäldern ein besonders wirksamer Beitrag zur Hochwasservorsorge geleistet werden kann. Dann müssen die zuständigen Behörden einen Zeitplan für den Umbau in echte Hochwasservorsorgewälder aufstellen. Parallel zur Umsetzung müssen aber auch alle Hindernisse für einen solchen Waldumbau beseitigt werden: Das sind in erster Linie der hohe selektive Wildverbiss sowie lokal die Waldweide mit Haustieren. Natürlich können selbst die bestgeeigneten Vorsorgewälder Hochwasserschäden an den Flüssen nicht ganz verhindern, aber sie können sie minimieren. Zu beachten sind auch die Witterungsbedingungen: So kann ein gut geeigneter Waldboden etwa bei tiefem Frost nur wenig Wasser speichern.

Ebenso muss geprüft werden, aus welchen der ehemaligen Auwälder, die in den letzten zweihundert Jahren gerodet oder in Fichtenforste umgewandelt worden sind, wieder Hochwasserauffangwälder (Retensionswälder) gemacht werden können. Auch für den Aufbau dieser Wälder ist ein Zeitplan mit klaren Vorgaben der Flächen und der Finanzierung zu erstellen. Beispiele für eine Wiederaufforstung sowie für Wiederbewässerung und Waldumbau in ehemaligen Auwäldern sind auf den folgenden Bildern zu sehen.

Aktuell hat diese biologische Hochwasservorsorge sogar Eingang in die Programme politischer Parteien gefunden. So heißt es etwa im Regierungsprogramm der CSU aus 2013: *»Wir werden den Ausbau des Hochwasserschutzes in Bayern beschleunigen … Wir werden beim Ausbau des Hochwas-*

Ein naturnaher Mischwald kann den Boden auf vielen Standorten tief durchwurzeln – die ideale Basis für nachhaltige Zukunftswälder.

Eine wenig ertragreiche Wiese wurde mit Laubbäumen und Sträuchern aufgeforstet *(oben)*. Zehn Jahre später hat sich ein naturnaher Jungwald entwickelt *(unten)*. Die Wiederaufforstung wenig ertragreicher Felder ist besonders bei Standorten mit »Gemeinwohlleistungen« sinnvoll. Naturnahe neue Wälder konnen allerdings fast überall nur hinter wildabweisenden Zäunen aufwachsen.

serschutzes noch stärker als bisher auf naturnahe Lösungen setzen. Wo immer möglich, wollen wir neben dem technischen Hochwasserschutz auch Renaturierung, Rückhalteflächen und Auen zum Hochwasserschutz einsetzen.«[95]

Die Kosten für diesen biologischen Teil eines Hochwasservorsorgeprogramms sind sehr hoch, wenn alle Teilflächen mit wildabweisenden Zäunen geschützt werden müssen. Sie sind jedoch vergleichsweise niedrig, wenn es gelingt, den Bestand an Rehen, Hirschen und Gämsen auf ein waldverträgliches Maß zu reduzieren. Die Reduktion der Anzahl dieser Waldtiere wird im Gefolge der jagdlichen Traditionspflege neuerdings jedoch als *»Krieg gegen die Tierwelt«* bezeichnet.[96] Dafür soll eine Sonderform der Jagd, die »waidgerechte Hegejagd«, für eine verschwindende Minderheit unserer Bevölkerung weiter gefördert werden. Für diese Form der Jagd werden

Eine Schulklasse erneuert einen früheren Waldteich *(oben)* und betreut ihn neun Jahre später immer noch *(unten)*. In solchen Feuchtbiotopen können die Kinder viele ans Wasser gebundene Pflanzen- und Tierarten beobachten. Meist dienen diese Feuchtbiotope auch einer verbesserten naturnahen und kostengünstigen Hochwasservorsorge.

so hohe Zahlen etwa an Hirschen gefordert, dass der Aufbau wirksamer Hochwasservorsorgewälder nur mit extrem hohen Kosten möglich ist. Hier ist eine klare Entscheidung der Politik bei der Prioritätensetzung nötig: trophäenorientierte Jagd oder Hochwasservorsorge und waldgerechte Jagd?

Der Klimawandel wird neben mehr Hochwassern aber auch häufigere Hitzewellen mit Dürreperioden mit sich bringen. Auch da können optimal aufgebaute Mischwälder mit einer ansehnlichen Humusschicht helfen, da sie das Wasser aus Zeiten hoher Niederschläge zunächst speichern und dann langsam an die Bäche abgeben.

Wenn Erholungsbedürfnis und Jagd aufeinandertreffen

Eine besondere »Wohlfahrtswirkung des Waldes« ist die Erholung für den Menschen. So wurden etwa in Berlin große Waldgebiete von der Stadt angekauft, um den Stadtbewohnern eine ortsnahe Erholung zu bieten; dort wurde das Wort »Dauerwald« für diese Gebiete verwendet.[97] Die Urbanisierung und damit auch das Bedürfnis der Menschen nach einem Naturerlebnis werden künftig weiter zunehmen. Gerade in dicht besiedelten Gegenden lässt sich Natur oft nur in Wäldern erleben. Im Wald ist es ruhiger als in der Stadt und in der offenen Landschaft, die Temperaturunterschiede sind geringer, die Luft ist weniger schadstoffbelastet und die Luftfeuchtigkeit ist höher. Das alles steigert das Wohlbefinden und fördert die Regeneration. Die Belastungen des Alltags können so ausgeglichen werden. Deshalb liegen auch viele Rehabilitationskliniken in größeren Waldgebieten.

In den letzten Jahrzehnten sind zu dieser »normalen Regeneration« vielfältige Freizeitaktivitäten dazugekommen, die in Wäldern ausgeübt werden. Das reicht vom Spaziergang mit Kindern und Hunde ausführen bis zum »Geocaching«, vom Wandern bis zum Joggen, vom gemächlichen Radeln bis zum rücksichtslosen Kampfradfahrer, vom Reiten bis zum Motorradfahren. Dabei sind Konflikte mit den Waldhütern (Rauchen, Fahrradrennen), aber auch mit anderen Erholungsuchenden unvermeidlich.

Alt und Jung können sich in einem naturnahen Stadtwald gut erholen. Stadtnahe Wälder sind ein wesentlicher Teil der Gesundheitsvorsorge. Sie sollten naturnah aufgebaut sein und besonders schonend gepflegt werden.

Schwerpunkte der Walderholung sind die Waldwege und auch der naturnah bewirtschaftete Wald. Für viele Menschen ist es auch sehr erholsam, nur im Wald zu sitzen, die Ruhe zu genießen und die Kraft der Natur zu spüren. Hier kann man ganz entspannt »die Seele baumeln lassen«. Ein zunehmendes Problem stellen die unterschiedlichen Ansprüche an die Waldwege dar. Manche Erholungssuchende wollen glatte, gerade und breite Wege, andere hingegen geschwungene und schmale Steige. In stärker besuchten Erholungswäldern sollte daher in Zusammenarbeit mit den Verbänden gezielt ein Netz von Waldwegen für die unterschiedlichen Ansprüche der Waldbesucher angelegt werden. Dabei erscheint es zweckmäßig, wenn sich die lokalen Waldschutz- oder Wandervereine zumindest bei der Wegmarkierung und Unterhaltung beteiligen würden.

Eine schwierige Herausforderung ist auch die Verkehrssicherung. Bei Hiebsmaßnahmen, Sturmwürfen oder Schneebrüchen müssen Wege zeitweise gesperrt und danach wieder gesäubert oder auch repariert werden. Das führt häufig zu massiven Beschwerden, daher ist eine offensive Zusammenarbeit und Information der Waldbesucher durch die örtlichen Förster oder Waldbesitzer sinnvoll. Das allerdings erfordert viel Zeit, genauso wie die besondere Sorgfalt bei der Bewirtschaftung der Erholungswälder, etwa bei der Kontrolle der Randbäume an den vielen Wanderwegen oder bei einer besonders waldschonenden Holzernte. Diese Mehrarbeit kann auch bedeuten, dass die Forstreviere in Erholungswäldern nicht ganz so groß sein dürfen wie Reviere weit abseits der Städte.

Eine ganz besondere Form der Erholungsnutzung des Waldes stellt die Jagd dar. Vor 10 000 Jahren war sie noch überlebenswichtig für die damaligen Menschen, dann wandelte sie sich zum wichtigsten Freizeitvergnügen der Herrschenden (siehe Foto Seite 58). Heute ist sie in vielen Fällen eine privilegierte Erholungsnutzung für eine kleine, aber äußerst einflussreiche Minderheit. Immer noch will die Mehrheit der Jäger möglichst viel bejagbares Wild in ihren Revieren haben. Ganzjährig wollen sie möglichst viel Wild sehen, denn nur dann haben sie die Wahl: Welche Tiere sind für die Trophäenzucht geeignet und dürfen überleben und welche sind zu »erlegen«? Sie behaupten dabei, dass hohe Wildbestände auch von den Erholungsuchenden gewünscht seien, da diese sich auch über die Beobachtung von Wildtieren freuten.

Die meisten Jäger fühlen sich jedoch gleichzeitig von anderen Erholungsuchenden gestört und fordern eine Beschränkung der Erholungsnutzung des Waldes etwa durch Betretungs- oder Wegege-

Ein Mann in einem nicht mehr genutzten Wald: Gerade für gestresste Städter kann es sehr erholsam sein, die Kräfte einer ungestörten Natur zu spüren und ganz entspannt »die Seele baumeln zu lassen«.

Ein Jäger beschimpft einen Waldbesucher, weil er sich gestört fühlt. Die meisten Jäger warten am Waldrand auf Rehe, die nur äußerst ungern aus dem Dickicht auf die Freifläche heraustreten – und machen dann Waldbesucher dafür verantwortlich, wenn sie zu wenig Rehe sehen.

Ein Hirsch hat gelernt, dass er in der Bastzeit nicht geschossen wird. Waldbesucher könnten sich am Anblick von Wildtieren erfreuen, wenn alle Tiere im Wald einige Monate im Spätwinter und im Sommer nicht bejagt werden.

bote in gewissen Jahreszeiten. Sie behaupten auch, dass sie die notwendigen Abschüsse beim »Schalenwild« nicht erfüllen können, weil es durch die Erholungsuchenden so stark gestört werde, dass es erst in dunkler Nacht aus den Dickungen herauskomme. Wenn solche Behauptungen und Forderungen Eingang in offizielle Broschüren finden, dann wird der Einfluss dieser Minderheit auf die offizielle Politik deutlich. So heißt es zum Beispiel in einer Broschüre der Bundesregierung zum Wald: »*Eine der Ursachen für das Entstehen von Wildschäden ist die Beunruhigung des Wildes, das sich als Reaktion darauf in ruhige Ecken des Einstandsgebietes zurückzieht. Untersuchungen belegen, dass die Wildschäden in Gebieten mit starkem Besucherverkehr (Spaziergänger, Jogger, Mountainbiker, Pilzsammler, usw.) bei gleichen Wildbeständen bis zu dreimal höher sein können als in ruhigen Revieren. Daher gilt es, in der Zukunft vor allem in Problemzonen neben einer Wildbestandsregulierung auch Maßnahmen zur Lebensraumberuhigung (Wegegebot, Leinenzwang für Hunde, usw.) durchzuführen.*«[98] Dabei wird nicht gesagt, wo solche Untersuchungen stattgefunden haben, und es wird verschwiegen, dass umfangreiche Untersuchungen im Raum Nürnberg zu einem gegenteiligen Ergebnis gekommen sind.

Es ist unbestritten und sehr verständlich, dass sich naturverbundene Waldbesucher freuen, wenn sie ein Reh oder einen Hirsch im Wald sehen. Diese haben aber nach Jahrzehnten einer fast ganzjährigen Jagd im Wald (auf welche Tiere auch immer) zwei Überlebensstrategien gelernt. Erstens: Wenn wir bei Schusslicht aus der Deckung heraustreten, werden wir totgeschossen. Deshalb bleiben wir so lange wie irgend möglich versteckt im Dunkel des Waldes. Und zweitens: Wir haben gelernt, genau zu unterscheiden zwischen einem normalen Waldbesucher, der nicht versucht, besonders leise zu sein, und dem Jäger, der leise pirscht oder auf dem Hochsitz am Waldrand sitzt.

Wie kann man erreichen, dass auch normale Waldbesucher öfter ein Reh oder einen Hirsch im Wald beobachten können? Die Lösung ist einfach, aber bei Jägern natürlich unpopulär: Dazu muss man längere Schonzeiten für alle Tiere im Wald (also auch für Füchse, Dachse, Marder oder Eichelhäher) einführen. Die Tiere lernen erfahrungsgemäß sehr schnell und sind dann auch bei Tageslicht häufiger zu beobachten.

Rehe haben alle zartblättrigen Pflanzen abgebissen, nur hartes Gras ist übrig *(linkes Bild)*; die roten Blüten und die zarten Blätter des Waldweidenröschens faszinieren einen Jungen *(rechtes Bild)*. Wo es zu viele Rehe gibt, beißen sie rasch alle dünnwandigen Pflanzen ab. Nur harte Gräser bleiben übrig – die Rehe hungern bei scheinbar üppiger Pflanzennahrung. Bei naturnah wenig Rehen wachsen Waldweidenröschen auf lichten Stellen im Wald dicht auf. Die Rehe finden dort ausreichend leicht verdauliche Nahrung – und sind stark und gesund.

Die Jagd hat allerdings die Aufgabe, die entscheidende Voraussetzung für den Wiederaufbau von Wäldern für die Zukunft zu schaffen. Mit der Kombination einer besseren Beobachtbarkeit größerer wilder Tiere, eines Waldaufbaus, der alle örtlich vorrangigen Waldfunktionen erfüllt, und einer tierschutz- und waldgerechten Jagd könnten mehrere Ziele erreicht werden. Diese Herausforderung wird seit etwa 130 Jahren immer wieder beschrieben und eine Lösung dafür eingefordert. In den letzten Jahrzehnten ist das zumindest auf Teilflächen auch bereits gelungen. Im Großteil der Wälder Deutschlands steht eine Lösung dieses zentralen Problems einer tatsächlich nachhaltigen Waldbewirtschaftung aber noch aus. Wie es gehen kann, zeigen die kommenden Kapitel.

Naturnahe Waldwirtschaft und die »Urwälder von morgen«

Mitte des 20. Jahrhunderts wurde damit begonnen, zunächst in größeren Privatwäldern und dann auch in einigen staatlichen Forstämtern eine »naturgemäße Waldwirtschaft« zu praktizieren. Vor etwa zwanzig Jahren wurde darauf aufbauend eine »naturnahe Waldwirtschaft« in allen Bundesländern eingeführt. Diese Waldbauverfahren haben zumindest lokal zu großen Erfolgen beim Umbau der nadelbaumdominierten Waldteile in Mischwälder geführt. Landesweite Erfolge sind allerdings an zwei Haupthindernissen gescheitert: erstens an der vielfach weiter herrschenden Praxis »Jagd vor Wald« und zweitens am Fehlen von ungestörten Beispielflächen, die zeigen, wie sich die Natur ohne Einfluss des Menschen entwickelt. Zwar sind seit den 1970er Jahren fast überall kleine »Naturwaldreservate« als »Urwälder von morgen« angelegt worden, aber ihre natürliche Entwicklung war und ist durch den viel zu starken Wildverbiss weitgehend gestört.

Eine Ausnahme bildet der Nationalpark Bayerischer Wald, in dem es einigen Förstern gelungen ist, den Wildverbiss so weit einzudämmen, dass auch wichtige Mischbaumarten wie die Tanne oder die Vogelbeere wieder aufwachsen konnten. Dort können die Waldbesucher die natürliche Sukzession beobachten, nachdem weite Bereiche der widernatürlichen Fichtenforste von den Borkenkäfern abgetötet wurden. In fast allen anderen Nationalparks ist diese natürliche Sukzession jedoch am massiven Widerstand der Jagdlobby und eines Teiles der Förster so weit gescheitert, dass sie nur bedingt als Vergleichs- und Lernflächen für eine natürliche Entwicklung herangezogen werden können.

Das zuständige Bundesministerium für Ernährung, Landwirtschaft und Verbraucherschutz stellt 2011 in einer Broschüre fest, dass auf 1,1 Prozent der Waldfläche Deutschlands keine forstwirtschaftliche Nutzung (Bannwälder, Naturwaldreservate, Kernzonen von Nationalparks und Biosphärenreservaten) stattfindet.[99] Ähnlich niedrig ist der Anteil von Waldflächen, in denen sich die Natur einigermaßen natürlich entwickeln kann, da auch in fast allen Schutzgebieten der Verbiss durch Rehe und Hirsche so stark ist, dass es zu einer erheblichen Veränderung der Pflanzenvielfalt in Bodennähe kommt. Zur Umsetzung einer tatsächlich naturnahen Waldwirtschaft erscheint es dringend notwendig, in den rund zwanzig wichtigsten natürlichen Waldgesellschaften ausreichend große Flächen auszuweisen, in denen der Mensch nur noch eingreift, um den Wildverbiss auf ein natürliches Ausmaß zu reduzieren und ein Übergreifen massiver Insektenvermehrungen auf benachbarte Privatwälder zu verhindern. In solchen Wäldern kann man die natürliche Entwicklung besonders nach den zu erwartenden Kalamitäten durch den Klimawandel (Zunahme von Extremwetterereignissen wie Orkane oder Hitzeperioden, Temperaturanstieg) beobachten und auswerten. Nur so können wir lernen, wie wir die Kräfte der Natur optimal nutzen und so letztlich auch sehr viel Geld sparen. Diese Lern- und Biotopschutzflächen sollten vorrangig in Staats- oder in Körperschaftswäldern angelegt werden, da sie meist mit Einnahmeausfällen und einem höheren Personalbedarf verbunden sind.

Die nicht mehr vom Menschen genutzten Waldteile dienen selbstverständlich auch dem Arten- und Biotopschutz. Besonders Arten, die an die Alters- und Zerfallsphasen des Waldes angepasst sind, finden dort eine Überlebenschance.

Artenvielfalt im Jungwald im Nationalpark Bayerischer Wald *(links oben)*, Artenarmut in fast allen anderen Nationalparks *(rechts oben)* sowie ein Verbotsschild, in der Haupttrophäenjagdzeit den Nationalpark zu betreten *(linkes Bild)*. Im Nationalpark Bayerischer Wald gibt es naturnah wenig Rehe und Luchse. Deshalb kann sich die natürliche Artenvielfalt der »Pionierpflanzen« entfalten. In den meisten anderen Parks hingegen scheinen Jagd- wichtiger als Naturschutzziele zu sein; Wälder der »Zerfalls- und der Jugendphase« sind dort daher immer noch arm an daran angepasste Pflanzen- und Tierarten.

Die Waldentwicklung ist im Stadtwald Lübeck auf »Lernflächen« zu beobachten. Hier ist 1993 eine alte Fichte umgefallen *(oben)*, fünfzehn Jahre später ist sie weitgehend »recycelt« *(unten)*. Solche Lernflächen sollten als Teil einer gezielten Nachhaltigkeitsstrategie überall errichtet werden. Dort können Waldbesitzer und Waldbetreuer lernen, wie klimatolerante Mischwälder mit vertretbarem Aufwand aufgebaut werden können.

Ein Ranger erklärt die natürliche Sukzession im Nationalpark Bayerischer Wald. Nationalparks sollten als Lernflächen in allen Waldgesellschaften angelegt werden. Sie müssen so groß sein, dass in ihnen alle Waldentwicklungsstadien naturnah ablaufen können.

Auch einzelne Arten müssen geschützt werden

Unabhängig von diesen größeren Lern- und Biotopschutzflächen ist es wichtig, auch die natürliche waldtypische Artenvielfalt zu schützen. In drei Teilbereichen gefährdet die Forst- und Jagdwirtschaft die waldtypische Artenvielfalt. Da sind erstens die vielen Pflanzen- und Tierarten zu nennen, die an alte und vermorschende Bäume angepasst sind. Dann gibt es manche Pflanzenarten der Zerfalls- und Jugendphase des Waldes (siehe Foto Seite 148), die durch den selektiven Verbiss des Schalenwildes nur mehr in Zäunen aufwachsen können, sowie die Tierarten, die von diesen Pflanzen leben. Und drittens sind es auch die großen Beutegreifer wie Luchs, Bär und Wolf, die als Konkurrenten der Jäger bei uns ausgerottet wurden und deren Rückkehr oft mit Blei und Gift verhindert wird.

Die Rückkehr des scheuen Luchses in unsere Wälder würde zu keinen Problemen mit erholungsuchenden Waldbesuchern führen. Allerdings müssten viele Jäger umdenken und im Luchs nicht mehr den unerwünschten Beutekonkurrenten, sondern eine willkommene Bereicherung unserer Tierwelt sehen.

Pflanzen- und Tierarten, die von alten, vermorschenden Bäumen abhängig sind, können Waldbesitzer und Förster auf einfache Weise helfen: Dazu müssen sie nur einige ältere Bäume, die nicht zur Erzielung von Wertholz geeignet sind, als Biotopbäume kennzeichnen und bis zu ihrem natürlichen Tod stehen lassen. Die natürliche Vielfalt der bodennahen Vegetation kann durch die

In einer Uralt-Eiche leben viele Pflanzen- und Tierarten, die sich den Alters- und Zerfallsphasen des Waldes angepasst haben. Der Hirschkäfer ist die bekannteste Art dieser Artengruppe. Es ist eine ethische Verpflichtung, auch diesen Pflanzen- und Tierarten eine Überlebenschance zu bieten. Die dazu notwendigen großen Schutzgebiete sollten vorrangig in Staatswäldern liegen, weil die damit verbundenen Nutzungsverzichte einem privaten Waldbesitzer nicht zuzumuten sind.

Waldweidenröschen als wichtige Pionierpflanzen können nur im Zaun aufwachsen *(oben)*; Luchse als Konkurrenten der Hegejäger werden gezielt getötet *(unten)*. Die »Hegejagd« hat zu einer weitgehenden Veränderung der Pioniervegetation geführt. Dieser Artenverlust trägt auch zum Humusschwund und zur Nährstoffverarmung nach Kalamitäten bei. Durch die illegale Tötung von Luchsen soll die Stellung der Hegejäger als »Herren aller Tiere« nicht geschmälert werden.

Reduktion des Schalenwildbestandes und damit des selektiven Wildverbisses auf eine naturnahe Größenordnung wiederhergestellt werden.

Ähnliches gilt für den Schutz einiger inzwischen selten gewordener Baumarten. In Süd- und Mitteldeutschland gilt das ganz besonders für den mächtigsten Baum unserer Wälder: die Tanne (siehe Foto Seite 31). Noch vor einigen Jahrhunderten war sie unser am weitesten verbreiteter Nadelbaum. Durch ihre starke Übernutzung etwa für den Transport nach Holland zur Verwendung beim Schiffsbau und durch die Kahlschlagwirtschaft im 19. und 20. Jahrhundert ist ihr Anteil jedoch zurückgegangen. Entscheidend für den geringen heutigen Bestand waren dann allerdings die enorme Schädigung der jungen Tannen durch den Wildverbiss, durch das Fegen und später auch noch durch das Schälen durch Hirsche. Bis in das Alter von etwa vierzig Jahren müssten junge Tannen vor den allzu vielen Rehen oder auch Hirschen geschützt werden – fast immer werden die Zäune aber viel zu früh wieder abgebaut. Ein Waldbesucher allerdings bekommt danach die meist abgelegenen »Tannenfriedhöfe« in den ehemaligen Zäunen selten zu Gesicht. So ist der Anteil der Tannen in den letzten 140 Jahren trotz eines hohen Arbeits- und Kostenaufwandes zu ihrem Schutz auf etwa ein Zehntel des natürlichen Anteils gesunken. Ihr tragisches Schicksal ist in Märchen[100] und in Fachbüchern[101] beschrieben worden. Fast alle Waldbauprofessoren, leitende Forstbeamte der süddeutschen Länder und auch viele Politiker haben die Tanne zwar immer wieder über alles gelobt und ihre Erhaltung gefordert, aber bisher ist es noch zu keiner großen »Koalition der Tannenfreunde« zur Rettung dieses Baumes gekommen. Zu mächtig war und ist die Gegenpartei: die Trophäenjäger und ihre Lobby. Ähnlich wie der Tanne ergeht es einigen anderen, weniger bekannten Baumarten wie etwa der Eibe, der Elsbeere oder den Wildobstbäumen.

Die Tanne wurde nach zu frühem Abbau des Zaunes totgebissen *(links oben)*. Auch die schon zwei Meter hohe Tanne *(rechts oben)* wurde so stark »verfegt«, dass sie abgestorben ist. Junge Tannen können in den meisten Wäldern nur hinter Zäunen aufwachsen. Oft werden die Zäune aber zu früh abgebaut, sodass sie dennoch unter Verbiss leiden. In Wäldern mit hohem Hirschbestand sind auch zwei Meter hohe Tannen nicht sicher.

Dreißigjährige Tannen in einem ehemaligen Zaun wurden »geschält« und sterben ab. Durch die hohen Wildschäden ist die Zahl der Tannen seit 1870 trotz eines hohen Aufwandes zu ihrem Schutz auf etwa ein Zehntel des natürlichen Anteils gesunken.

Die oben genannten Maßnahmen können in allen Wäldern ergriffen werden. Ein Teil davon, etwa eine vorhandene Naturverjüngung oder das Stehenlassen von »Spechtbäumen«, wird den Waldbesitzern jetzt schon als besondere Naturschutzmaßnahme finanziell vergütet. Das ist sinnvoll und sollte ausgebaut werden.

Die Forstwirtschaft als großer Verlierer des »Wirtschaftswunders«

Waldbesitzer möchten in der Regel genauso wie Landwirte einen Gewinn aus der Nutzung ihrer Grundflächen erzielen. In der Forstwirtschaft hängt ein möglicher Gewinn weitestgehend vom Holzeinschlag und vom Holzverkaufserlös ab – etwa 90 bis 95 Prozent der Einnahmen kommen aus dem Holzverkauf.

Im »Dritten Reich« waren zur Kriegsvorbereitung sehr niedrige Festpreise für »Rohholz« (noch nicht bearbeitetes Holz) festgesetzt worden. Durch außerordentlich hohe Holznutzungen und die niedrigen Holzpreise haben die meisten Waldbesitzer in der Vor- und Nachkriegszeit hohe Verluste erlitten. Die Preisbindung für Rohholz wurde erst 1952 wieder aufgehoben. Die Forstwirtschaft glaubte, dass nun mit rasch ansteigenden Holzpreisen und vergleichsweise niedrigen Arbeitslöhnen »goldene Zeiten« für die Forstwirtschaft anbrechen würden. Im Sog des Weltmarktes und der Koreakrise stiegen die Holzpreise zunächst auch tatsächlich an, während die Arbeitslöhne nur sehr moderat erhöht werden konnten. Deshalb hat sich die deutsche Forstwirtschaft nicht wie die Landwirtschaft den 1957 beschlossenen »Römischen Verträgen« mit garantierten Preisen, Aufkauf der Überproduktion und Abschirmung von Billigprodukten angeschlossen. Sie glaubte, dass sie auf dem freien Markt größere Gewinne erzielen könne und dass ihr die Allgemeinheit schon helfen werde, wenn es dem vielgelobten Wald schlecht gehen würde.

Diese Rechnung ist nicht aufgegangen. Auch nach der großen Aufforstungswelle in den Nachkriegsjahren mussten sehr viele Waldarbeiter und Waldarbeiterinnen weiter beschäftigt werden, um Arbeiten auszuführen, die nur den weit überhöhten Wildbeständen geschuldet waren. Dazu gehören zum Beispiel der Bau und die Unterhaltung vieler wildabweisender Zäune, (siehe Fotos Seite 152 und 183) oder das »Teeren« der jungen Bäumchen. Sehr arbeitsaufwändig ist auch das »Ausgrasen« eines verdämmenden Grasfilzes auf Flächen, die von Natur aus mit einer waldfreundlicheren Pioniervegetation (zum Beispiel Waldweidenröschen) bedeckt wären. Allerdings haben einige der größeren Privatwaldbesitzer schon in den 1950er Jahren einen anderen Weg eingeschlagen und erkannt, dass es betriebswirtschaftlich sinnvoll ist, die kostenlosen Kräfte der Natur zu nutzen. Sie gründeten die »Arbeitsgemeinschaft Naturgemäße Waldwirtschaft« (ANW) und fordern unter anderem angepasste Wilddichten und einen naturnahen stabilen Mischwald.

Mit dem Wirtschaftsaufschwung und dem raschen Ansteigen der Arbeitslöhne der Waldarbeiter wurden die Waldbesitzer mit zu den Hauptverlierern des Wirtschaftswunders. Der Holzhandel wurde weitgehend liberalisiert, Holz konnte billig aus Ländern mit geringen Standards bei der Ernte sowie mit sehr niedrigen Arbeitslöhnen importiert werden. Die Schere zwischen niedrigen Holzpreisen und hohen Arbeitslöhnen öffnete sich immer weiter. So konnten im Jahr 1955 im bayerischen Staatswald vom Verkauf eines Kubikmeters Holz 43,5 Arbeitsstunden eines Waldarbeiters bezahlt werden, 1975 waren es dann 3,4, 1995 1,4 und 2004 nur noch 0,9 Arbeitsstunden.[102] Die Folge dieser Entwicklung war, dass die großen Staatsforstverwaltungen schon ab Anfang der 1970er Jahre in die roten Zahlen rutschten. Danach wurde versucht, diese negative Entwicklung durch kleinere interne Korrekturen am Organisationsaufbau aufzuhalten. So waren in der größten deutschen Forstverwaltung – der bayerischen Staatsforstverwaltung – im Jahr 1950 noch 303 Forstämter und 1410 Forstreviere[103] vorhanden, im Jahr 2003 waren es nur noch 127 Ämter und 982 Reviere[104]. Noch viel stärker ist in diesem Zeitraum die Zahl der Waldarbeiter zurückgegangen, wie sich anhand des bayerischen Staatswalds zeigen lässt: 1950 waren dort mit rund 41 000 Waldarbeitern im Schnitt etwa 55 Waldarbeiter für 1000 Hektar »Holzbodenfläche« tätig. Im Jahr 1975 waren es noch sieben und 2004 noch knapp drei Waldarbeiter je 1000 Hektar. Der Holzeinschlag ist gleichzeitig von 4,0 m^3/ha Holzbodenfläche auf 4,1 m^3/ha im Jahr 1975 und 5,2 m^3/ha im Jahr 1995 angestiegen, um dann kurz vor der großen Forstreform im Jahr 2004 (siehe Seite 108) auf stolze 8 m^3/ha in die Höhe zu schießen. Das war allerdings mit 123 Prozent des damals für den Staatswald berechneten Hiebssatzes nur der Versuch, unbedingt ein besseres betriebswirtschaftliches Ergebnis zu erzielen.

Großzügige Geschenke der Waldbesitzer an die Jäger

Bei allem Reformeifer zur Verbesserung der betriebswirtschaftlichen Situation wurde ein Teilbereich bisher fast immer ausgeklammert: die Einsparmöglichkeiten, die sich durch die Form der Jagd ergeben. Seit mehr als sechzig Jahren wird gefordert, den Einfluss des Wildbestandes auf die Betriebswirtschaft gewissenhaft zu prüfen. Der damalige Leiter der Bayerischen Staatsforstverwaltung – Ministerialdirektor Dr. Max Woelfle – ist im Jahr 1963 mit einem flammenden Appell in diese Richtung am Widerstand eines einflussreichen Politikers und dem Großteil der eigenen Verwaltung gescheitert. Die betriebswirtschaftliche Lage der deutschen Forstwirtschaft wurde in den folgenden drei Jahrzehnten immer dramatischer – trotzdem hat kein Betriebsleiter einer größeren Forstverwaltung dieses Thema aufgegriffen.

Anders die Obersten Rechnungshöfe der Länder: Sie haben immer wieder auf die großen ökonomischen und auch ökologischen Schäden einer ungenügenden Bejagung der hohen Schalenwildbestände hingewiesen.[105] In Bayern hat der ORH zum Beispiel im Jahresbericht 1995 einen jährlichen Wertverlust von mindestens 34 Millionen DM allein für den Bereich der bayerischen Alpen durch die ungenügende Bejagung ausgerechnet.[106] Diese jahrzehntelangen Rügen der Obersten Rechnungshöfe hatten wegen der Selbstkontrolle der staatlichen Forstverwaltungen aber nur geringe Wirkung, zudem haben immer wieder einflussreiche Politiker ihre schützende Hand über hohe Wildbestände gehalten. So hat 1995 der damals zuständige bayerische Landwirtschaftsminister Reinhold Bocklet zum Bericht des Obersten Rechnungshofes angemerkt: *»Wer wie der ORH im Schutzwald keinerlei Wildverbißschäden toleriere, spreche Hirschen, Rehen und Gemsen im Hochgebirge das Lebensrecht ab.«*[107]

Hier konnte ein nachhaltiger Lawinenschutzwald nur hinter einem Zaun aufwachsen. Der Oberste Rechnungshof hat 1995 allein in den bayerischen Alpen einen jährlichen Wertverlust durch die ungenügende Bejagung von 34 Millionen DM errechnet.

Die betriebswirtschaftliche Situation der deutschen Forstwirtschaft hat sich im Gefolge der Globalisierung weiter verschlechtert. Seit zwanzig Jahren suchen immer mehr Waldbesitzer und Förster nach Wegen, wie sie das ändern und ihren Nachkommen und Nachfolgern ökonomisch und ökologisch möglichst wertvolle Wälder übergeben können. Und dabei stoßen sie zwangsläufig auf die Auswirkungen der jetzigen Form der Jagd. Davor wollen sie die Augen nicht mehr verschließen. Die Beispiele für eine neue, waldfreundliche Form der Jagd mit ihren positiven Auswirkungen auf einen nicht nur ökologisch, sondern auch betriebswirtschaftlich erfolgreichen Waldaufbau werden immer zahlreicher.

So wurden die Kosteneinsparungen durch eine veränderte Form der Jagd für die etwa 7 000 Hektar großen Gräflich Hatzfeldt'schen Wälder in Wissen in zwei Diplomarbeiten berechnet. In der Diplomarbeit von Mark Illerich an der Fachhochschule Hildesheim/Holzminden ergaben sich Einsparungen von jährlich 120 bis 150 Euro pro Hektar[108]; in der Diplomarbeit von Falk Lass von 130 bis 140 Euro je Hektar und Jahr[109]. Jährliche Einsparungen in der Größenordnung von etwa 100 Euro pro Hektar hat auch der Leiter des etwa 17 000 Hektar umfassenden Forstbetriebes der Fürsten zu Fürstenberg im Südwesten Deutschlands berechnet.[110] Dr. Jens Borchers beschreibt die Ausgangslage in den meisten Forstbetrieben so: »*Der Einfluss des Schalenwildes wie auch einer dominant jagdlich ausgerichteten Zielsetzung auf die wirtschaftlichen Ergebnisse des Forstbetriebes wird regelmäßig unterschätzt. Fehlerhafte Weichenstellungen gerade in diesem Bereich können die betriebliche Struktur in naturaler, organisatorischer und führungspraktischer Hinsicht (mindestens) bis an den Rand des wirtschaftlichen Abgrunds führen, weshalb sich bei dieser Thematik eines der ökonomisch wichtigsten, allerdings auch in jedweder Hinsicht schwierigsten Aufgabenfelder für den verantwortlichen Forstunternehmer auftut.*«

Zu den betriebswirtschaftlichen Auswirkungen der bisherigen Form der Jagd stellt er fest: »*Die relativ geringen Einzelschäden, die überhöhte Wildbestände verursachen, kumulieren am Ende der forstlichen Produktionsdauer für einen Bestand zu einem erheblichen Gesamtschaden. Schäden von 90 Euro/Hektar/Jahr lassen sich mit wirklichkeitsnahen Annahmen herleiten. Im Beitrag werden wirtschaftlich motivierte Handlungsoptionen für das Forstmanagement vorgestellt. Außerdem wird dargelegt, dass das ökonomische Problem überhöhter Wildbestände vor allem im Naturverjüngungsbetrieb derart gravierend ist, dass die intensive Befassung mit dem Aufgabenfeld ›Jagd‹ für den Betriebsleiter und das Forstpersonal absolute Pflichtübungen sind.«*

Dr. Borchers kennt allerdings auch die enormen Schwierigkeiten, mit denen Waldbesitzer und Förster zu kämpfen haben, wenn sie versuchen, die Konsequenzen daraus für eine ökonomisch erfolgreiche Forstwirtschaft zu ziehen. Er begründet das so: *»Um es vorwegzunehmen, das Jagdthema ist vermutlich die Fragestellung, die nicht nur besonders emotional diskutiert wird, sondern die für den forstlichen Unternehmensleiter auch mit den meisten persönlichen Risiken verbunden ist. … Andererseits spielt aber die Wildfrage bei uns im Gegensatz zu vielen Ländern mit anderem Jagdsystem … rein betriebswirtschaftlich gesehen eine so gewaltige Rolle, dass es eine enorme Chance bedeutet, als Unternehmensleiter nicht ohnmächtig die Hände*

Ein Tannenzaun wurde zu früh abgebaut; danach ist ein »Tannenfriedhof« entstanden. Der Betriebswirt Dr. Jens Borchers hat berechnet, dass sich viele kleine Wildschäden mit den Jahren zu einem Gesamtschaden von jährlich 90 Euro pro Hektar summieren.

Ein Forstamtsleiter begrüßt Jäger zu einer »Bewegungsjagd« und leitet sie persönlich. Dr. Borchers fordert, dass das Aufgabenfeld Jagd wegen der betriebswirtschaftlichen Bedeutung absolute Pflichtaufgabe für jeden forstlichen Betriebsleiter sein muss.

Nach zehn Jahren hatte dieser Zaun ein Loch, sodass Rehe die Tannen stark verbeißen konnten. Der Aufbau von Zukunftswäldern erfordert Durchhaltevermögen und ist eine Sisyphusarbeit, deren Früchte immer wieder in wenigen Jahren zunichtegemacht werden können.

in den Schoß legen zu müssen, sondern aktiv eingreifen zu können. Allerdings haben wir es hier mit einer wahren Sisyphusarbeit zu tun, die sowohl von Seiten des Eigentümers, als auch des Forstmanagements große Konstanz und Durchhaltevermögen erfordert – oft über ein ganzes ›Zuständigkeitsleben‹ hinweg – deren Früchte in wenigen Jahren wieder zunichtegemacht werden können.«

Diese nüchternen Diagnosen beschreiben Entwicklungen in der Vergangenheit und führen zu Schlussfolgerungen für die Zukunft.

Diagnosen der Vergangenheit

1. Das Thema Wald und Wild wurde emotional so hoch angesiedelt, dass eine klare Position für einen ökonomisch und ökologisch erfolgreichen Wald mit hohen persönlichen Risiken für den Betriebsleiter verbunden war und ist.
2. Um Konflikte zwischen Waldbau und Jagd zu entspannen, wurden die waldbaulichen Ziele in der Vergangenheit meist durch eine Änderung der Zielbaumarten so vereinfacht, dass der Wildverbiss zumindest auf dem Papier als tragbar hingestellt werden konnte.
3. Durch diese Änderung der waldbaulichen Ziele sind immer wieder instabile Wälder entstanden, die vorzeitig zusammenbrechen und wie Schulden an die nächsten Generationen weitergegeben werden.

Einem instabilen Fichtenforst folgen wieder Fichten – in wenigen Jahrzehnten wird auch der neue Fichtenforst zusammenbrechen. Um Konflikte mit der Hegejagd zu vermeiden, wurden vielfach waldbauliche Ziele auf nur eine oder zwei wenig verbissene Zielbaumarten herabgeschraubt. So werden nicht zukunftsfähige Wälder an die nächste Generation übergeben, die dann die hohen Schäden zu tragen haben.

Schlussfolgerungen für die Zukunft

1. Durch die Änderung der jagdlichen Zielsetzung kann der Waldeigentümer seine betriebswirtschaftliche Situation entscheidend verbessern, hochwertige Jungwälder für seine Nachfolger und für das Gemeinwohl aufbauen und damit auch sein Ansehen in der Öffentlichkeit verbessern.
2. Jeder Waldbesitzer muss sich entscheiden, ob er seinen Wald vorrangig für die Jagd oder als ökologisch und ökonomisch wertvollen Wald für kommende Generationen bewirtschaften will
3. Der forstliche Betriebsleiter hat die Pflicht, den Waldeigentümer gewissenhaft über die ökonomischen und ökologischen Vor- und Nachteile der unterschiedlichen Jagd- und Waldbewirtschaftungsformen zu informieren. Wenn sich der Waldbesitzer für einen zukunftsfähigen Wald entscheidet, muss sich der Betriebsleiter persönlich um die jagdlichen Probleme kümmern und zu ihrer Lösung beitragen.

Stark verbissene Tanne im Jagdwald *(linkes Bild)*; drei Waldbesitzer-Generationen in einem »Dauerwald« mit vielen aufwachsenden Tannen *(rechtes Bild)*. Waldbesitzer müssen sich entscheiden, ob ihr Wald vorrangig der Hegejagd oder dem ökonomischen und ökologischen Gesamtnutzen für die jetzige und kommende Generationen dienen soll.

Konsequent Sparen durch konsequentes Jagen

Auch in den großen Staatsforstverwaltungen gibt es ähnliche Einsparmöglichkeiten. In der bayerischen Staatsforstverwaltung sind im Zeitraum von 1970 bis 1979 durchschnittliche Haushaltsdefizite von (umgerechnet) etwa 20 Euro/Hektar Holzbodenfläche pro Jahr angefallen. Im Zeitraum von 1980 bis 1989 waren es etwa 40 Euro, um dann nach großen Stürmen 1990 auf etwa 170 Euro und 2003 auf etwa 200 Euro anzusteigen. Vergleicht man diese Defizite mit den weiter oben berechneten Einsparmöglichkeiten durch eine konsequent waldfreundliche Jagd, dann erkennt man schnell, dass diese Defizite zumindest bis 1990 ausgeglichen worden wären

Nach dem Jahr 1990 hat sich die Situation durch sinkende Holzpreise nach dem großen Sturm sowie durch erhebliche Ausgaben für die Wiederaufforstung weiter dramatisch verschlechtert. Dieses Sturmereignis hat ebenso wie der Sturm Kyrill im Jahr 2007 die Schwächen der Altersklassenwälder aus Nadelbäumen gnadenlos aufgedeckt. Riesige, am Boden liegende Holzmengen hätten die Staatsforstverwaltungen aufrütteln und Anlass für eine unvoreingenommene Diagnose der Ereignisse sowie für ein Umdenken bei der bisherigen Form der Jagd sein müssen. Wahrscheinlich hätte man dafür bei einer glaubwürdigen Öffentlichkeitsarbeit auch die Zustimmung bei den Bürgern und den meisten Politikern finden können.

Die Staatsforstverwaltungen haben versucht, durch Stellenabbau und teilweise auch höhere Holzeinschläge bessere betriebswirtschaftliche Ergebnisse zu erzielen – eine ehrliche Diskussion über Fehler der letzten Jahrzehnte wurde dabei allerdings ausgeklammert (siehe Seite 109).

Einen Wald kann man nicht nachhaltig von oben »durchregieren«!

Die Aufspaltung der Staatsforstverwaltungen in zwei eigenständige Organisationsformen hat zu extrem großen Forstreviergrößen geführt. So sollen etwa in Bayern die rund 800 000 Hektar Staatswald nur noch von 41 lokalen Forstbetrieben (früher Forstämter) und 370 Forstrevieren bewirtschaftet werden. (Zum Vergleich: Im Jahr 1996 gab es etwa 650 Forstreviere für die Bewirtschaftung des Staatswaldes.) Danach beträgt die durchschnittliche Größe eines Forstbetriebes etwa 18 000 Hektar und die eines Forstrevieres etwa 2 000 Hektar Wald. Letzteres entspricht einer geschlossenen Waldfläche von etwa 4,5 mal 4,5 Kilometern. Die Waldflächen der Forstbetriebe und Forstreviere sind allerdings oft weit verstreut, das bedeutet sehr weite Fahrtstrecken zwischen den Waldflächen.

Bei solchen Flächengrößen lernen die Leiter eines Forstbetriebes oder Forstrevieres den ihnen anvertrauten Wald erst nach vielen Jahren wirklich kennen. Da sie aber nicht so lang auf ihren Posten bleiben, kennen viele Förster ihren Wald nicht so gut, wie es für eine zukunftsorientierte, nachhaltige Waldbewirtschaftung notwendig wäre. Da die Staatswälder nach dem Gesetz jedoch vorrangig dem Gemeinwohl und erst an zweiter Stelle dem wirtschaftlichen Erfolg dienen sollen, gibt es besonders von den Umweltverbänden große Bedenken gegen diese Organisationsform, die in der Praxis einer Privatisierung sehr nahe kommt. Es zeigt sich immer deutlicher, dass etwa die »Bayerischen Staatsforsten« von der Politik in allererster Linie nach ihrem wirtschaftlichen Gewinn bewer-

Ein Förster vermisst einen Holzstapel *(linkes Bild)*. Danach kennzeichnet er Bäume, die gefällt werden sollen, damit der Wald langfristig einen optimalen Gesamtnutzen erzielt *(rechtes Bild)*. Förster müssen bei der Organisation der Holznutzung kurzfristig denken. Für ihre Hauptaufgabe – den Aufbau von Wäldern für die Zukunft – brauchen sie jedoch das Bewusstsein, dass erst spätere Generationen die Früchte ihrer verantwortungsvollen Arbeit ernten können.

tet werden – und der wird auch eingefordert. Die Zentrale berechnet den laufenden Holzzuwachs aus Modellrechnungen für jeden Forstbetrieb. Von der Planungsabteilung wird dann im Abstand von etwa zehn Jahren vor Ort festgelegt, wie weit dieser theoretische Gesamtzuwachs genutzt werden kann. Diese Zahlen des im Wald stehenden und zuwachsenden Holzes werden im Zentralcomputer gespeichert. Den Leitern der Forstbetriebe wird auf dieser Basis dann jährlich vorgegeben, wie viele Bäume sie fällen lassen müssen, um den angestrebten Gewinn zu erwirtschaften. Das bedeutet aber, dass den örtlichen Förstern die Verantwortung für ihr waldbauliches Tun weitgehend genommen wird. Manche erinnern sich an die Zeiten vor zweihundert Jahren, als die Förster befürchteten, »zu einer lebenden Holzaxt dressiert« zu werden (siehe Seite 63).

Ein solches zentralistisches Vorgehen mag bei großen Industriebetrieben wie etwa bei VW oder BMW notwendig und erfolgreich sein. Einen Wald allerdings mit seinen vielfältigen standörtlichen Unterschieden und bei jährlich wechselnden Witterungsbedingungen kann man nachhaltig so nicht von oben herab durchregieren. Nach den Erfahrungen mit der Forstwirtschaft des 19. und der ersten Hälfte des 20. Jahrhunderts haben darauf schon berühmte Waldbauprofessoren hingewiesen. So hat Karl Gayer vor mehr als hundert Jahren geschrieben: *»Der Waldbau ist Sache des Localbeamten. Unter den vielen Tugenden, welche denselben in seiner verantwortungsvollen Aufgabe zieren müssen, sind für das waldbauliche Vorgehen die Geduld und das Bewußtsein, daß Zweck und Ziel der Arbeit in der fernen Zukunft, nicht in der Gegenwart liegt, mit die wichtigsten.«*[111]

Josef Köstler hat diese Feststellung präzisiert, wenn er schreibt: *»Die Berufstätigkeit im Walde verlangt eine über das kühle Verstandesdenken hinausgehende innere Anteilnahme. Wer die Liebe zum Walde nicht mächtig in sich wirksam fühlt, wird in ihm die letztmöglichen Erfolge nicht erreichen können.«* Und weiter: *»Zur Naturschau, die nicht im Gegensatz zur modernen biologischen Forschung steht, sondern sich mit ihr vorbildlich vereinbaren läßt, … muß noch ein zweites kommen: das Verantwortungsbewußtsein gegenüber den kommenden Generationen; denn ohne diese charakterliche Seite läßt sich das Nachhaltsprinzip als das Kernprinzip auch des Waldbaus nicht ernstlich verfolgen.«*[112]

Die grundsätzlichen Aussagen zum Waldbau etwa bei den Bayerischen Staatsforsten sind zwar ausgezeichnet formuliert.[113] Die Umsetzung des darin geforderten naturnahen Waldbaus erfordert aber nicht nur gute Fachkenntnisse, sondern auch genügend Zeit, um die dazu notwendigen Maßnahmen zielorientiert ausführen zu können. Und genau daran fehlt es oft bei den großen Revieren. Alle Erfahrungen der letzten zweihundert Jahre weisen darauf hin, dass die geforderte naturnahe Waldwirtschaft mit der Nutzung der natürlichen Steuerungskräfte und ihrem enormen finanziellen Einsparpotenzial nur von Förstern geleistet werden kann, die den ihnen anvertrauten Wald kennen und die auch die Zeit haben, die Auswirkungen von Eingriffen zu beurteilen.

Das jetzige Modell wird wohl dazu führen, dass engagierte Förster »ihren« Wald mit weit über dem Soll liegenden Dienstzeiten nutzen und betreuen. Davon kann auf Dauer aber kein Betrieb ausgehen. Nach einigen Jahren werden auch die jungen, engagierten Förster resignieren und während der nor-

Eine alte Buche mit einer Spechthöhle wurde versehentlich gefällt. Viele Forstreviere sind zu groß, sodass die Förster die zu fällenden Bäume nicht mehr sorgfältig genug auswählen können. Dann sind solche Missgeschicke vorprogrammiert.

malen Dienstzeit den von oben diktierten Holzeinschlag ausreichend organisieren. Die Folge wird zwangsläufig sein, dass für arbeitsintensive Arbeiten wie etwa das Kennzeichnen zu fällender wertvoller Bäume im Laubwald zu wenig Zeit bleibt und dass dann Bäume mit Spechthöhlen oder anderen für die Artenvielfalt wichtigen Kennzeichen gefällt werden. Und die dafür Verantwortlichen geben sich dann entrüstet, wenn Mitglieder von Umweltverbänden auf solche Fehlentwicklungen hinweisen …

Bei den heutigen, oft übergroßen Forstrevieren ist es auch nicht verwunderlich, wenn kaum kontrollierbare Arbeiten wie die Erfüllung der Gemeinwohlfunktionen (etwa die besondere Beachtung der Wünsche von Erholungsuchenden oder die schonende Holzbringung in Wasserschutzwäldern) hinausgeschoben und weniger beachtet werden. Wenn die Gemeinwohlfunktionen tatsächlich vorrangig und vorbildlich erfüllt werden sollen, muss diese Organisationsform weiterentwickelt werden. Wenn allerdings die wirtschaftliche Gewinnerwartung an erster Stelle steht und die Gemeinwohlfunktionen nur im »Kielwasser« mit erfüllt werden sollen, werden die Forderungen nach einer echten Privatisierung der Staatswälder wieder lauter werden, etwa um Lücken im Staatshaushalt zu schließen. Dann wiederum müssen die künftigen Privatwaldbesitzer allerdings später für erbrachte Gemeinwohlleistungen vom Staat entschädigt werden.

Das »Zwei-Säulen-Modell« bei der Organisation der staatlichen Landesforstverwaltungen hat zwei entscheidende Nachteile:

- Die staatlichen Forstbetriebe werden von vielen privaten Waldbesitzern als Konkurrenten im »Kampf« für ein positives Bild in der Öffentlichkeit angesehen. Sie befürchten, dass die staatlichen Betriebe positiver bewertet werden, wenn sie höhere Standards bei den Gemeinwohlfunktionen erfüllen als die privaten Waldbesitzer. Sie setzen sich deshalb dafür ein, dass auch in den Staatswäldern keine höheren Standards etwa bei den Zertifizierungsverfahren eingeführt werden. Solche Befürchtungen müssen durch eindeutigere Vorgaben für die Bewirtschaftung der Staatswälder und für die unterschiedlichen Zertifizierungsmaßnahmen ausgeräumt werden.

Dünnere Holzteile werden verhäckselt und als Energieholz verkauft. Der hohe Bedarf an Energieholz hat zu stark erhöhtem Holzeinschlag geführt. Das ist nur zu verantworten, wenn überall rasch ein neuer Zukunftswald aufwachsen kann.

- Die Forstbeamten in den Forstbehörden (zweite Säule) sollen die privaten Waldbesitzer so beraten, dass sie ihre Wälder optimal bewirtschaften können. Diese Förster haben aber künftig überwiegend keine eigenen Erfahrungen, wie diese optimale Bewirtschaftung praktisch und möglichst kostengünstig zu erreichen ist. Deshalb werden viele Waldbesitzer eine solche Beratung als nicht sehr glaubwürdig empfinden. Das war bei den früheren »Einheitsforstämtern« wesentlich besser, da die beratenden Förster engen Kontakt zur Bewirtschaftung der Staatswaldreviere hatten.

Die Forstreformen und der steigende Bedarf an Energieholz haben sich schon auf die Höhe des Holzeinschlages ausgewirkt. Im Zeitraum von 1993 bis 2002 wurden mit 38,4 Millionen Kubikmetern Holz etwa 3,6 m^3/Hektar im Jahr eingeschlagen. Im darauffolgenden Jahrzehnt von 2003 bis 2012 waren es mit 56,8 Millionen Kubikmetern schon 5,1 m^3/Hektar und damit 42 Prozent mehr. So hohe Holznutzungen sind im Sinne der viel beschworenen Nachhaltigkeit nur zu verantworten, wenn gleichzeitig von unten ein neuer, naturnah gemischter Wald aufwachsen kann.

Der Umbau instabiler Nadelbaumforste ist dringlich

Forderungen nach einem Umbau der Forste haben in Deutschland eine lange Tradition. Wiederum Professor Köstler (1950): *»Standortwidrige Reinbestände oder Mischbestände der Fichte und Fohre nehmen etwa ein Drittel der süddeutschen Waldfläche ein. Vom Standpunkt der Nachhaltigkeit und der Bodenpflege aus wird die Forderung zu stellen sein, mindestens 1,2 Millionen Hektar im Laufe von vierzig bis fünfzig Jahren in standorttaugliche Mischbestände umzuwandeln. … Eine gründliche Behandlung des Themas der Rückwandlung reiner Fichtenbestände müßte von den natürlichen Waldgesellschaften ausgehen.«*[114]

Einige Waldbesitzer und Staatswaldreviere haben es auch geschafft, eindrucksvoll umgebaute Vorzeigewälder kostengünstig durch eine intensive waldgerechte Jagd zu erzielen. Das kann aber nur ein Anfang sein. Im Zeichen der Klimaerwärmung und der zu erwartenden Zunahme von Extremwitterungen wird ein Waldumbau hin zu stabileren Mischwäldern noch wichtiger. Die offizielle Waldpolitik verharmlost allerdings weiterhin die besondere Gefährdung der Fichtenreinbestände und stellt so die Dringlichkeit des Waldumbaus in Frage. So heißt es in der oben bereits zitierten Broschüre der Bundesregierung zur Sturmgefährdung der Fichten: *»Allerdings haben die Sturmkatastrophen von 1990, die Orkane ›Wiebke‹ und … ›Xynthia‹ (2010) deutlich gemacht, dass waldbauliche Maßnahmen nur begrenzt Sturmschäden vorbeugen können. Denn von diesen Sturmkatastrophen waren nicht nur windwurfgefährdete Nadelbaumreinbestände, sondern auch stabile Laubmischwälder betroffen.«*[115] Aus dieser Formulierung lesen viele Waldbesitzer heraus, dass ein Waldumbau auch nichts oder wenig gegen Klimaextreme nützt. In einer offiziellen Broschüre sollte darauf verwiesen werden, dass eine genaue Auswertung der Sturmschäden des Jahres 1990 in den bayerischen Staatswäldern ergeben hat, dass Fichten etwa viermal sturmwurfgefährdeter sind als Buchen oder fünfmal mehr als Tannen[116].

Bei einer Größe von vermutlich mehreren Millionen Hektar kann ein echter Waldumbau nur gelingen, wenn die Kosten niedrig gehalten werden. Das ist aber wiederum nur möglich, wenn die

Jagd nicht mehr vorrangig trophäenorientiert ausgerichtet wird. Denn dann, und *nur* dann, können sowohl die waldtypischen Kräuter und Sträucher als auch die gepflanzten oder von selbst ausgesamten standortheimischen Baumarten ohne besondere Schutzmaßnahmen in befriedigender Zahl aufwachsen. Örtliche Beispiele zeigen eindrucksvoll, wie das zu schaffen ist.

Was ist uns wichtiger: zehntausend Klafter Holz, hundert Kilo Jagdtrophäen-Horn oder eine grüne Menschenfreude?

Die Anforderungen der Menschen an die Wälder haben sich in den letzten tausend Jahren immer wieder geändert. Um wieder mit Bertolt Brecht zu sprechen: Viele Jahrhunderte hatten »zehntausend Klafter Holz« für Prachtbauten und »hundert Kilo Jagdtrophäen-Horn« für das Jagdvergnügen der Mächtigen Vorrang vor dem alltäglichen Bedarf der Bürger und Bauern. Seit der Industri-

Die Nutzung großer Holzmengen und die Trophäenjagd repräsentieren kurzfristig erreichbare Ziele, der Wiederaufbau klimatoleranter Wälder ist ein langfristiges Ziel. Künftig sollten engagierte Waldbetreuer und informierte Bürger die örtlich vorrangigen Waldziele festlegen und mit wirtschaftlich vertretbaren Mitteln verwirklichen.

alisierung im 19. Jahrhundert kommt die »grüne Menschenfreude« besonders für die Städter dazu. Für Waldbesitzer und den Staat steht die Holznutzung jetzt und sicher auch in Zukunft für eine betriebswirtschaftlich erfolgreiche Waldbewirtschaftung. Heute sind die »hundert Kilo symbolträchtiges Horn« in weiten Bereichen allerdings immer noch wichtiger als die »zehntausend Klafter Holz« und die »grüne Menschenfreude«. Diese Zusammenhänge im »dunklen Tann« zu erkennen, ist für den normalen Waldbesucher und auch für Politiker aber außerordentlich schwierig. Deshalb konnte eine einflussreiche Lobby die Zusammenhänge zwischen der Trophäenjagd, den Nadelbaumreinbeständen und den Defiziten bei der »grünen Menschenfreude« – also den »Wohlfahrtswirkungen des Waldes« – immer wieder verschleiern.

Für viele gestresste Bürger in den Städten werden die Wohlfahrtswirkungen des Waldes in den nächsten Jahrzehnten immer wichtiger. Grundsätzlich geht es dabei um die Frage, ob sich langfristige Ziele zum Wohle kommender Generationen gegen kurzfristige Ziele kleiner, aber einflussreicher Klientelgruppen durchsetzen können. In einem Teil der Forstbetriebe ist es in den letzten Jahrzehnten gelungen, ein Gleichgewicht zwischen den »zehntausend Klaftern Holz« und der »grünen Menschenfreude« herzustellen. Es wird die Aufgabe informierter Bürger, der Waldbesitzer und der jungen Förstergeneration sein, die örtlich vorrangigen Ziele festzulegen und diese danach auch mit wirtschaftlich vertretbaren Mitteln zu erreichen. Wie diese kurz-, mittel- und langfristigen Ziele für die Wälder der Zukunft tatsächlich zu erreichen sind oder schon erreicht wurden, wird in den beiden letzten Kapiteln beschrieben.

Kapitel 5

Was nun zu tun ist

Der deutsche Wald ist schön und romantisch. In vielen Fernsehdokumentationen der letzten Jahre konnten sich Millionen Zuschauer davon überzeugen, dass es im deutschen Wald viele knorrige, mehrere hundert Jahre alte Eichen, Buchen oder Tannen gibt. In diesen lichtdurchfluteten Wäldern leben viele seltene Käfer und Vögel, und im Herbst kann man den Höhepunkt des Waldjahres erleben: die Hochzeit der Hirsche mit dem zornigen Röhren der Platzhirsche. Diese Filme zeigen jedoch die Vergangenheit, die letzten Reste uralter Wälder. Die mittelalten, meist artenarmen Wälder der Gegenwart aus gleichaltrigen Bäumen sowie die Waldjugend – die Wälder der Zukunft – mit all ihren Problemen werden hingegen nur gestreift.

Romantischer Wald mit uralten Eichen *(linkes Bild)* und ein moderner, maschinengerechter Wirtschaftswald *(rechtes Bild)*. Der romantische Wald mit alten Eichen und vielen, an solche Uraltbäume angepassten Tier- und Pflanzenarten wird immer wieder in Filmen gezeigt. Die weitverbreiteten mittelalten Forste mit nur ein oder zwei Baumarten und die großen Maschinen kommen darin jedoch nicht vor. So entsteht ein völlig falsches Bild vom deutschen Wald.

Es ist wichtig, den Blick verstärkt auf diese Probleme, die in den vorherigen Kapiteln ausführlich geschildert wurden, zu lenken, statt den Zustand der Wälder hierzulande zu romantisieren. Wollen wir Wälder, die uns auch in Zukunft Schutz und Erholung bieten, dann müssen wir in der Wald- und Jagdpolitik Grundlegendes ändern. Was, das bringen die folgenden zehn Forderungen auf den Punkt.

1. Für die unterschiedlichen Aufgaben des Waldes sind eindeutige Ziele festzulegen

Die meisten Funktionäre der Holz- und Waldbesitzerverbände wollen dichte Wälder mit Fichten, Douglasien oder Kiefern, die sich mit Großmaschinen ernten und aus dem Wald bringen lassen. Im Zeichen von Klimawandel und Energiekrise prophezeien sie einen gigantischen Holzmangel, wenn nicht mehr so große Mengen an »halbstarken« Nadelbäumen kostengünstig geerntet werden können.

Nutzung von viel schwachem Nadelholz *(unten links)*, Hege von viel Rotwild zur Erzielung vieler starker Jagdtrophäen *(linkes Bild)* sowie Aufbau ökologisch und ökonomisch optimaler Zukunftswälder *(unten rechts)*: Im deutschen Wald sind lokal drei unterschiedliche Waldnutzungsziele vorrangig. Viele Verbandsvertreter und Regierungen wünschen sich eine gleichzeitige und gleichrangige Erfüllung dieser Aufgaben.

Die »waidgerechten Hegejäger« dagegen wollen einen Wald mit vielen Freiflächen, damit die vielen Hirsche und Rehe ausreichend Nahrung finden. Sie konnten ihre Ansprüche bisher immer wieder durchsetzen. Überraschender mag erscheinen, dass auch Teile der Natur- und Tierschützer lichtdurchflutete Wälder fordern, weil dort dann viele ursprünglich waldfremde Arten des »Offenlandes« überleben können.

In kaum einem anderen Wirtschaftsbereich sind die Zielvorstellungen der Interessengruppen so unterschiedlich wie beim Wald. Vor vierzig Jahren führten neue gesellschaftliche Anforderungen zur »Waldfunktionsplanung« und zum Grundsatz, dass der Staatswald primär dem allgemeinen Wohl dienen muss. Die Waldfunktionsplanung legt seither darüber hinaus in allen Wäldern fest, ob eine Waldfläche vorrangig ein Nutz-, Schutz- oder Erholungswald ist. Erich Hornsmann, Geschäftsführer der Schutzgemeinschaft Deutscher Wald Bayern und einer der Väter der Waldfunktionsplanung, hat es damals so formuliert: *»Wo die Vorrangfunktion vorrangig erwirtschaftet wird, schwimmen in deren Kielwasser die anderen Funktionen hinterdrein.«* Doch gerade jetzt, wo

Ein lückiger Straßenschutzwald *(linkes Bild)* ist 24 Jahre später wieder dicht geworden *(rechtes Bild)*. Ein lückiger Hangwald kann eine Straße nicht vor Steinschlag schützen. Dann wurde hier die Jagd am Grundsatz »Wald vor Wild« orientiert, sodass 24 Jahre später der Wald fast kostenlos soweit »umgebaut« ist, dass alte Bäume mit vielen unterschiedlich hohen jungen Bäumen eng »verzahnt« sind. Die Straße ist jetzt weitgehend vor Steinschlag geschützt.

mit dem Klimawandel und der Energiewende große Herausforderungen auf den Wald und seine Nutzer zukommen, wollen viele Verbandsvertreter und auch Regierungen wieder, dass der Wald alle Aufgaben gleichzeitig und gleichrangig erfüllt.

Warum hat die »grüne Lebensfreude«, um wieder mit Bertolt Brecht zu sprechen, so wenig Gewicht? Der Wald ist immer noch unser naturnächster großflächiger Lebensraum, dort kann man in weiten Bereichen annähernd natürliche Stoff- und Energiekreisläufe beobachten. Immer mehr Menschen leben in einer naturfernen Industriegesellschaft und sind dort Stress ausgesetzt. Als Ausgleich brauchen sie Erholung, körperliches und geistiges »Auftanken« in intakter Natur. Tatsächlich naturnahe Wälder sind dafür außerordentlich wichtig. Solche Wälder sind dann nicht mehr primär Rohstofflieferanten, sondern ein »Dienstleistungsbetrieb« für den Menschen und seine Umwelt.

Forderungen:

- Für ganze Forstbetriebe, einzelne Abteilungen oder Bestände müssen eindeutige Ziele (etwa naturnahe Artenvielfalt, Anpassungsfähigkeit, Baumartenzusammensetzung oder Durchwurzelung des Bodens) für die unterschiedlichen Aufgaben des Waldes formuliert werden.
- In den Staats- und Kommunalwäldern ist die Zielerreichung in kurz- und mittelfristigen Abständen von unabhängigen Stellen zu kontrollieren.

2. Für eine umfassende Nachhaltigkeit müssen Staats- und Kommunalwälder vorrangig dem Gemeinwohl dienen

Immer wieder hat es Bestrebungen gegeben, Staatswälder mit der Begründung zu privatisieren, dass dadurch der Staatshaushalt entlastet werde. Zuletzt wurde das im Jahr 2006 in Schleswig-Holstein diskutiert. Tatsächlich gibt es nur einen Grund, warum der Staat oder eine Körperschaft eigene Wälder besitzen sollen: die vorrangige Erfüllung von »Gemeinwohlfunktionen«. Schon vor zweihundert Jahren wies der Forstprofessor Heinrich Cotta auf diese Sonderaufgabe des Staatswaldes hin. Im Zeichen von Klimawandel und Energiekrise ist eine umfassend nachhaltige Bewirtschaftung der deutschen Wälder noch wichtiger geworden. Dazu gehört auch die bestmögliche Erfüllung der Gemeinwohlfunktionen, selbst wenn damit Abstriche bei der Rentabilität dieser Wälder verbunden sind. Deshalb stehen in den Waldgesetzen der Bundesländer auch deutliche Bestimmungen über die Hauptaufgaben der Staats- und Kommunalwälder. So heißt es im Bayerischen Waldgesetz: *»Der Staatswald dient dem allgemeinen Wohl in besonderem Maß und ist daher vorbildlich zu bewirtschaften.«* Prägnanter wird das Waldgesetz des Saarlandes. Dort steht in § 28: *»Der Staatswald dient in besonderem Maße dem Allgemeinwohl. Er ist … nach den Grundsätzen der naturnahen Dauerwaldwirtschaft zu bewirtschaften.«*

Kommunalwälder haben unterschiedliche Zweckbestimmungen. Diese reichen von Wäldern, die vorrangig der Erholung der Bürger dienen, bis zu Wäldern, die vorrangig den Kommunalhaushalt aufbessern sollen. So heißt es etwa im Waldgesetz für Sachsen: *»Die Bewirtschaftung des Körperschaftswaldes soll sich unter Beachtung der besonderen Zweckbestimmung des Körperschaftsvermögens, der Eigenart und der Bedürfnisse der Körperschaft an den Zielsetzungen ausrichten, die für den Staatswald gelten.«*

Ein Waldbesucher an der Erinnerungstafel an »25 Jahre Bayerisches Waldgesetz«. Die Tafel wurde vom Bund Naturschutz Bayern neben großen Linden aufgestellt. Sie ist mittlerweile ganz versteckt, kein Wegweiser führt zu ihr hin.

Nach der Umwandlung der früheren Staatsforstverwaltungen in Anstalten des öffentlichen Rechts oder in Landesforstbetriebe hat es nun aber den Anschein, dass die Staatswälder vieler Bundesländer weitgehend danach beurteilt werden, wie viel Geld sie an den Staatshaushalt abliefern (siehe Foto Seite 108). Für dieses Ziel wurde unter anderem ein erheblicher Teil bisheriger Aufgaben den (Rest-)Forstbehörden übertragen, gleichzeitig wurden die Forstreviere stark vergrößert. Die Kontrolle soll durch die Forstverwaltung erfolgen.

Die »Verschlankung« der Verwaltungsstrukturen mag sicher gerechtfertigt gewesen sein – andere Maßnahmen müssen sich jedoch zwangsläufig negativ auf die Erfüllung einer umfassenden Nachhaltigkeit auswirken: so etwa die extreme Vergrößerung der Forstreviere, der Ersatz gut ausgebildeter Förster durch Personen mit einer weniger umfas-

Ein hochrangiger Förster erklärt die Notwendigkeit des »Waldumbaus«. Der Waldumbau der instabilen Nadelforste in naturnahe Mischwälder wird seit 130 Jahren immer wieder gefordert. Er ist in vielen Fällen an der »waidgerechten Hegejagd« gescheitert.

senden Ausbildung oder der Ersatz von Förstern durch Berufsjäger im Gebirge. Dass in einigen Forstrevieren hervorragende waldbauliche Ergebnisse erzielt werden, ist nur möglich durch das sehr hohe persönliche Engagement der örtlichen Revierleiter für »ihren« Wald und eine weit über dem Normalmaß liegende Arbeitszeit; ein Engagement, das vom durchschnittlichen Förster selbst in einem so faszinierenden Beruf nicht erwartet werden kann.

Forderungen:

- Der Vorrang der Gemeinwohlaufgaben für Staatswälder muss in den Waldgesetzen noch eindeutiger verankert werden.
- Die Kontrolle dieser Anstalten des öffentlichen Rechts oder Landesforstbetriebe ist einer unabhängigen Institution wie etwa den Obersten Rechnungshöfen der Länder zu übertragen.
- Die »Forsteinrichtung« als zentrales mittelfristiges Kontroll- und Planungsinstrument sollte nicht von den Anstalten öffentlichen Rechts selbst, sondern von einer davon unabhängigen Behörde durchgeführt werden.
- Bei der Aufgabenerfüllung und Kontrolle muss auch berücksichtigt werden, dass Staatswälder vorbildlich zu bewirtschaften sind. Dazu sind hohe Standards für alle Aufgaben wie etwa Bodenschutz oder Erholung einzuführen.
- Auch der Grundsatz »Wald vor Wild« ist in den Staatswäldern vorbildlich zu erfüllen und darf nicht durch Verbände oder Behörden behindert werden.
- Damit alle Bürger erkennen können, dass es sich bei einem Wald um einen Staatswald handelt, ist dieser an den Haupteingangswegen deutlich zu kennzeichnen.

Im Wasserschutzwald stehen unter den alten Fichten viele junge Tannen und Laubbäume. Es gibt immer mehr Beispiele, wo der Waldumbau durch die Kombination einer waldgerechten Jagd mit einem naturnahen Waldbau erfolgreich durchgeführt wurde.

3. Privatwaldbesitzern sind besondere Leistungen für das Gemeinwohl zielgerechter als bisher zu honorieren

Fast die Hälfte des deutschen Waldes gehört Privatleuten. Sie wollen genauso wie andere Grundbesitzer einen Ertrag aus ihren Waldflächen erwirtschaften. Deshalb ist für die meisten Waldbesitzer der wirtschaftliche Erfolg in ihren Wäldern vorrangig. Staatliche Förster beraten sie dabei, bieten finanzielle Unterstützung für Pflanzung und Pflege klimatoleranter Wälder an und klären über Gefahren wie Stürme oder Insekten-Massenvermehrungen auf. Allerdings werden die Schäden, die Rehe und Hirsche in den jungen Wäldern verursachen, in den meisten Fällen nur sehr zögerlich angesprochen. Auf einen besonderen Naturschutzaspekt hingegen weisen die Staatsförster immer wieder hin: den Schutz einzelner Bäume, damit sie ihr natürliches Lebensalter erreichen und sich dann zu Humus »recyceln« können. In diesen alten Bäumen leben besonders viele Pflanzen- und Tierarten, deshalb erhalten Privatwaldbesitzer auch eine finanzielle Entschädigung, wenn sie sich verpflichten, solche Bäume nicht zu fällen und zu nutzen.

Es gibt allerdings auch Privatwälder, in denen standortbedingt vorrangig Schutz- oder Erholungsfunktionen erfüllt werden sollen, etwa besondere Leistungen für den Umweltschutz wie Hochwasser-, Trinkwasser- oder Erosionsschutz. Reine »Ertragswälder« können das in dem Umfang nicht leisten. Den privaten Waldbesitzern ist die kostenlose Erfüllung solcher Leistungen al-

Ein Maisacker *(linkes Bild)* und ein Förster vor einem gut gelungenen »Umbau-Wald« *(rechtes Bild)*. Die staatliche Förderung landwirtschaftlich genutzter Fläche ist um ein etwa Fünfzigfaches höher als für Waldflächen. Ursache dafür ist auch die Weigerung vieler Besitzer größerer Waldgebiete, den Zustand ihrer Wälder vom Staat überprüfen zu lassen.

lerdings nicht zuzumuten, wenn sie über das Maß der normalen gesellschaftlichen Verantwortung oder »Sozialpflichtigkeit« hinausgehen. Damit diese Waldbesitzer angemessen entschädigt werden können, muss endlich eine klare Trennlinie zwischen der »normalen Sozialpflichtigkeit« des Waldbesitzes und besonderen Schutzleistungen festgelegt werden.

Es gibt unterschiedliche Modelle, wie Waldbesitzer und Staat zu einer zielgerechten Vereinbarung zur Sicherung dieser Gemeinwohlfunktionen kommen können. Bisher unterstützt der Staat die Waldbesitzer finanziell, wenn sie einen standortangepassten Waldzustand herstellen wollen. Diese finanzielle Unterstützung für den Aufbau von »Gemeinwohlwäldern« wird von den Bundesländern mit unterschiedlichen Fördermitteln praktiziert. Allerdings ist die Gesamtförderung des Privatwaldes im Vergleich zu landwirtschaftlich genutzten Flächen äußerst bescheiden. Außerdem hat die bisherige Förderung dieser Maßnahmen Nachteile: Der Waldbesitzer muss als Antragsteller auftreten, und der langfristige Erfolg der Maßnahme ist wegen kurzfristiger Bindungsfristen oft nicht gewährleistet. Trotzdem wird diese Methode einer »Anschubfinanzierung« in vielen Fällen auch weiter notwendig sein.

In Anbetracht des Klimawandels und des auf vielen Standorten beobachteten Humusschwundes sollten aber attraktive Anreize geschaffen werden, in »Gemeinwohlwäldern« einen dauerhaften optimalen Waldzustand zu sichern. Deshalb ist zu überlegen, wie die Zusammenarbeit zwischen privaten Waldbesitzern und dem Staat verbessert werden kann. Aus meiner Erfahrung sind zwei Wege zielgerichteter als das bisherige reine Förderprogramm. Einmal könnte der Waldbesitzer seinen »Gemeinwohlwald« gegen ein anderes Grundstück mit dem Staat tauschen oder es an den Staat verkaufen. Diese Methode wurde bei der Ablösung von alten Weiderechten im Hochgebirge erfolgreich praktiziert. Und dann gibt es aber auch Waldbesitzer, die durch eigene, nicht geförderte Leistungen bereits einen guten Zustand ihres »Gemeinwohlwaldes« erreicht haben. Sie sollten einen Rechtsanspruch darauf erhalten, dass ihnen ihre bisherigen sowie die künftigen Leistungen zum Erhalt ihrer »Gemeinwohlwälder« vom Staat finanziell vergütet werden. Die Höhe dieser Vergütung (»Abgeltung«) für die Leistungen lässt sich aus den Kosten ableiten, die der Staat für den Aufbau und die laufende Unterhaltung seiner »Gemeinwohlwälder« aufwenden muss, und ist nach eindeutigen Kriterien über den Grad der »Schutzerfüllung« gestaffelt zu leisten. Der Vorteil dieses Modells besteht darin, dass die Privatwaldbesitzer dann als Inhaber eines für das Gemeinwohl wertvollen Gutes auftreten können, nicht mehr als bloße Zuschussempfänger, und dass so das Interesse am Aufbau schutzwirksamer Wälder gesteigert wird.

Forderungen:

- Die Fördermittel für forstlich genutzte Flächen sind im Vergleich zur Förderung landwirtschaftlich genutzter Flächen entscheidend zu erhöhen.
- Die Förderungen zur Honorierung einzelner Naturschutzmaßnahmen sind mindestens im gleichen Maß wie bisher beizubehalten.
- Die Förderung von »Gemeinwohlwäldern« ist auf die Vergütung von Leistungen für das Gemeinwohl umzustellen.

4. Alle Waldbetreuer müssen lernen, die Walddynamik zu verstehen und diese für eine nachhaltige Forstwirtschaft zu nutzen

Johann Wolfgang von Goethe hat schon vor zweihundert Jahren gefordert: *»Unsere ganze Aufmerksamkeit muss aber darauf gerichtet sein, der Natur ihr Verfahren abzulauschen.«*[117] Und vor hundertzwanzig Jahren hat der Waldbauprofessor Karl Gayer festgestellt: *»Erkennen wir an, daß die Natur schließlich doch unsere beste Lehrmeisterin ist.«*[118] Diese Forderungen des Lernens von der Natur wurden in einzelnen Privatwäldern seitdem auch umgesetzt, und vor etwa neunzig Jahren hat in Bayern der Waldbaureferent Dr. Karl Rebel nochmals ein Lernen von der Natur eindringlich angemahnt.[119] Zunächst sind ihm viele Förster gefolgt, aber dann hat sich wieder der Machtanspruch durchgesetzt, nicht nur die Tiere durch die Jagd, sondern auch die Bäume durch den Waldbau beherrschen zu können. Die Folgen dieses Kampfes gegen die Natur haben die Waldbesitzer bislang durch zahlreiche Sturm- oder Insektenkalamitäten erleiden müssen, auch wenn diese Zusammenhänge immer wieder geleugnet wurden.

Am Rande bemerkt: Die Darstellung der Ergebnisse der neuesten Bundeswaldinventur von 2012 stellt die Waldentwicklung ebenfalls in einem besseren Licht dar. Die Anzahl der Bäume wird

Viele vom Sturm geworfene Fichten *(linkes Bild)* und Hangrutschungen im jungen Fichtenwald *(rechtes Bild)*: Fichtenreinbestände sind auf den meisten Standorten stark durch Stürme gefährdet und können Hangrutsche oft nicht verhindern. Es wäre deshalb sinnvoll, wenn Waldbesitzer, die naturnahe, stabile Wälder aufbauen, für diese Gemeinwohlleistung auch finanziell angemessen belohnt würden.

Förster untersuchen die natürliche Entwicklung im Nationalpark und informieren dann die Nationalparkbesucher: Förster und Wissenschaftler können hier immer wieder neu von den Kräften der Natur lernen. Ebenso wichtig ist es dann aber auch, die Nationalparkbesucher am konkreten Beispiel und mit guten Argumenten über die Kraft der Natur zu informieren.

durch eine Änderung der Erhebungsdaten stark geschönt, gleichzeitig wird eine Anpassung der Erhebungsdaten zur Naturnähe mit der Begründung abgelehnt, dass man die Vergleichbarkeit mit den Daten der letzten Bundeswaldinventur erhalten wolle. Dadurch wird der Öffentlichkeit erneut ein hoher Grad an Naturnähe der Wälder vorgetäuscht.

Nach meinen Erfahrungen gibt es in unseren Wäldern noch erhebliche Einsparmöglichkeiten, wenn die Kräfte der Natur optimal genutzt werden. Um das zu erreichen, dürfen sich die Waldbesitzer oder die Förster nicht mehr als die Herren, sondern als gleichberechtigte Partner der Waldnatur verstehen. Sie müssen bereit sein, immer wieder neu von der Natur zu lernen, und dürfen nicht glauben, dass sie alles über die Dynamik im Wald wissen. Gerade die erwarteten Auswirkungen des Klimawandels spielen eine wichtige Rolle, können sie doch zu erheblichen »Störungen« der Waldlebensgemeinschaften wie etwa Begünstigung waldschädlicher Insekten, häufigere Stürme und Trockenperioden führen. Viel unvoreingenommene Beobachtung ist notwendig, um zu verstehen, wie sich ein Wald nach einer »Störung« immer wieder selbst erneuert. Nur so kann der Förster lernen, die im Ökosystem Wald ablaufenden natürlichen Prozesse so zu nutzen, dass er mit den geringstmöglichen Ausgaben wieder einen zukunftsfähigen Wald aufbauen kann. Voraussetzung dafür sind ausreichend große Lernflächen, in denen man die dynamischen Prozesse in den unterschiedlichen Waldgesellschaften unter weitgehend natürlichen Bedingungen beobachten kann.

Die bisherigen fünfzehn Nationalparks bedecken etwa 0,6 Prozent der Landfläche Deutschlands. Sie wurden allerdings nicht danach ausgewählt, möglichst alle bedeutenden Waldgesellschaften zu repräsentieren. Ihr Hauptzweck war es, naturnahe Landschaften mit all den dort vorkommenden Arten zu erhalten und zuzuschauen, wie sich dort die Natur ohne Eingriffe des Menschen entwickelt. Der Ausdruck »Natur Natur sein lassen« wurde zum Markenzeichen und auch zum Ziel eines echten Nationalparks. Dieses Ziel wurde allerdings nur auf kleinen Teilflächen erreicht. Dafür gibt es zwei Hauptursachen: In fast allen der bisherigen Nationalparks gibt es erstens große Waldflächen, die in den letzten hundertzwanzig Jahren aufgewachsen und wenig naturnah sind. Ohne ständige menschliche Eingriffe können sich dort besonders Insekten massenweise vermehren und viele Bäume abtöten. Benachbarte Waldbesitzer befürchten ein Übergreifen auf ihre Wälder, deshalb werden in relativ breiten Randzonen der Nationalparks vorsorglich viele Bäume gefällt und abtransportiert. Auf solchen Kahlflächen herrschen dann allerdings völlig andere Bedingungen als auf natürlichen »Störungen« – sie sind zum »Lernen von der Natur« somit nicht geeignet.

Der zweite Hauptgrund ist noch schwerwiegender: In fast allen Nationalparks leben viel mehr Rehe und Hirsche, als dort von Natur aus vorkommen würden. Fast überall werden daher wichtige Teile der bodennahen Vegetation unnatürlich stark verbissen. Deshalb kann die natürliche Sukzession in den Alters-, Zerfalls- und Jugendphasen des Waldes nur an ganz wenigen Stellen beobachtet werden.

Die Nationalparks müssen so groß sein, dass in ihren Kernzonen alle »Entwicklungsphasen« der standortheimischen Waldgesellschaften ablaufen können. Dort lässt sich die natürliche Dynamik beobachten, daraus wiederum kann man Lehren für eine kostenminimierte, umfassend nachhaltige Nutzung der übrigen, weit über 90 Prozent unserer Wälder ableiten.

Forderungen:

- Alle Waldschützer und Waldnutzer müssen lernen, der »Natur ihre Verfahren abzulauschen« (Goethe).
- In allen wichtigen Waldgesellschaften sind größere Schutzgebiete einzurichten, in denen der Mensch nicht mehr eingreift. In ihren Kernzonen muss die natürliche Sukzession aller Entwicklungsphasen ungestört ablaufen können.
- Die Zahl der großen Pflanzenfresser ist in diesen größeren Schutzgebieten in wenigen Jahren so weit zu reduzieren, dass sich die natürliche Bodenvegetation mit all ihren tierischen Begleitern wieder entwickeln kann.
- In diesen Schutzgebieten müssen alle der standortheimischen Pflanzen- und Tierarten eine Überlebensmöglichkeit finden. Dazu gehören auch große Beutegreifer wie etwa der Luchs.
- In kleineren Schutzgebieten sollen ebenfalls möglichst alle standortheimischen Arten überleben können. Dort ist eindeutig festzulegen, welche Maßnahmen zu unterlassen und welche zulässig sind.

5. Waldboden und Humus sind zu schonen

Boden, Humus und Mykorrhiza (von Pilzen ummantelte Wurzelspitzen) sind von ganz entscheidender Bedeutung für einen gesunden Wald und dessen nachhaltige Nutzung. Das Problem ist: Sie entwickeln sich nur sehr langsam, können aber in kurzer Zeit stark geschädigt werden. Auch wenn auf die große Bedeutung von Boden und Humus schon seit langem hingewiesen wird, wurde im Waldboden (im Vergleich zum oberirdischen Wald) bislang dennoch wenig geforscht. Fakt ist jedenfalls, dass auf vielen Standorten die Wälder stark auf die im Auflagehumus angereicherten Nährstoffvorräte angewiesen sind. Auf Störungen durch Katastrophenereignisse wie Orkane, Hochwasser oder Dürreperioden reagieren diese Standorte schnell mit verstärkten Nährstoffausträgen und Humusverlust. Neu entstandene Kahlflächen bieten zwar für wenige Jahre verstärkt Nährstoffe, diese können aber von neu gepflanzten Bäumchen nicht ausgeschöpft werden. Das kann nur eine vor dem Katastrophenereignis bereits vorhandene »Vorausverjüngung«.

Nach einem Kahlschlag hat sich hartes Gras durchgesetzt, und es wurden wieder Fichten gepflanzt *(linkes Bild)*. Dagegen war im *rechten Bild* vor dem Hieb schon eine »Vorausverjüngung« vorhanden und so konnte im Zaun die naturnahe Pflanzenvielfalt aufwachsen. Nach einem Kahlhieb kommt es zu Humusverlusten und Nährstoffausträgen. Frisch gepflanzte Bäumchen können diese Nährstoffe aber kaum verwerten, das kann nur eine naturnahe »Vorausverjüngung«, die schon vor dem Hieb oder Sturm aufgewachsen ist.

Zusammengetragenes Reisig nach einem Kahlhieb *(linkes Bild)* sowie eine artenreiche Vorausverjüngung, in die beim Sturm alte Fichten gefallen sind *(rechtes Bild)*. Im Feinreisig, in der Rinde sowie in den Blättern und Nadeln sind besonders viele Nährstoffe gespeichert – ihre Nutzung führt auf vielen Standorten zu Nährstoffengpässen. Deshalb sind eine artenreiche Vorausverjüngung sowie das Belassen des Reisigs so wichtig für einen ökonomisch und ökologisch optimalen Waldaufbau.

Nährstoff- und Humusverluste schwächen ganz wesentlich die Leistungsfähigkeit der nächsten Waldgeneration. Die kann dann die erwünschten Umweltleistungen des Waldes nicht befriedigend erfüllen. Eine vor dem Katastrophenereignis vorhandene Vorausverjüngung oder eine »Pioniervegetation« mit Waldweidenröschen, Aspe oder Vogelbeere kann die negativen Folgen hingegen abschwächen.

Äste und Zweige stellen einen wichtigen Nährstoffspeicher im natürlichen Kreislauf von Waldstandorten dar, denn gerade in Rinden, Blättern und Knospen sind besonders viele Nährstoffe konzentriert. Das bedeutet im Umkehrschluss: Die Nutzung selbst des dünnen Holzes und des Reisigs führt zu Nährstoffverlusten und damit langfristig zu Schäden im Boden und im Humus. Deshalb muss auf die Entnahme von Reisig und Streu überall dort verzichtet werden, wo der Standort nicht extrem nährstoffreich und stabil ist.

Neue Untersuchungsergebnisse haben den Blick verstärkt auf die Mykorrhiza gelenkt: eine Wurzel, die von einem Mykorrhizapilz besiedelt ist. Der Pilz bildet mit seinem dichten Fadengeflecht (sogenannte Mycel) einen Mantel um die äußersten Feinwurzeln des Baumes und geht mit diesem so eine faszinierende Lebensgemeinschaft (Symbiose) ein. Solche Pilzgeflechte vernetzen Bäume wie das Internet unsere Computer. Durch die Nutzung schwerer Maschinen in erheblichen Teilen der Wälder besteht nicht nur die Gefahr von Bodenverdrückungen und lokalem Humusschwund, sondern auch einer Verinselung der Mykorrhiza als Folge von deren partieller Zerstörung. Dabei trägt die Vielfalt an Pilzen und Mykorrhiza sehr stark zur Anpassungsfähigkeit eines Waldes an den Klimawandel bei, weil die Bäume so bestmöglich mit Nährstoffen versorgt werden.

Forderungen:

- Die Forschungen über die Zusammenhänge von Standortgüte, der Bedeutung des Humuskapitals sowie vermehrter Katastrophenereignisse mit Nährstoff- und Humusverlusten und über mögliche Gegenmaßnahmen sind für alle Waldstandorte verstärkt durchzuführen.
- In allen älteren Wäldern muss möglichst rasch eine Vorausverjüngung mit allen standortheimischen Baumarten aufwachsen, damit die Nährstoff-, Humus- und Mykorrhizaverluste nach einem Katastrophenereignis möglichst gering ausfallen.
- Nach einem Katastrophenereignis muss bereits bei der Aufarbeitung des Holzes darauf geachtet werden, dass die Mineralstoff- und Humusverluste möglichst gering gehalten werden: Es muss so viel an Biomasse (bereits abgestorbene Bäume, jüngere Bäume, Sträucher sowie Reisig) auf der Fläche belassen werden, wie aus Forstschutzgründen vertretbar ist.
- Nach einem Katastrophenereignis müssen alle Maßnahmen ergriffen werden, damit sich auf diesen Kahlflächen so schnell wie möglich eine Pioniervegetation entwickeln kann. Dazu muss dort die Jagd besonders intensiv ausgeübt werden.
- Um den natürlichen Nährstoffhaushalt und die Humusform eines Standortes nicht zu verschlechtern, muss auf allen nährstoffärmeren Standorten auf die Nutzung von Holz unterhalb der Derbholzgrenze (sieben Zentimeter Durchmesser) verzichtet werden.
- Wo die Holzernte aus Gründen des Boden- und Humusschutzes eine besondere Rücksichtnahme erfordert, müssen schonende Verfahren angewendet und gefördert werden, etwa der Einsatz von Rückepferden oder Seilkrananlagen.

Mykorrhiza-Pilze vernetzen die Bäume wie das Internet unsere Computer. Schwere Maschinen wie diese große Holzerntemaschine unterbrechen diese Verbindungen. Deshalb sollten »Mykorrhiza-Brücken« in den Rückegassen eingerichtet werden, die eine Verinselung der Mykorrhiza verhindern.

- Um eine »Verinselung« der Mykorrhiza zu verhindern, müssen in den Rückegassen etwa alle dreißig Meter »Mykorrhiza-Grünbrücken« geschaffen werden. Dort sollten auf einer Breite von etwa fünf Metern Vorrichtungen verhindern, dass der Boden zusammengedrückt wird.
- Die Mykorrhiza sollte so weit wie möglich gefördert werden, etwa durch eine größere Zahl unterschiedlicher Baumarten.

6. Die Vielfalt standortheimischer Arten ist für eine wirtschaftlich erfolgreiche Forstwirtschaft wiederherzustellen

Die Umwandlung vieler verlichteter und holzarmer Laubwälder in dichte, naturferne Kunstforste in den letzten zweihundert Jahren sowie die »Hegejagd« mit der massiven Förderung einzelner Tierarten hat zu einem starken Rückgang mancher Pflanzen- und Tierarten geführt. Seit etwa hundertsechzig Jahren zeigen sich die Folgen dieser Artenverarmung in Form häufiger Insekten- oder Sturmwurfkalamitäten. Deshalb werden seit vielen Jahrzehnten die Rückkehr zu naturnähe-

Auf den meisten Sturmwurfflächen werden die zartblättrigen Pionierpflanzen vom allzu vielen Wild herausgebissen, hartes Gras setzt sich stattdessen durch *(linkes Bild)*. Die nächste Waldgeneration leidet. Bei naturnah niedrigen Wildbeständen entwickelt sich hingegen eine artenreiche Pioniervegetation, die Humus und Nährstoffe für die nächste Waldgeneration sichert *(rechtes Bild)*.

Ein Förster bewundert eine starke Alttanne und aufstrebende Jungtannen. Im Angesicht des Klimawandels wird es noch wichtiger, dass alle Waldfreunde dafür kämpfen, die heimische Tanne nicht weiter einer Sonderform der Jagd zu opfern.

ren Wäldern und eine naturnähere Jagd gefordert. In einigen Forstbetrieben hat der Mensch erfolgreich die Rolle der großen Beutegreifer übernommen. Zusammen mit einem naturnahen Waldbau hat sich nach einigen Jahren wieder eine annähernd natürliche Artenvielfalt entwickelt, wodurch auch das Ausmaß der Folgeschäden nach Kalamitäten verringert werden konnte.

In dem größeren Teil unserer Wälder ist die natürliche Artenvielfalt in den Alters- und Jugendwaldphasen sowie im Boden jedoch noch stark reduziert. Deshalb kommt es dort nach Kalamitäten weiterhin zu großen, Spätfrost und praller Sonne ausgesetzten Kahlflächen. Auf diesen Flächen sollte durch die Anpassung der Wildbestände an den Waldlebensraum ganz schnell eine artenreiche Pionierpflanzengesellschaft aufwachsen können, die Boden- und Humusverluste weitgehend kompensiert und vermeidet. Zu diesen Pionieren gehören zum Beispiel Waldweidenröschen, Vogelbeere und Zitterpappel. Das flächig aufwachsende Waldweidenröschen etwa dient als »Nährstoffzwischenspeicher« und kann pro Hektar 130 Kilogramm Stickstoff, 116 Kilogramm Kalium und 18 Kilogramm Phosphor speichern. Es schützt Boden und Humus vor Hitze und Abtrag. Durch seine lockere Beschirmung schützt es die unter ihm aufwachsenden Bäumchen vor zu starker Besonnung. Von ihren leicht zersetzlichen Blättern können viele Regenwürmer leben, die den Boden durchwühlen und so das Eindringen von Wasser und Baumwurzeln erleichtern.

In Beispielbetrieben wird vorgeführt, wie die Artenvielfalt standortheimischer Arten wieder hergestellt worden ist. Neben den Nationalparks brauchen wir auf mehr als 90 Prozent unserer Waldfläche eine möglichst naturnahe Forstwirtschaft, zu der auch Naturwaldreservate oder »Altholzinseln« gehören. Dort können seltene Arten überleben und sich über »Trittsteine« wieder ausbreiten, wenn sich die Umweltbedingungen ändern. Lokal gibt es zusätzlich unterschiedliche Arten des Schutzes von Waldflächen wie Naturschutzgebiete, Biosphärenreservate oder Natura-2000-Gebiete. Über die beste Form des Waldnaturschutzes wird in letzter Zeit heftig diskutiert. Dabei wird die Diskussion jedoch oft auf die Alternativen »Selektion« oder »Integration« verkürzt. Bei der Selektion soll die Holznutzung auf etwa fünf Prozent der deutschen Waldfläche eingestellt, auf der übrigen Fläche eine weitgehend industrielle Holznutzung zugelassen werden. Integration meint, dass der Schutz einzelner Arten auf der ganzen Waldfläche mit einer vorrangig wirtschaftlich orientierten Waldnutzung verbunden wird. Es sollte bei diesen Fragen jedoch generell kein Entweder-oder, sondern vielmehr ein Sowohl-als-auch geben.

Die Fichte ist durch den Klimawandel besonders gefährdet. Vor diesem Hintergrund wird die Rettung unseres mächtigsten Nadelbaumes – der Weißtanne – immer wichtiger. Es ist jetzt allerhöchste Zeit, die Tanne nicht nur in Sonntagsreden zu loben, sondern sie durch Taten und ein Sonderprogramm tatsächlich zu retten. Fichte und Tanne hatten früher einen etwa gleichhohen Anteil an unseren Wäldern. Nach der neuen Bundeswaldinventur hat die Fichte einen Anteil von 28 Prozent, die Tanne aber nur noch von 1,6 Prozent – und die finden sich vorrangig in den älteren, um 1900 »geborenen« Wäldern. Es wäre zum Beispiel sehr öffentlichkeitswirksam, wenn jeder Forstminister Deutschlands einen Forstbetrieb mit besonderen Leistungen zur Rettung der Tanne mit einer »Goldenen Tanne« auszeichnet.

Ein Förster erklärt seiner Tochter die Funktion der Tanne für die Zukunftswälder. Es ist dringend notwendig, die Tanne nicht nur in Sonntagsreden und Weihnachtsliedern zu loben, sondern ein Sonderprogramm zur Rettung der Tanne zu entwerfen und dann auch durchzusetzen.

Die standortheimischen Waldarten werden über die Natura-2000-Inventuren – NATURA 2000 ist ein europaweites Netz von Schutzgebieten gefährdeter oder typischer Lebensräume – weitgehend erfasst. Bei den Kartierungen treten in den letzten Jahren allerdings überraschende Probleme auf: Manche Wälder wurden durch die frühere landwirtschaftliche Nutzung stark aufgelichtet, etwa Bergwälder, die durch die Beweidung mit Haustieren (Ziegen, Pferde, Schafe) lückig geworden sind. In diesen lückigen Wäldern haben dann Pflanzen- und Tierarten wie zum Beispiel die Buschnelke oder der Auerhahn günstige Lebensbedingungen gefunden. Nach dem »Verschlechterungsverbot« der Natura-2000-Bestimmungen müssen diese Waldteile nun lückig erhalten werden, auch wenn ein erheblicher Teil dieser Wälder besondere Schutzfunktionen zu erfüllen hat. Dafür müssten diese Schutzwälder aber dicht und stufig aufgebaut sein. Hier sind möglichst rasch klare Regelungen zu schaffen. Darüber hinaus ist noch einiges mehr zu tun, um die natürliche Artenvielfalt in unseren Wäldern so weit wie möglich wieder herzustellen.

Forderungen:

- Alle unnatürlichen Hemmnisse wie etwa ein starker selektiver Wildverbiss, die das rasche Aufwachsen einer Pioniervegetation verhindern, müssen rasch abgebaut werden.
- Es muss ein Sonderprogramm zur Rettung der Tanne von Forstbehörden oder Wald- und Naturschutzverbänden entworfen und von den Landesregierungen verabschiedet werden.
- Andere Sonderprogramme sollten die Wiederausbreitung selten gewordener Baum- und Straucharten wie etwa der Eibe oder der Wildobstarten, aber ebenso den besonderen Schutz des Luchses umfassen.
- Neben einzelnen Pflanzen- und Tierarten wie etwa dem Frauenschuh, dem Feuersalamander oder dem Schwarzstorch müssen auch kleinere Teilflächen der verschiedenen Wald-Lebensgemeinschaften geschützt werden.

7. Die Jagd ist so zu gestalten, dass die Waldeigentümer selbst entscheiden dürfen, was in ihren Wäldern wächst

Die Forst- und Jagdgeschichte zeigt die zentrale Bedeutung der Jagd für den Zustand unserer Wälder. Seit nunmehr hundertdreißig Jahren weisen Forstwissenschaftler und forstliche Praktiker immer wieder darauf hin, dass die forstlichen Herausforderungen der jeweiligen Zeit nur verwirklicht werden können, wenn die Vorherrschaft der Jagd über die Waldwirtschaft beendet wird. Aber immer wieder haben mächtige Schirmherren die Jagd als eine hochangesehene Kombination von Machtdemonstration und elitärer Freizeitgestaltung verteidigt. Und immer wieder haben leitende Forstbeamte den Weg bereitet, indem sie die Schäden im Wald durch das allzu viele Wild beschönigt und waldbauliche Standards herabgesetzt haben.

In vielen Jagden wird auch außerhalb einer »Notzeit« intensiv gefüttert *(oben)*. Wichtige Mischbaumarten werden deshalb stark verbissen, und nur die wenig verbissenen Fichten bleiben übrig *(unten)*. Jagdpächter wollen meist viel Wild und füttern deshalb intensiv. Dadurch wird der Wildbestand hoch gehalten. Wichtige Baumarten werden dann so stark verbissen, dass wieder nur artenarme und instabile Wälder entstehen – auch wenn viele Waldbesitzer eigentlich Mischwälder aufwachsen lassen möchten.

Ein kostspieliger Ausweg war der Bau von vielen zehntausend Kilometern Zaun zum Schutz junger Wälder. Der Unterschied zwischen Wachstum und Artenvielfalt inner- und außerhalb dieser wildabweisenden Zäune belegt den Unterschied zwischen Wunsch und Wirklichkeit in der Forstwirtschaft sehr deutlich: Nur innerhalb über viele Jahre wilddicht gehaltener Zäune kann die ganze natürliche Vielfalt an standortheimischen Kräutern, Sträuchern und Bäumen aufwachsen. Das ist ein wesentlicher Grund dafür, dass wir heute so viele standortfremde Nadelforste haben. In besonderem Maße gilt das für die mehr als eineinhalb Millionen Eigentümer kleinerer Wälder, die kein Eigenjagdrevier bilden. Denn sie können wegen des Verbissdrucks meist nicht selbst entscheiden, was in ihren Wäldern aufwachsen darf. Für eine umfassend nachhaltige Waldnutzung ist das jedoch unumgänglich. Nicht zuletzt hat sich durch die ständig ansteigende Zahl des Schalenwildes auch die Zahl der Verkehrsunfälle mit Wild drastisch erhöht. Damit wird die Form der Hegejagd nicht nur zu einem forstlichen, sondern zu einem gesamtgesellschaftlichen Problem.

Forderungen:

- Der Grundsatz »Wald vor Wild« ist in das Bundesjagdgesetz zu übernehmen. Der unbestimmte Rechtsbegriff der »Weidgerechtigkeit« in § 1 (3) des Bundesjagdgesetzes ist zu streichen.
- Alle Jagdgesetze sind den neuen Herausforderungen im Tier-, Natur- und Umweltschutz anzupassen. Tiere dürfen nur aus einem vernünftigen Grund getötet werden.
- Ins Jagdgesetz sollten nur Tierarten aufgenommen werden, die auch nachhaltig genutzt und bejagt werden können.
- Dem Jagdrecht unterliegende Tiere dürfen nicht gefüttert werden. Ausnahmen dürfen nur für Sonderfälle wie etwa Wintergatter oder in behördlich festgelegten Notzeiten gestattet werden. Bei den »Notzeiten« sind Beginn und Ende der Fütterung von den Jagdbehörden in Abstimmung mit den Forstbehörden genau festzulegen.

Ein Haselhuhn hat sich am Zaun das Genick gebrochen *(linkes Bild)*; eine zwanzigjährige Tanne wurde so stark verfegt, dass sie abgestorben ist *(rechtes Bild)*. Die vielen Zäune im Wald sind Todesfallen für viele Vögel wie etwa Hasel- oder Auerhühner. Wenn Jungtannen bis zu einer Höhe von zwei Metern aufwachsen konnten, werden sie oft dann noch von Hirschen verfegt und sterben ab. Es entstehen wieder artenarme und instabile Forste. Für den Aufbau zukunftsfähiger Wälder müssen daher die Jagdgesetze dringend reformiert werden.

Fütterung mit Mais noch im Frühjahr *(oben)* und eine Pflichttrophäenschau *(unten)*. Die massive Fütterung des Wildes weit über echte Notzeiten hinaus ist eine entscheidende Voraussetzung für die ständig weiter ansteigende Zahl an Rehen und Hirschen in unseren Wäldern. Nur dadurch können so viele Jagdtrophäen als Statussymbole auf den Pflichttrophäenschauen vorgezeigt werden.

- In § 32 des Bundesjagdgesetzes ist bestimmt, dass nur ein Wildschaden an »Hauptholzarten« zu ersetzen ist – an allen anderen Baumarten nur dann, wenn sie aufwändig geschützt sind. Das kommt einer »Lizenz zur Artenverarmung« gleich. Diese Bestimmung muss gestrichen werden. Es muss möglich sein, kleinere Eigen- oder Gemeinschaftsjagdreviere zu bilden.
- Die Mindestpachtzeit von Jagdpachtverträgen ist wesentlich zu verkürzen (zum Beispiel von jetzt neun auf fünf Jahre).
- Die unnatürlich hohen Wildbestände müssen drastisch reduziert werden, um die Anzahl der Verkehrsunfälle mit Wild zu verringern.
- Die Jagdzeiten sind so zu bündeln, dass alle Tierarten zumindest im Wald jährlich zweimal für mehrere Monate gemeinsame Jagdruhe haben.
- Für eine erfolgversprechende Bejagung des Schalenwildes sind gesetzliche Voraussetzungen für revierübergreifende Gemeinschaftsjagden zu schaffen, das heißt für die Dauer dieser Jagden sind die Reviergrenzen aufzuheben.

Ein starker Hirsch schreit in der Hirschbrunft im Gebirgswald *(linkes Bild)*. Das Geweih eines solchen Hirsches ist ein Statussymbol, das auf den Trophäenschauen bewundert wird. Ein Gebirgswald hat wichtige Schutzfunktionen zu erfüllen. Es ist verwunderlich, dass Besitzer großer Waldflächen im Flachland effektiv jagen, im Gebirge aber eine »Wild-vor-Wald«-Strategie vertreten, die zu Lasten der Schutzfunktionen durchgesetzt wird. Aus ethischen Gründen wäre zu fordern, allen Wildtieren während der Paarungszeit eine Jagdruhezeit zu gönnen.

- Die Jagdabgabe als eine vom Staat erhobene Gebühr ist abzuschaffen. Wenn das nicht möglich ist, dürfen die Mittel nur zweckbestimmt für wildbiologische Forschungen verwendet werden.
- Die Befugnisse der Hegegemeinschaften sind auf die Organisation der gemeinsamen Jagdausübung zu beschränken. Die Festlegung der Abschusspläne, die Festlegung besonderer Erlegungskriterien nach Geweihmerkmalen oder die Verhängung von Bußgeldern ist nicht Aufgabe der Hegegemeinschaften.
- Abschusspläne sind nur dort aufzustellen, wo der Zustand der Waldverjüngung noch nicht befriedigend ist.
- Trophäen- oder Hegeschauen dürfen nur noch auf freiwilliger Basis durchgeführt werden.
- Es müssen leicht nachvollziehbare Methoden für einen angemessenen Wildschadenersatz entwickelt werden.
- Alle drei Jahre müssen die Forstbehörden den Parlamenten einen Bericht darüber vorlegen, auf wie viel Prozent der Wälder unter zwanzig Jahren das Aufwachsen eines Jungwaldes mit allen standortheimischen Pflanzen ohne besondere Schutzmaßnahmen gesichert ist.

8. Alle forstlichen Maßnahmen sind auf ihre Notwendigkeit und Wirtschaftlichkeit zu überprüfen

Unser Wald steht vor großen Herausforderungen: Er muss sich an die sich ändernden klimatischen Standortbedingungen anpassen. Dabei werden einige Baumarten leiden, andere werden begünstigt. Für die Waldbesitzer bedeutet das eine langfristige Vorsorge mit beträchtlichem Aufwand, denn auf vielen Flächen ist ein Waldumbau notwendig. Dafür können erhebliche finanzielle Mittel erforderlich werden. Der Staat wird für einen großflächigen Waldumbau in allen Waldbesitzarten allerdings nur Fördermittel im unbedingt notwendigen Ausmaß zur Verfügung stellen. Die waldbaulichen Maßnahmen müssen daher auf ihre Notwendigkeit und Wirtschaftlichkeit einer strengen Prüfung unterzogen werden. Man kann davon ausgehen, dass in den meisten Forstbetrieben die Kostenstellen Holzernte, Holzbringung und Verwaltung bereits intensiv auf Einsparungspotenziale überprüft wurden. Im Gegensatz dazu wurde die Kostenstelle Jagd bisher nur in ganz wenigen größeren Privatforstverwaltungen befriedigend geprüft. Hier besteht in allen Waldbesitzarten ein sehr großer Nachholbedarf.

1972 *(linkes Bild)* und dreißig Jahre später *(rechtes Bild)* wird die Entwicklung des Jungwaldes begutachtet. Bisher sind die betriebswirtschaftlichen Auswirkungen der »waidgerechten Hegejagd« nur in wenigen Betrieben sorgfältig geprüft worden. Die möglichen Ersparnisse durch eine waldgerechte Jagd liegen nach Untersuchungen des Betriebswirts Dr. Jens Borchers und anderer Fachleute bei 80 bis 120 Euro pro Jahr und Hektar.

Zweckmäßig ist es, eine Kostenstelle »Sicherheit« einzuführen, in der die besonderen Gefährdungen des Waldes durch den Klimawandel und sich daraus ergebende finanzielle Mittel eingeplant werden. Darunter können zum Beispiel Pläne für eine bodenschonende Aufarbeitung von Kahlflächen etwa nach Orkanen fallen sowie auch die möglichst flächendeckende naturnahe Vorausverjüngung unter allen älteren Waldteilen. Jede dieser Kostenstellen ist daraufhin zu durchleuchten, wo Einsparungen möglich sind.

Forderungen:

- Für jeden Forstbetrieb muss ein klarer Katalog individueller, auf den Einzelbetrieb bezogener Wirtschaftsziele erarbeitet werden. Dabei sind die grundsätzlich unterschiedlichen Wirtschaftsziele von öffentlichen Wäldern mit dem Vorrang der Erfüllung von Gemeinwohlfunktionen und Privatwäldern mit dem Ziel wirtschaftlicher Gewinnmaximierung zu berücksichtigen.

Eine Tanne ist zwanzig Jahre im Zaun aufgewachsen und danach noch total verbissen worden *(linkes Bild)*. Freiwillige Helfer haben hier gepflanzt und kontrollieren »ihre« Bäumchen *(rechtes Bild)*. Um Wildschäden wird auch heute noch geschickt herumgeredet. Für eine breite Unterstützung der Forstwirtschaft wäre es daher wünschenswert, dass neben der Selbstkontrolle auch unabhängige Stellen und Waldfreunde die Waldentwicklung kontrollieren.

- Für jeden Staats- oder Kommunalwald ist es sinnvoll, zwei Betriebsklassen zu bilden: eine für normale Wirtschaftswälder mit dem Ziel langfristiger Kapitaloptimierung und eine für die optimale Erfüllung der Gemeinwohlfunktionen.
- Beim Waldumbau ist in jedem Betrieb zu prüfen, wann mit dem Waldumbau begonnen wurde und warum er meist so wenig erfolgreich war.
- Für den künftigen Waldumbau ist zu prüfen, wie die dazu notwendigen Maßnahmen mit dem geringstmöglichen finanziellen Aufwand zu bewältigen sind.
- Für Waldumbaumaßnahmen ist ein Zeitrahmen vorzusehen. Ihr Erfolg ist nach jeweils fünf Jahren zu kontrollieren, damit notwendige Korrekturen wie etwa bei einem zu hohem Wildverbiss oder beim Ausfall wichtiger Baumarten vorgenommen werden können.
- Die Kostenstelle Jagd muss künftig in allen Forstbetrieben in kurzen Zeitabständen geprüft werden.
- Im Staats- und Kommunalwald ist für jede Kostenstelle kurz- und mittelfristig durch eine unabhängige Stelle zu prüfen, wie die jeweiligen Ziele erreicht wurden und welche Gründe für unbefriedigende Ergebnisse maßgeblich waren. Dabei ist immer auf das langfristige Wirtschaftsziel zu achten und zu prüfen, ob Anpassungen der Zwischenziele erforderlich sind.
- Für den Privatwald ist ein ähnliches Vorgehen zu empfehlen.

9. Die Forstbetriebe und Forstbehörden sind so zu organisieren, dass sie alle Aufgaben des Waldes nachhaltig sichern können

Die Forstbetriebe müssen sich den großen Herausforderungen der nächsten Jahrzehnte stellen. Sie müssen sich je nach ihren gesetzlichen Vorgaben so organisieren, dass sie die drei Säulen Wirtschaftlichkeit, Anforderungen an den Natur- und Umweltschutz sowie ihre soziale Verantwortung als Waldbesitzer für die Gesellschaft möglichst optimal erfüllen können.

Eine junge Waldbesitzerin vermisst und verbucht Brennholz aus ihrem Wald. Im Privatwald reichen die Wirtschaftsziele von der Selbstversorgung mit Holz bis zu einem maximalen finanziellen Gewinn oder (im Großprivatwald) bis zu einem optimalen Jagdvergnügen.

In den Privatbetrieben können die Wirtschaftsziele von der Selbstversorgung mit Brennholz bis zur Erzielung eines maximalen Gewinns reichen. Optimal ist eine Kombination aus wirtschaftlicher Gewinnerwartung, befriedigendem Natur- und Umweltschutz sowie sozialem Engagement bei der Erfüllung besonderer Gemeinwohlaufgaben.

Dieser Fichtenbestand in einem Privatwald ist stark geschält. Die meisten Privatwaldbesitzer würden gern selbst entscheiden, was in ihren Wäldern aufwachsen soll. Meist ist das wegen der enormen Wildschäden jedoch nicht möglich. Deshalb müssen sie ihre Wälder mit hohen Kosten schützen – oder sie geben sich mit ungenügend gemischten und instabilen Forsten zufrieden.

So unterschiedlich wie die Wirtschaftsziele sind auch die Organisationsformen zu ihrer Verwirklichung. Die Besitzer kleinerer Wälder wollen meist selbst entscheiden, was in ihren Wäldern aufwachsen soll und wie sie ihren Wald nutzen, schützen und pflegen. Viele müssen aber erkennen, dass sie sich Ärger mit aggressiven Jägern und oft auch mit anderen Waldbesitzern einhandeln, wenn sie versuchen, Einfluss auf die Höhe der Wildschäden zu nehmen. Bleiben zwei Alternativen: Sie resignieren und geben sich mit unbefriedigend gemischten Jungwäldern zufrieden, oder sie schützen ihren jungen Wald über zehn bis fünfzehn Jahre lang mit wildabweisenden Zäunen. Die Kosten dafür sind jedoch enorm und der Erfolg ist zweifelhaft, wenn der Zaun nicht laufend kontrolliert oder zu früh abgebaut wird.

Private Besitzer größerer Waldflächen wollen in der Regel einen möglichst hohen Ertrag aus der Bewirtschaftung erzielen. Für viele dieser Waldbesitzer hat jedoch auch gleichzeitig die Jagd für das Sozialprestige eine herausragende Bedeutung. Die Folgen einer vorrangig jagdlichen Hege mit den damit verbundenen weit überhöhten Wildbeständen und Schäden sollen allerdings nicht öffentlich bekannt werden, da das dem öffentlichen Ansehen schaden könnte. Deshalb wird in solchen Betrieben das Prinzip der Selbstkontrolle heftig verteidigt. Auch konnte bisher erfolgreich verhindert werden, Standards für eine »ordnungsgemäße Forstwirtschaft« oder die »soziale Verpflichtung des Eigentums« zu definieren. Dass diese Grundhaltung zu erheblichen finanziellen Einbußen aller Waldbesitzer führt, wird nicht thematisiert. Es ist verwunderlich, dass sich die große Mehrheit der kleineren Waldbesitzer in den forstlichen Interessenverbänden dagegen nicht zur Wehr setzt.

Völlig anders ist die Situation in den Staats- und Kommunalwäldern. Sie dienen nach dem Gesetz vorrangig der Erfüllung von Gemeinwohlfunktionen und erst danach der Verwirklichung wirtschaftlicher Ziele. Seit die Staatsforstverwaltungen in zwei Säulen aufgeteilt sind (siehe Seite 106), werden die »Staatsforsten« bisher weitgehend nach ihrem finanziellen Erfolg beurteilt – obwohl das gegen den weiter bestehenden Grundsatz des Vorrangs der Gemeinwohlfunktionen verstößt. In einzelnen Bundesländern wie etwa in Thüringen will man das so nicht hinnehmen. Es bleibt abzuwarten, ob sich diese Einsicht durchsetzen kann, denn in den meisten Bundesländern ist trotz aller Kritik nicht zu erwarten, dass die Politik dieses »Zwei-Säulen-Modell« in absehbarer Zeit wieder ändert. Deshalb müssen die Forderungen auf alle Organisationsformen anwendbar sein.

Forderungen:

- Der Vorrang der Gemeinwohlaufgaben in Staats- und Kommunalwäldern ist in allen Waldgesetzen noch deutlicher als bisher zu verankern.
- Die weitgehende Selbstkontrolle der Staatsforsten oder der Staatsforstverwaltungen muss beendet werden. Die Kontrolle forstlicher und jagdlicher Maßnahmen ist einer unabhängigen Behörde zu übertragen.

Ein Förster verbringt viel Zeit, um von einem Holzpoller zum nächsten zu fahren. Durch die Vergrößerung der Forstreviere sind viele Förster während der normalen Arbeitszeit hauptsächlich mit der Organisation des Holzeinschlages beschäftigt. Für die Gemeinwohlziele bleibt dann oft zu wenig Zeit, wenn diese Aufgaben nicht außerhalb der normalen Dienstzeit erfüllt werden.

Eine Försterin vermisst und notiert den Holzeinschlag *(linkes Bild)* und weist eine private Jägerin in ihren Jagdbezirk ein *(rechtes Bild)*. Die Erfahrungen in langfristig vorbildlichen Betrieben zeigen, dass eine nachhaltige und ökologisch erfolgreiche Forstwirtschaft nur möglich ist, wenn der örtliche Förster für »seinen« Wald voll zuständig und verantwortlich ist. Dabei kann er selbstverständlich von Spezialisten unterstützt werden.

- Die Leiter der Forstreviere müssen die Verantwortung für den gesamten Betriebsablauf tragen. Die weitgehende Reduktion der Förster auf die Funktion eines Holzmanagers führt zwangsläufig zu einer geringeren Beachtung der als nachrangig angesehenen Gemeinwohlleistungen.
- Die Forstreviere dürfen nur so groß sein, dass ein Revierleiter in der normalen Arbeitszeit alle Aufgaben gut erfüllen kann.
- Wegen der negativen Auswirkungen der Trophäenjagd auf die Jungwälder sollen Angehörige der Staatsforsten oder der Forstverwaltung kein Wild mit starken Trophäen kostenlos oder kostengünstig in den Staatswäldern erlegen dürfen.

Ein Förster kniet vor einer jungen Tanne und erklärt den Waldbauern die Bedeutung dieser Baumart. Förster müssen fachlich fähig und bereit sein, private Waldbesitzer umfassend über den Zustand ihres Waldes sowie über Maßnahmen zur Erzielung eines nachhaltig optimalen Waldzustandes zu informieren.

Jagdpächter hegen oft einen sehr hohen Rotwildbestand heran. Um eine Reduzierung auf ein waldverträgliches Maß zu verhindern, erklären sie alle mittelalten Hirsche zu »Zukunftshirschen« (IIa-Hirsche), die angeblich nicht erlegt werden dürfen.

- Angehörige des forstlichen Leitungs- und Revierdienstes müssen sich nachweislich angemessen an der Erfüllung des erforderlichen Abschusses beteiligen. Nur dadurch können sie kompetent bei jagdlichen Fragen wie der Höhe des Wildbestandes und der Abschusserfüllung mitreden.
- Die Mitarbeiter der für die Privatwaldbetreuung zuständigen Forstbehörden müssen in der Lage sein, die Besitzer nichtstaatlicher Wälder so umfassend zu beraten, dass die Wirtschafts- und Gemeinwohlfunktionen möglichst optimal erfüllt werden.
- Die Forst- und Jagdbehörden müssen durchsetzen, dass Waldbesitzer, die alle standortheimischen Baumarten ohne besondere Schutzmaßnahmen aufwachsen lassen wollen, das auch erreichen können.

10. Förster müssen wahre Hüter der Nachhaltigkeit sein

Förster dürfen einen der faszinierendsten Berufe ausüben. Sie sollen in einem sehr langlebigen Lebensraum ein Ideal verwirklichen, das gerade in der heutigen Zeit für fast alle Wirtschaftsbereiche eingefordert wird: die Nachhaltigkeit. Förster müssen bei vielen Arbeiten das Wohl der Enkel oder Urenkel im Auge haben. Das erfordert ein hohes Maß an Charakterstärke. Im Studium sprach unser Waldbauprofessor von der Liebe zum Wald und appellierte an unser Verantwortungsbewusstsein gegenüber kommenden Generationen. Im Angesicht riesiger Kahlflächen und zerstörter Städte war das für uns eine allzu große Herausforderung. Wir hatten nur die enge Verflechtung von Forstwirtschaft und Trophäenjagd erlebt. Die meisten von uns wollten damals draußen im Wald die kurzfristig erreichbaren Freuden einer waidgerechten Hegejagd erleben. Wir kannten nicht die Aussage des Forstmeisters Dr. Willy Wobst aus dem Jahr 1948, dass seit Jahrzehnten um die Folgen der Jagd mit einer »wahren Jongleurskunst« herumgeredet werde.

Immer wieder haben Förster versucht, die langfristigen Ziele zum Aufbau zukunftsfähiger, nachhaltiger Wälder gegen die kurzfristig erreichbaren jagdlichen Ziele zu thematisieren und zu verteidigen. Dabei sind sie immer wieder

Ein Förster mit seinem Sohn in einem naturnahen »Dauerwald«: Förster dürfen zur Verwirklichung der Nachhaltigkeit einen der faszinierendsten Berufe ausüben. Sie müssen bei allen Arbeiten das Wohl kommender Generationen im Auge haben.

von Jagdförstern und Hegejägern meist äußerst polemisch angegriffen worden. Viele ließen sich von solchen Angriffen derart beeindrucken, dass sie resignierten. Deshalb waren es zunächst auch nur wenige Betriebe, die zeigen konnten, wie sich der Wald bei einer naturnäheren Jagd entwickelt.

Mittlerweile haben auch einige Besitzer größerer Waldgebiete erkannt, dass eine naturnähere Jagd enorme positive Wirkungen auf die Artenvielfalt, die Stabilität und die Rentabilität ihrer Wälder hat. Doch nach wie vor sind es nur erste Schritte auf einem langen Weg. Mehr denn je gilt: Im Zeichen von Klimawandel, Energiewende und Globalisierung müssen die Förster zu wahren Hütern der Nachhaltigkeit werden.

Forderungen:

- Die Förster müssen bereit sein, immer wieder neu von der Natur zu lernen. Nur dann können sie die kostenlos wirkenden Kräfte der Natur nutzen und mit vertretbarem wirtschaftlichem Aufwand optimale Wälder für die Zukunft aufbauen.
- Förster müssen durch häufige Exkursionen die Ergebnisse einer langjährigen Arbeit im Wald kritisch betrachten, damit sie von positiven Beispielen lernen können (mehr dazu im nächsten Kapitel).
- Förster sollten sich dagegen zur Wehr setzen, dass vielerorts die Wälder noch mit Kahlschlägen genutzt, gepflügt und dann mit wenigen Baumarten wieder bepflanzt werden. Das macht ihren Beruf überflüssig.
- Förster müssen sich dagegen wehren, dass sie weitgehend zum beliebig einsetzbaren »Holzeinschlagsmanager« degradiert werden, der nebenbei auch alle anderen Aufgaben optimal erfüllen soll.
- Die Förster müssen ebenfalls energisch und öffentlich gegen die bisher oft vertretene Devise »Hohe Standards für die Jagd, niedrige Standards für den Waldbau« angehen.
- Alle Förster mit Verantwortung für größere Waldflächen müssen nachvollziehbar berechnen, welche Kosten der Jagdbetrieb auf das langfristige Wirtschaftsergebnis hat.

Ein Förster beobachtet im Nationalpark die natürliche Sukzession nach einer Borkenkäferkalamität. Alle Förster und Waldbetreuer sollten immer wieder von der Natur lernen, um ökonomisch und ökologisch optimale Nutzwälder mit dem geringstmöglichen Aufwand erzielen zu können.

Ein Kahlschlag im Kiefernwald und ein Hochsitz am Waldrand *(oben links)*: Für eine so einfache Form des Waldbaus und der Jagd braucht es keine studierten Förster. Wo Förster heute noch so arbeiten, verstoßen sie gegen die Prinzipien einer nachhaltigen Forstwirtschaft und rauben ihren jungen Nachfolgern die Arbeit in diesem faszinierenden Beruf.

Eine effektive Jagd nach der gesetzlichen Vorgabe »Wald vor Wild« ist die entscheidende Voraussetzung für den Aufbau klimatoleranter Mischwälder. Eine solche Jagd gehört zwingend zum Aufgabenbereich jedes Försters – so wie bei diesen beiden jungen Förstern *(oben rechts)*.

Zwei junge Förster bewundern einen optimalen Zukunftswald *(rechts)*. Diesen Wald hat ein Förster in Jahrzehnten gegen heftige Angriffe von Jagdfunktionären aufgebaut. Solche Wälder sollten als Positivbeispiele für junge Förster dienen.

- Die Förster sollten sich energisch für eine konsequente Weiterführung des Waldumbaus mit höheren Standards als bisher einsetzen.
- Förster müssen die Jagd als einen entscheidenden Faktor für den Aufbau optimaler Zukunftswälder erkennen. Sie sollten das Jagdhandwerk möglichst gut erlernen, um seine positiven Auswirkungen auf den Wald und die Artenvielfalt voll nutzen zu können.
- Förster müssen bei all ihrem Tun die Idee der Nachhaltigkeit – der Verantwortung für kommende Generationen – beherzigen.

Kapitel 6

Die Wälder der Zukunft – so kann es gehen

Die meisten Waldbesitzer möchten ihren Wald nachhaltig nutzen. Sie möchten für sich selbst einen befriedigenden finanziellen Gewinn erwirtschaften und gleichzeitig dafür sorgen, dass sie ihren Erben Wälder übergeben, die dieselben oder bessere ökonomische und ökologische Standards erfüllen. Um dieses Ziel zu erreichen, müssen sie sich an Forstbetrieben orientieren können, in denen diese Standards beispielhaft erfüllt werden. Elf solcher Beispielbetriebe werden hier vorgestellt.

Rentweinsdorf – Beispiel für gelebte Nachhaltigkeit

Förster Wolfgang Elflein beurteilt die hohe Qualität einer etwa 140-jährigen Buche. Der jetzige Waldbesitzer erntet, was Generationen von Waldbesitzern durch ein »konsequentes Sich-zu-Nutze-Machen gratis vorhandener Kräfte der Natur« aufgebaut haben.

Der 1400 Hektar große Wald der Familie von Rotenhan liegt in den Haßbergen nördlich von Bamberg. Der Standort ist bei mittlerer Bodengüte und nur etwa 600 Millimeter Niederschlag im Jahr höchstens durchschnittlich für Deutschland. Dieser ursprüngliche Buchen-Eichen-Mischwald war zu Beginn des 19. Jahrhunderts wie so viele andere auch in einen Kiefern-Fichtenforst umgebaut worden. Achtzig Jahre

Unter alten Fichten wachsen hier junge Tannen und Eichen auf. Der Waldbesitzer Sebastian von Rotenhan hat schon in jungen Jahren erkannt, dass eine waldgerechte Jagd der Schlüssel für den Aufbau artenreicher Zukunftswälder ist.

später wurden diese Kunstforste durch Sturm- und Insektenkalamitäten geschädigt. Um 1880 erfuhr der Waldbesitzer Gottfried von Rotenhan vom benachbarten staatlichen Oberförster Heinrich von Huber von den Mischwaldlehren des Professors Karl Gayer. Von Huber scheiterte als späterer Leiter der bayerischen Staatsforstverwaltung mit seinen langfristigen Strategien zum Wiederaufbau stabiler Mischwälder jedoch am Widerstand einflussreicher Politiker und Professoren, denen kurzfristige Ziele der Gewinnmaximierung wichtiger waren.

Ganz anders die Familie von Rotenhan: Sie haben die Vorteile naturnaher Mischwälder langfristig konsequent umgesetzt. Drei Generationen handelten bereits nach dem Wahlspruch »Der Wald ist für die Erben da«, als Sebastian von Rotenhan im Jahr 1978 die Leitung des Waldbesitzes übernahm. Er erkannte die entscheidende Bedeutung der Jagd für den Aufbau eines langfristig ökonomisch und ökologisch wertvollen Waldes. Er setzte eine effektive Form der Jagd auch gegen heftige Widerstände der Jagdnachbarn und vieler adeliger Waldbesitzer durch. Dank der tatkräftigen Hilfe seines Försters Wolfgang Elflein kann er nun feststellen: *»Ich bin heute in der Lage, die Früchte der Arbeit meiner Vorfahren ernten zu können, die Ausgangssituation war aber nicht idealer als überall anders auch. … Die unternehmerische Leistung liegt in*

Waldbesuchern wird erklärt, wie ein optimaler nachhaltiger Zukunftswald zu erreichen ist. In diesem optimalen Beispielbetrieb wird seit etwa 130 Jahren konsequent nach den Ideen eines naturnahen Dauerwaldes gewirtschaftet und seit fast vierzig Jahren intensiv naturnah gejagt.

der Kontinuität mehrerer Generationen, im konsequenten Sich-zu-Nutze-Machen gratis vorhandener Kräfte der Natur.«[120]

Durch von Rotenhans waldfreundliche Form der Jagd ist unter älteren Wäldern nahezu kostenlos eine »Vorausverjüngung« mit Buchen, Tannen und Ahornen sowie auf lichteren Stellen auch mit Eichen, Fichten und Kiefern aufgewachsen. Die Stürme der letzten Jahrzehnte haben seinen Wald viel weniger beschädigt als die benachbarten Forste. Außerdem entstehen keine Kahlflächen, denn die »Vorausverjüngung« kann rasch aufwachsen, den Boden schützen und weiter viel CO_2 speichern. So ist dieser Wald eines der wenigen Beispiele dafür, wie die ökonomischen und ökologischen positiven Wirkungen des Waldes mit vertretbarem Aufwand durch eine naturnahe Wald- und Jagdnutzung wiederhergestellt werden können. Das ist gelebte Nachhaltigkeit.

Nationalpark Bayerischer Wald – die wichtigste Lehrstätte für Waldfreunde

Der Innere Bayerische Wald an der Grenze zu Tschechien ist ein großes Waldgebiet mit langen und strengen Wintern. Hier finden sich Aufichtenwälder in den kalten Tallagen, Bergmischwälder mit Buchen, Tannen und Fichten an den unteren und mittleren Hanglagen sowie Fichten-Vogelbeer-Wälder in den Hochlagen. Vor fünfzig Jahren waren viele der alten Wälder noch naturnah gemischt. Ab Mitte der 1950er Jahre hat Forstmeister Dr. Götz von Bülow dort jedoch ein Hirschzuchtgebiet als Ersatz für die »verloren gegangenen ostpreußische Hirschparadiese« aufgebaut (siehe Seite 92). Dieses prestigeträchtige, extreme Vorhaben führte zu einer massiven Störung des Gleichgewichts zwischen Pflanzen und Pflanzenfressern. Die langfristigen Folgen für Natur und Mensch wollte man nicht sehen.

Als dann in den 1960er Jahren Pläne zur Errichtung eines Nationalparks im Bayerischen Wald immer konkreter wurden, gehörten die Förster zu den erbittertsten Gegnern, da sie um Zuständigkeiten und jagdliche Privilegien fürchteten. Trotzdem gelang es dem Naturschützer Hubert Weinzierl mit der Hilfe prominenter Unterstützer, die entscheidenden Politiker zu überzeugen. Der waldfreundliche bayerische Landwirtschaftsminister Dr. Hans Eisenmann eröffnete den Nationalpark im Oktober 1970. Die beiden Chefs des Nationalparks, Dr. Hans Bibelriether und Dr. Georg Sperber, erkannten sehr rasch das Hauptproblem des Nationalparks: den viel zu hohen Wildverbiss. Mit Rückendeckung des Landwirtschaftsministers konnten sie den Rotwildbestand in wenigen Jahren auf ein waldverträgliches Maß reduzieren, sodass sich bald wieder ein Gleichgewicht zwischen den Pflanzen und den Pflanzenfressern einstellte. Die Holznutzung war nur noch in Randgebieten zu Privatwäldern erlaubt. Der Minister entschied auch, dass umgefallene oder tote Bäume im Wald liegen bleiben dürfen, etwa durch normale Stürme umgeworfene alte Fichten. So entstand ein rascher Wechsel von dichten Teilflächen und kleineren »Störungsinseln«. Dort kam nun Licht zum bisher dunklen Waldboden – die fast überall reichlich vorhandenen Sämlinge von Tannen, Buchen, Fichten, Ahornen sowie die Samen der von Vögeln hereingetragenen

Oft sterben im Bergmischwald nur einzelne alte Bäume ab *(linkes Bild)*. Dann dringt kleinflächig etwas mehr Licht bis zum Waldboden vor. Nur schattenertragende Baumarten wie Tannen oder Buchen sowie einzelne Straucharten können hier aufwachsen – so wie auf diesem Bild.

Junge Tannen sind im lockeren Schirmschutz der toten Altfichten und der Vogelbeeren aufgewachsen *(unten)*. Von solchen Beispielen der natürlichen Wiederbewaldung großer Kalamitätsflächen kann man lernen, wie man im Wirtschaftswald viel Geld für Wiederaufforstungen einsparen kann.

In den Hochlagen sind unter den toten Altfichten fast überall junge Fichten aufgewachsen. Es war faszinierend zu beobachten, wie zuerst nur winzige Fichtensämlinge zu finden waren und wie dann innerhalb von zwanzig Jahren fast überall wieder junge Fichten aufgewachsen sind.

Früchte von Sträuchern und Vogelbeeren konnten je nach den Lichtverhältnissen rasch aufwachsen. Wo die Stürme etwas größere »Störungsinseln« geschaffen hatten, war die Lichtbaumart Fichte begünstigt, und es entstanden Jungwälder mit vielen Fichten, Birken und Vogelbeeren. Zur Überraschung vieler Fachleute zeigte sich, dass auch auf diesen lichtdurchfluteten Flächen die Schattbaumart Tanne rasch aufwachsen kann, wenn sie von abgestorbenen alten Fichten sowie jungen, rasch vorauswachsenden Vogelbeeren »beschützt« wird. Diese Waldbilder mit abgestorbenen Bäumen auf kleineren Flächen waren für viele Einheimische zwar ungewohnt, aber gerade noch erträglich.

Das Waldweidenröschen ist die wichtigste Pionierpflanze auf lichtdurchfluteten Flächen. Es hat eine bodensichernde Funktion und kann hier zahlreich aufwachsen. In den meisten Wäldern Deutschlands wird es jedoch so stark verbissen, dass es kaum zum Blühen kommt.

Aber dann kamen die Orkane des Jahres 1990 und warfen auch in den Hochlagen des Nationalparks großflächig Fichten um. Die massenhafte Vermehrung des Fichtenborkenkäfers hat zahlreiche weitere alte Fichten zum Absterben gebracht. In den Jahren nach den Orkanen waren zunächst nur winzig kleine Baumsämlinge am Waldboden zu sehen, doch bei dem naturnah niedrigen Wildbestand konnten rasch viele Pionierpflanzen wie das Weidenröschen emporkommen. Nach und nach sind auch immer mehr andere Pioniergehölze wie Vogelbeeren, Weiden, Birken und Aspen gefolgt. Viele Naturfreunde beobachteten diese Entwicklung ganz fasziniert. Für die Anhänger der früheren Forst- und Jagdwirtschaft mit der Pflanzung junger Bäume sowie hohen Wildbeständen war ein solcher »Verhau« hingegen unerträglich. Sie setzten alle Hebel in Bewegung, um ein Ende dieser »Waldverwüstung« zu erreichen. Der Karikaturist Horst Haitzinger hat diese unterschiedlichen Sichtweisen in einem Bild verdeutlicht, das in Holz geschnitzt an einem vielbesuchten Steig steht.

Im Schutz der abgestorbenen alten Bäume sowie der Pionierpflanzen konnten auch Fichten wieder bis zu mehreren Metern Höhe aufwachsen. So entwickelt sich ein ungleichmäßig dichter und »gestufter« neuer Wald mit einer artenreichen Begleitvegetation, der einem Naturwald sehr ähnlich ist und den auch viele Tierarten als ihren angestammten Lebensraum wieder besiedeln: etwa der Luchs, der Rauhfußkauz und der Weißrückenspecht. Die Forscher im Nationalpark hüten hier einen großen Schatz an Erkenntnissen. Für die Wälder der Zukunft ist es enorm wichtig, dass Waldbetreuer und Waldfreunde dieses Wissen ebenfalls erfahren. Die ungeahnte Fähigkeit

Diese Karikatur von Horst Haitzinger *(linkes Bild)* zeigt treffend die unterschiedlichen Sichtweisen der natürlichen Wiederbewaldung. Nach dem Tod so vieler Fichten waren viele Waldfreunde schockiert. Inzwischen bewundern immer mehr Besucher die Kraft der Natur bei der artenreichen Wiederbewaldung.
Der Nationalparkchef erläutert Besuchern die Wiederbewaldungsstrategien der Natur *(rechtes Bild)*. Es ist eine der Hauptaufgaben der Nationalparks, Waldbetreuern und anderen Naturfreunden diese Strategien der Natur zu erklären, damit sie für ihre Arbeit davon lernen können.

der Natur, auch große Störungen mit ihrer Artenvielfalt zu überwinden, muss dazu besuchergerecht vermittelt werden.

In den meisten der anderen Nationalparks kann sich die natürliche Artenvielfalt in den Jugendphasen des Waldes nicht entwickeln, weil die Vormachtstellung der Hegejagd dies verhindert. Deshalb konzentrieren sich die Forscher und auch die meisten Naturschutzverbände auf den Schutz der Artenvielfalt an und in alten Bäumen. Das ist zwar auch wichtig, bedeutet aber nur den Schutz der Vergangenheit. Daneben ist es dringend notwendig, klimatolerante Wälder für die Zukunft aufzubauen. Hierfür ist der Nationalpark Bayerischer Wald das ideale Lehrbeispiel. Aus eigener Anschauung und durch gut vermittelte Forschungsergebnisse können Waldbetreuer und Waldfreunde hier lernen, wie sie die Kräfte der Natur nutzen können, um mit vertretbarem Aufwand klimatolerante Wälder für ihre Enkel zu schaffen.

Lehrobjekt Weißwand – »Vorbeugen ist besser als heilen«

Die Weißwand ist ein etwa vier Quadratkilometer großer, südwestlich geneigter Steilhang in der Höhenlage von 600 bis 1475 Meter, oberhalb der Deutschen Alpenstraße zwischen Schneizlreuth und Berchtesgaden. Bis 1870 wurden die Wälder der Weißwand in großen »Plünderhieben« für die Saline in Reichenhall genutzt (siehe dazu Seite 54). Da die »Waldmeister« der Saline keinen höheren Wildbestand duldeten, konnte immer wieder ein naturnaher Wald aus Buchen, Tannen und Fichten aufwachsen.

Nach dem Ende der Salinennutzung wurde die Jagd ab 1880 verpachtet. Durch eine intensive jagdliche Hege des Wildes mit zahlreichen Fütterungen und geringen Abschüssen wuchs der Wildbestand rasch an (siehe linkes Foto Seite 101). Schon nach einigen Jahren konnten nur noch die weniger verbissenen jungen Fichten und Lärchen aufwachsen. An vielen Stellen entstanden Lücken im steilen Schutzwald, sodass die 1938 gebaute Deutsche Alpenstraße wegen Lawinenabgängen immer häufiger gesperrt werden musste. Politiker forderten Abhilfe. Die Ämter für Forsten, Wasserwirtschaft und Straßenbau erarbeiteten einen Entwurf zur Sanierung der Weißwand mit einem Gesamtkostenvolumen von 55 Millionen DM. Vorgesehen war eine Kombination biologischer und massiver technischer Maßnahmen. In einem Faltblatt des Wasserwirtschaftsamtes Traunstein wurde festgestellt: *»Unabdingbare Voraussetzung für die erfolgreiche Sanierung des Schutzwaldes ist die Reduzierung des Wildverbisses auf das waldbaulich notwendige Minimum, da ansonsten praktisch keine Naturverjüngung stattfindet und jede Neuanpflanzung durch Verbiss scheitert.«*

Die einhundertjährige Verpachtung der Jagd hat Einnahmen in Höhe von etwa 650 000 Euro gebracht. Das heißt: Per saldo müssen die heutigen Steuerzahler mit Zigmillionen Euro das Jagdvergnügen einiger Weniger bezahlen. An der Weißwand stehen Tafeln mit Informationen über die Bezuschussungen der Sanierungsmaßnahmen. Man stelle sich vor, ein Umweltverband würde daneben eine Tafel mit folgender Inschrift aufstellen: *»Die Schutzwälder hier in der Weißwand waren hundert Jahre jagdlich verpachtet. Der Staat hat für die Jagdverpachtung insgesamt etwa 650 000 Euro eingenommen. Der Wildverbiss war so hoch, dass immer mehr Lücken in den Schutzwäldern entstanden und immer mehr Steine und Lawinen auf die Deutsche Alpenstraße herabsausten. Seit 1986 mussten diese Schutzwälder mit einem Kostenaufwand von bisher etwa 24 Millionen Euro saniert werden, um die Sicherheit auf der Deutschen Alpenstraße zu gewährleisten. Das bedeutet, dass jetzige Steuerzahler das Jagdvergnügen einiger Weniger mit bislang 24 Millionen Euro zu bezahlen haben.«*

In der Weißwand hat die Sanierung lückiger Waldteile bisher etwa 24 Millionen Euro gekostet. Die lückigen Stellen sind durch die intensive Hege von Trophäenwild entstanden. Die Sanierungskosten zeigen, dass man jedes Kilo Trophäenhorn in Gold hätte aufwiegen können.

1988 sind Lawinen bis zur Deutschen Alpenstraße herabgedonnert *(linkes Bild)*. 24 Jahre später ist die Lawinengasse völlig mit Laubbäumen und Fichten zugewachsen *(rechtes Bild)*. Nach der Verbauung der oberen Bereiche und einer starken Wildreduktion sind die meisten Lawinenbahnen wieder völlig zugewachsen. Die Deutsche Alpenstraße ist heute in diesem Bereich nicht mehr gefährdet (siehe dazu auch die Fotos auf Seite 205).

Als Leiter des Forstamtes ordnete ich 1986 an, einzelne Wildfütterungen aufzulösen. Das Abschusssoll bei Rot-, Gams- und Rehwild wollte ich erhöhen. Dagegen gab es heftige Proteste örtlicher Förster. Vertreter des Jagschutzverbandes sprachen öffentlich von »*Wildausrottung*« und »*Kindermord*«.[121] Mein Antrag auf Verlängerung der Schusszeit wurde vom Jagdreferenten der Oberforstdirektion abgelehnt. Er empfahl, die Gämsen aus der Weißwand herauszutreiben. Das war in dem extrem steilen Gelände völlig undurchführbar. Der Abschuss konnte erst 1990 erheblich gesteigert werden, als ich die örtliche Jagdleitung selbst übernahm. Eine größere Zahl von Forststudenten kam, um beim Pflanzen in dem Steilgelände zu helfen; sie durften nicht nur Rehe und Rotwild, sondern auch Gämsen jagen. Die letzten Fütterungen wurden ebenfalls aufgelöst. Bei Bewegungsjagden (auch mit vielen Privatjägern) wurde bis 1994 die Grundlage dafür gelegt, dass nicht nur die gepflanzten Bäumchen, sondern auch die vielen selbst ausgesamten Tannen, Ahorne und Buchen aufwachsen konnten.

So war in weiten Bereichen eine »Vorausverjüngung im Wartestand« unter den älteren Waldteilen vorhanden, als der Orkan »Kyrill« im Januar 2007 einen großen Teil der älteren Bäume in der Weißwand umwarf. Es wurde befürchtet, dass nach dieser Kalamität weitere kostenaufwändige technische Verbauungen und Pflanzungen notwendig seien. Aber schon nach zwei Jahren zeigte sich, dass die Vorausverjüngung an vielen Stellen rasch hochwachsen, den Boden schützen und eine Erosion verhindern konnte. Die Schutzwirkung wäre allerdings noch viel wirkungsvoller gewesen, wenn der Minister nicht nach einer kurzen Besichtigung vom Hubschrauber aus angeordnet hätte, alle umgefallenen Bäume herauszufliegen. Diese Bäume lagen oft kreuz und quer, bildeten einen hervorragenden Schutz der Vorausverjüngung und hätten die Entstehung von Lawinen oder Steinschlag weitgehend verhindert. Die Naturschutzverbände haben massiv auf diese Zusammenhänge hingewiesen, aber gegen das Wort des Ministers konnten sie nichts ausrichten.

Die Entwicklung in der Weißwand zeigt mustergültig, welche unvorstellbar hohen Folgekosten entstehen, wenn ein Gebirgswald vorrangig als Wildhegegebiet genutzt wird. Sie verdeutlicht aber auch, dass durch eine schutzwaldgerechte Jagd in wenigen Jahren eine »Vorausverjüngung im Wartestand« aufwachsen kann.

Und wie sieht die Gesamtsituation im Gebirgsschutzwald aus? Auf die Frage nach der Zukunft der Schutzwälder im Gebirge antwortet der Leiter des bayerischen Lawinenwarndienstes Dr. Bernd Zenke: *»Ich sehe jedenfalls, dass sich die Situation weiter verschlechtert, dass der Wildverbiss auf großer Fläche immer noch der limitierende Faktor für die Verjüngung ist, dass die Klimaveränderung uns weitere Aufgaben stellen wird*

Im »Verhau« toter Fichten ist hier in der Weißwand eine artenreiche Strauch- und Baumschicht aufgewachsen. In Schutzwäldern ist es oft sinnvoll, Kalamitätsholz liegen zu lassen. Dadurch wird eine Boden- und Humuserosion weitgehend verhindert und die jungen Bäume erhalten wertvollen Schutz.

Hier wird eine Sanierungsfläche 1992 *(linkes Bild)* und zwanzig Jahre später *(rechtes Bild)* besichtigt. Holzverbauungen halten etwa dreißig, Stahlverbauungen etwa hundert Jahre. Bis dahin muss ein dichter neuer Schutzwald aufgewachsen sein, sonst muss die Sanierung wiederholt werden.

und dass unsere Schutzwälder einer ungewissen Zukunft entgegengehen. Ersatz für die Natur sind technische Lawinenverbauungen, die pro Hektar 300 000 bis 500 000 Euro kosten.«[122]

Vielleicht wäre es hilfreich, aus einer nüchternen Analyse der Erfahrungen in der Weißwand eine »Blaupause« für die zu erwartenden nächsten Kalamitäten zu erarbeiten.

Castell – »Wir müssen umdenken und handeln«

Fürst Albrecht zu Castell-Castell schrieb 2007: *»Stürme … richteten große Schäden an. Vor allem die Fichte hielt nicht stand. … Es ist keine Zeit zu verlieren, wir müssen handeln. … Wir müssen uns wieder auf die … beheimateten Baumarten besinnen. Hier kommt nun die Aufgabe für die Jagd. Wir können uns einen hohen Rehwildbestand nicht mehr leisten. … Der Wald prägt meine Heimatliebe und mein wirtschaftliches Denken. Deshalb ist die Erhaltung einer … zukunftssichernden Forstwirtschaft oberstes Ziel unserer Unternehmensführung. Um dieses Ziel zu erreichen, musste ich … liebgewordene Einstellungen … verändern. … Wald ist ein kostbarer Bestandteil von Gottes Schöpfung, die uns zum Nutzen und Bewahren anvertraut ist.«*[123]

Hier konnte eine »Vorausverjüngung« mit mehreren Baumarten aufwachsen. Für Fürst Castell ist der Wald ein Teil von Gottes Schöpfung. Er will artenreiche Zukunftswälder durch eine waldgerechte Jagd und einen feinfühligen Waldbau erreichen.

Fürst Castell hatte sich von der außergewöhnlichen Begabung des Forstwirtschaftsmeisters Ludwig Neeb aus dem staatlichen Nachbarforstamt überzeugen lassen. Er hat ihm 1990 die Leitung eines Forstreviers in den fürstlichen Waldbesitzungen übertragen. Das war ein mutiger Schritt, der in der Staatsforstverwaltung nicht möglich gewesen wäre. Ludwig Neeb hatte nicht studiert, war aber sehr lernbegierig. Er hörte sich die Meinungen von Forstprofessoren an und übernahm das, was ihm für »seinen« Wald nützlich erschien. Er erklärte etwa: *»Die Fichte ist nicht der Brotbaum des Waldes, sie ist der Katastrophenbaum.«*[124] Ihm schwebte ein gesunder Mischwald mit mindestens sechs Baumarten vor. Deshalb veränderte er die Jagdstrategie und führte »Stöberjagden« ein. Er erläuterte: *»Soll diese ›gesellige‹ Form der Rehwildbejagung erfolgreich sein, müssen bei einer sorgfältigen Jagdorganisation drückjagdtaugliche Hunde und schießfertige Jäger sachkundig miteinander kombiniert werden. … Mit ihrem zuneh-*

Oberförster Neeb diskutiert mit Professoren den besten Weg zu klimatoleranten Wäldern. Auch erfahrene Praktiker sollten sich über neue Forschungen informieren, und genauso sollten umgekehrt Professoren von Praktikern lernen, um die Bodenhaftung nicht zu verlieren.

menden Erfolg erhöhte sich jedoch der psychologische Druck auf uns Forstleute. … Ausgrenzungstendenzen waren vielfältig erlebbar. Freundschaften sind darüber zerbrochen.«[125]

Nach einigen Jahren erkannte Fürst Castell die positive Veränderung des Waldes im Revier von Ludwig Neeb. Er bewies große Weitsicht, als er ihm 2001 die Leitung der gesamten Castell'schen Forstverwaltung mit zuletzt 4500 Hektar Wald übertrug. Ludwig Neeb wurde durch seine ausgeprägte Lernbereitschaft zum ausgezeichneten Waldbauer und Organisator effizienter »Bewegungs-

Eine alte Eiche wurde als »Biotopbaum« markiert und soll nicht genutzt werden. Zum Erhalt der Artenvielfalt etwa bei Vögeln oder Insekten sollten überall im Wald weniger wertvolle Bäume stehen bleiben. Der Staat bezuschusst solche »Biotopbäume«.

Ludwig Neeb im artenreichen Zukunftswald, der durch waldgerechte Jagd aufwachsen konnte. Neeb ist durch seine Lernbereitschaft und seinen Mut zum Vorbild vieler Förster geworden.

jagden«. Er schaffte es, dass heute unter etwa zwei Dritteln der alten Wälder eine vielfältige Vorausverjüngung aufwächst. Auf etwa 300 Hektar sind in diesen zukunftsfähigen Wäldern junge Tannen beigemischt. Neue Stürme werden wieder einen Teil der alten Wälder umwerfen – dann steht darunter aber schon eine neue, vielfältige Waldgeneration bereit. Sie kann die Herausforderungen des Klimawandels viel besser erfüllen als die Wälder, die vor der »Neeb'schen Zeit« entstanden sind.

Das Haus Castell erhielt 2007 den »Staatspreis für vorbildliche Waldbewirtschaftung«. 2013 folgte die »Bayerische Staatsmedaille für Verdienste um die Umwelt« für seine ökologische und ökonomische Waldbewirtschaftung mit der konsequenten und effizienten Umsetzung der gesetzlichen Vorgabe »Wald vor Wild«.[126]

Stadtwald Hildburghausen – Stadtrat und Förster gestalten den Zukunftswald

In Thüringen hat die Staatsregierung im Jahr 1993 auch aus Gründen der Hochwasservorsorge ein umfassendes Waldumbauprogramm beschlossen. Ein wichtiges Teilziel war die Reduktion des Rotwildbestandes von 16 000 auf 4000 Tiere. Das wurde auch einige Jahre versucht, dann jedoch haben Landesjagdverband und hochrangige Förster eine weitere Reduktion verhindert. Seitdem beschränkt sich das Waldumbauprogramm weitgehend auf eingezäunte Kleinflächen.

Im Stadtwald Hildburghausen wurde gezeigt, dass es auch anders geht. Dieser Stadtwald liegt im Süden des Landes in den Ausläufern des Thüringer Waldes in einer Höhenlage von 450 bis 550 Metern und in für Deutschland durchschnittlichen Standortsverhältnissen. Er hat eine Größe von etwa 23 Quadratkilometern. Bis 1990 wurde er als Altersklassenwald (vorrangig aus Fichten) und jagdlich trophäenorientiert mit viel Rot- und Rehwild bewirtschaftet. Nach der Wende konnte die Stadt ihren Wald wieder weitgehend selbständig bewirtschaften. 1992 wurde der junge Förster Bernd Hoffmann vom Bürgermeister mit der Leitung des Stadtwaldes beauftragt. Nach der Klärung der Eigentumsverhältnisse verschaffte er sich einen Überblick über die notwendigen forstlichen Aufgaben. Aus dem hohen Anteil an standortwidrigen und instabilen Nadelreinbeständen leitete er die Notwendigkeit eines gezielten Waldumbauprogramms ab. In den ersten Jahren konnte er jährlich nur wenige Hektar »umbauen«, da er alle Umbauflächen kostenaufwändig einzäunen musste – die Jagd war verpachtet, und die Jagdpächter wollten den Wildbestand nicht verringern. Bernd Hoffmann informierte sich umfassend, auch anhand von Beispielbetrieben, und passte das Gelernte den örtlichen Verhältnissen an. Er entwickelte eine Gesamtstrategie und legte sie dem Stadtrat vor, der nach einigen Diskussionen Folgendes beschloss:

- *»Die permanente Forderung nach Sicherheit und Nachhaltigkeit lässt eine Gewinnmaximierung ausscheiden. Sie wird durch die Forderung nach eingeschränktem Gewinnstreben mit einer niedrigen Untergrenze des jährlichen Reinertrags angesetzt. [Es wird keine Gewinnmaximierung angestrebt, sondern ein Optimum an Gesamtleistungen des Stadtwaldes bei Beachtung der Wirtschaftlichkeit aller Maßnahmen, Anm. d. V.]*

- *Das langfristige waldbauliche Hauptziel ist die Umwandlung der Altersklassenforsten in Dauerwald mit einzelstammweiser Nutzung. Stabile, vertikal gut strukturierte Mischbestände mit standortheimischen und standortgerechten Baumarten sind aufzubauen. Bis zum Jahr 2040 soll der Stadtwald aus etwa 50 Prozent Nadelbäumen (Fichte, Tanne, Lärche, Kiefer) und 50 Prozent Laubbäumen (Buche, Eiche und sonstige Laubbäume) bestehen.*
- *Die Gestaltung des Waldes hat nach dem Prinzip der bewussten Nutzung von Naturkräften und in deren Einklang zu erfolgen.*
- *Um dieses Ziel zu erreichen, sind Jagdmethoden und Jagdnutzungsrechte zu entwickeln, mit denen waldökologisch vertretbare Schalenwilddichten erreicht werden. Bis zum Jahr 2015 soll die Jagd ausschließlich durch die Vergabe von Jagdpaketen ausgeübt werden.*«[127]

Ein Förster erklärt seinen Enkeln die Schönheit und den Nutzen eines artenreichen Waldes. Das ist eine wichtige Aufgabe der Förster – vor allem der vielfältige, örtlich unterschiedliche Nutzen eines artenreichen Dauerwaldes sollte Waldbesuchern erläutert werden.

In den folgenden Jahren wurde die Verpachtung der Jagdreviere beendet und die Jagd selbst ausgeübt (in Eigenregie). Es wurden »Jagdpakete« zur Bejagung von je etwa hundert Hektar ausgegeben mit besonderen Anreizen bei Erfüllung des vorgesehenen Abschusssolls. Zusammen mit der Einführung von Bewegungsjagden konnte die Jagdstrecke beim Rehwild auf mehr als das Doppelte gesteigert und die Zahl des Rotwilds stark reduziert werden.

Ein Eichelhäher holt sich aus einem Kasten Eicheln und »pflanzt« sie im Fichtenforst ein. In Hildburghausen wurden aus DDR-Grenzzäunen Eichelhäherkästen gefertigt. Ein Eichelhäher pflanzt so jährlich bis zu 5000 Eicheln und wird auf diese Weise zum »Waldmeister«.

Hier werden die Rillen für eine Tannensaat gezogen. Um wieder Tannen in die instabilen Fichten-Kiefern-Forste zu bringen, wurde mit der Tannensaat begonnen. Dabei leistet ein geschultes Pferd gute Dienste.

Förster Bernd Hoffmann erläutert dem Stadtrat die Notwendigkeit der Tannensaat. In Kommunalwäldern ist es besonders wichtig, dass die gewählten Vertreter der Bürgerschaft direkt vor Ort von der Notwendigkeit etwa eines Waldumbaus überzeugt werden.

Waldbesucher im Winter auf gut markierten Wanderwegen im Stadtwald. Gerade in stadtnahen Wäldern sollte ein Netz aus Wegen für unterschiedliche Arten der Erholung und des naturnahen Sports gut beschildert sein.

Nach einigen Jahren waren Verbiss- und Schälschäden so weit zurückgegangen, dass mittlerweile auch Tannen, Eichen und Ahorne meist ohne Zaun aufwachsen können. Um den Anteil an Eichen zu erhöhen, wurden spezielle Eichelhäherkästen entwickelt, in geplanten Waldumbauflächen aufgestellt und im Herbst mit Eicheln gefüllt. Die Eichelhäher holen die Eicheln aus den Kästen und »pflanzen« die Eicheln unter die Fichten. Da es im Stadtwald nur wenige alte Tannen und Ahorne als Samenbäume gibt, wurde 2011 mit der Tannen- und später auch mit der Ahornsaat begonnen. Durch die geänderte Jagdstrategie, die fast kostenlose Aussaat durch die Eichelhäher sowie die Saat von Tannen und Ahornen konnte die jährliche Waldumbaufläche auch mit den begrenzten finanziellen Mitteln stark erhöht werden. Das Ziel, den Waldumbau in absehbarer Zeit abzuschließen, hat so eine realistische Chance. Förster Hoffmann hat zudem durch Vergleichsberechnungen und Grafiken aufgezeigt, dass die Stadt durch die genannten Maßnahmen in den nächsten Jahrzehnten beim geplanten Waldumbau mehrere Millionen Euro einsparen kann.

Auch im Thüringer Staatswald gibt es einige Förster, die das Problem eines finanzierbaren Waldumbaus ähnlich engagiert angehen wie Bernd Hoffmann. Im Dezember 2014 hat Ministerpräsident Bodo Ramelow in seiner Regierungserklärung angekündigt, dass er positive Vorgaben früherer Regierungen übernehmen, aber auch neue Herausforderungen angehen wolle. Konkret hat er angekündigt: »*Wir wollen … ein grünes Thüringen, das Vorreiterland für … den Klima- und Umweltschutz wird. … Die Belange … der Anpassung an die Folgen des Klimawandels sollen konkretisiert und notwendige Umsetzungsinstrumente geschaffen werden. … Beim Hochwasserschutz besteht großer Handlungsbedarf. … Geht es nach der Strategie, so … hat im Zuge des Waldumbaus die Arten- und Strukturvielfalt der Wälder zugenommen.*«[128]

Das Thüringer Waldumbauprogramm für den Staatswald von 1993 war ein fortschrittliches Programm, das aber leider an den hohen Kosten für den Schutz gegen Wildverbiss weitgehend gescheitert ist. Es wird sich zeigen, ob auch die neue Regierung vor den Argumenten der mächtigen Jagdlobby zur Verteidigung von Traditionen (vorwiegend aus der Kaiserzeit) und des Tierschutzes (für wenige Arten) zurückschreckt, oder ob sie mit dem jetzt angekündigten Waldumbauprogramm die Chance ergreift, einen kostengünstigen Beitrag zum vorsorgenden Umweltschutz zu leisten. Dazu ist es notwendig, für jedes Forstamt und Forstrevier klare, kurz- und mittelfristige Ziele aufzustellen und den Erfolg konsequent zu kontrollieren.

Graf Hatzfeldt – mit neuer Jagdstrategie sehr viel Geld sparen

Der Waldbesitzer Hermann Graf Hatzfeldt zeigte 2001 auf, wie die Wälder im 19. und 20. Jahrhundert zu »menschengemachten Forsten« wurden. Er sagte: »*Die geregelte Forstwirtschaft ist nach und nach zur unregelbaren Katastrophenforstwirtschaft verkommen.*« Mit der »naturgemäßen Waldwirtschaft« stellt er eine Alternative dazu vor. Naturgemäß wirtschaftende Förster verstünden sich »*eher als gleichberechtigte Partner des Waldes, denn als ihr Herr und Meister. Ihre Tugenden sind die des Waldes: Bescheidenheit, Geduld und Lernfähigkeit. Dadurch können sie dem Wald seine Geheimnisse ›ablauschen‹, kopieren und imitieren*«.[129]

Die Vorsitzende des ÖJV zeigt, dass ein intensives Schießtraining Voraussetzung für eine tierschutzgerechte Jagd ist: Um im dichten Wald erfolgreich jagen zu können, müssen die Jäger gut trainiert sein und vom Waldbesitzer als wertvolle Helfer anerkannt werden.

Ein Harvester entnimmt Kiefern aus einem überdichten Kiefernforst in Brandenburg *(oben)*. Sechs Jahre später zeigt der Förster Mark Illerich, wie junge Eichen und andere Laubbäume aufgewachsen sind *(unten)*. Auch auf armen Sandböden ist eine artenreiche Waldverjüngung zu erzielen, wenn intensiv und waldgerecht gejagt wird. Im Gräflich Hatzfeldt'schen Wald wurden so Einsparungen von etwa 130 Euro pro Jahr und Hektar erzielt. Die Vegetation ist wieder artenreicher; die Rehe sind schwerer und gesünder.

Um diese Ideen umzusetzen, holte er 1993 Dr. Franz Straubinger als Forstchef der etwa 7000 Hektar Wald im Siegerland im nördlichen Rheinland-Pfalz. Dieser fand dort 375 Kilometer wildabweisende Zäune und einen Wildverbiss von 30 bis 40 Prozent bei den Laubbäumen vor, den er sofort als Haupthindernis für die Umstellung auf die auch betriebswirtschaftlich erfolgreiche »naturgemäße Waldwirtschaft« ausmachte. Zusammen mit Graf Hatzfeldt entwickelte er ein ganzheitliches Konzept aus einer neuen Jagdstrategie und einem »naturnahen Waldbau«.

Der Förster erläutert zahlreichen Jägern die Vorgaben einer Bewegungsjagd. Voraussetzungen für eine erfolgreiche Jagd in der dicht aufwachsenden »Vorausverjüngung« sind eine sorgfältige Planung und eine genaue Einweisung der Jäger.

Über die weitere Entwicklung berichtet Nicolaus Graf Hatzfeldt-Wildenburg neunzehn Jahre später: *»Die Verbissbelastung ist von 29 Prozent auf drei Prozent bei der Eiche und von 42 Prozent auf fünf Prozent bei den ›sonstigen Laubbäumen‹ zurückgegangen. Auch die Begleitvegetation mit dem Waldweidenröschen und vielen anderen Pflanzenarten kann wieder aufwachsen. Unser Wald ist jetzt auch ein attraktiver Ganzjahreslebensraum für das Rehwild. Die einzelnen Reviere dieser territorialen Wildart werden immer kleiner. Wald und Wild sind in einem entspannten natürlichen Fließgleichgewicht. Wildbedingte Forstschutzkosten gibt es nicht mehr. Wir haben unseren Jagdbetrieb finanziell analysieren lassen mit dem Ergebnis, dass aktuell Minderausgaben von 125 bis 140 Euro/Hektar und Jahr entstehen. Dies ist ein ernstzunehmender Geldbetrag, den leider viele Waldbesitzer so nicht kennen, ignorieren oder geflissentlich nicht ernst nehmen. Unser Betrieb lebt nicht nur von den Holzeinnahmen, sondern profitiert ganz massiv von der Ausgabendisziplin. Die Rehe sind um 25 bis 35 Prozent schwerer geworden. Der Zuwachs beträgt mindestens zwei Kitze pro Ricke und lässt bei einem anzunehmenden geringen Grundbestand eine hohe Strecke von derzeit fünfzehn Stück pro hundert Hektar Wald mit steigender Tendenz zu. Wir benötigen weder Fütterung noch ›Äsungsflächen‹ in Form von Wildäckern oder Wildwiesen. … Unser Resümee lautet: Unsere waldorientierte Jagd stellt den existenziellen Einflussfaktor auf unser künftiges Waldkapital und die aktuellen Ausgabenflüsse dar. Dies kann im Grunde jeder Eigenjagdbesitzer direkt beeinflussen. Zielorientierte Jagd löst die waldbaulichen und betriebswirtschaftlichen Herausforderungen von heute und morgen. Wir sind überzeugt, dass unsere*

Eine der wenigen Alteichen wurde als Naturdenkmal geschützt. Durch die waldgerechte Jagd können aus ihren Eicheln jetzt wieder junge Eichen aufwachsen.

nachwachsenden Wälder auch den Herausforderungen eines Klimawandels gerecht werden. Unser Jagdbetrieb führt zu ästhetischen Wäldern mit hoher ökonomischer Stabilität, zum Beispiel gegen Kalamität, Klimawandel, ausgeprägter Biodiversität, ethischer Verantwortung für Arbeitsplätze, Bodenschutz, Wasserregime etc. und zu einem gut konditionierten Wildbestand. Ein cervidenorientierter Jagdbetrieb [Cerviden sind Rehe und Hirsche, Anm. d. V.] führt langfristig und nachhaltig zu einem erheblichen Substanzverlust und zu ökologischer wie ökonomischer Instabilität der Wälder.«[130]

Graf Hatzfeldt hat 2001 bis 2003 auch den etwa 6600 Hektar großen Forstbetrieb Massow südlich von Berlin gekauft. Die Standorte sind von Sandböden geprägt. Auf ihnen stehen ganz überwiegend Kiefern. Deshalb ist es enorm wichtig, die dünne Humusschicht durch das Laub von Laubbäumen anzureichern und so auch der Waldbrandgefahr vorzubeugen. Daher wurde auch dort die Jagdstrategie umgestellt (siehe Foto Seite 156) und begonnen, gezielt mehr Laubbäume über die Naturverjüngung oder eine ergänzende Pflanzung aufwachsen zu lassen. Der Förster Mark Illerich hat in den letzten dreizehn Jahren schöne Erfolge erzielt. Hier gibt es aber noch sehr viel Arbeit, bis unter den alten Kiefern überall eine stabile und klimatolerante »Vorausverjüngung« aufgewachsen ist. Dr. Straubinger ergänzt: *»Wäre der Jagdbetrieb nicht grundlegend erneuert worden, hätten wir unser waldbauliches Ziel aufgeben müssen. Letzterer Weg wird häufig in Forstbetrieben geübt, nämlich die Zieländerung. Es werden einfach gewisse Baumarten aus Waldgebieten verbannt, und schon entspannt sich auf dem Papier das Verhältnis von Waldbau und Jagd.«*[131]

Reuthen – ein Musterbeispiel für kurzfristig möglichen Waldumbau

Im Dezember 2000 kaufte Sebastian Freiherr von Rotenhan im südöstlichen Brandenburg bei Reuthen ein etwa 1700 Hektar großes Waldgebiet. Auf diesen Standorten würden von Natur aus Eichen-Kiefernwälder vorherrschen. Tatsächlich standen dort überwiegend mittelalte und überdichte Kiefern und Birken sowie einige Eichen. Am Waldboden gab es meist nur braune Kiefernnadeln. Die Reh- und Rotwildbestände waren genauso wie der Wildverbiss sehr hoch. Sebastian von Rotenhan ließ ein Netz von Rückegassen anlegen und die Bestände kräftig durchforsten. Gleichzeitig begann er, den Wildbestand auf ein waldverträgliches Maß zu reduzieren.

Dichte und artenarme Kiefernforste um Reuthen im Jahr 2002. Nach 1945 wurden hier die meisten Wälder abgeholzt. Danach wurden fast nur Kiefern gepflanzt, die Wälder wurden selten durchforstet und bieten den Rehen kaum artgerechte Nahrung.

Diese Försterin zeigt auf die artenreiche Vorausverjüngung unter den 65-jährigen Kiefern. Die Kombination einer waldgerechten Jagd mit kräftigen Durchforstungen hat in zwölf Jahren zu dieser artenreichen Vorausverjüngung geführt, die den Rehen gute Nahrung bietet.

Dreizehn Jahre später hat sich das Waldbild völlig verändert: Überall sind junge Eichen, Birken, Weiden und Kiefern sowie zahlreiche Sträucher aufgewachsen, am Waldboden findet sich eine große Artenvielfalt mit vielen zartblättrigen Kräutern. Die Rehe leben hier wie »Gott in Frankreich«. Die Zuwachsrate einer einzelnen Rehgeiß ist wegen des besseren Ernährungszustandes nun viel höher als früher. In der dichten Vorausverjüngung sieht man bei der normalen Ansitzjagd kaum mehr Rehe, ein effektiver Jagderfolg ist daher nur mit Bewegungsjagden im Spätherbst und Frühwinter möglich. Der Verbiss an jungen Bäumen ist jetzt waldverträglich gering.

Trotz dieser raschen positiven Veränderungen wird in benachbarten Wäldern weiter mit Kahlschlägen und extrem hohen Wildbeständen gewirtschaftet. Dort könnte die Politik bald die Frage stellen, wozu man dann noch hochqualifizierte Förster braucht – denn eine so schlichte Forstwirtschaft kann auch ein gut eingewiesener Waldarbeiter leisten. Sebastian von Rotenhan schreibt 2014 in der Broschüre »Zehn Jahre später«: »*Ich kenne in Deutschland ein oder vielleicht zwei Dutzend Waldbesitzer mit Eigenjagdgröße, die den Grundsatz Wald vor Wild uneingeschränkt unterschreiben würden. Dem großen Rest … ist das Jagdvergnügen allemal wichtiger als ihr Wald, und es werden größte Vermögensverluste zu Lasten der Erben in Kauf genommen. … Die Folge ist, dass auch bei Waldbesitzerverbänden … von einem kompromisslosen Einsatz für die Sache des Waldes nicht die Rede sein kann.*« Er hat auch die Vermögensverluste ausgerechnet: »*Wollte man eine gemischte Kultur in dieser Qualität [wie seine jungen Wälder] künstlich anlegen, entstünden Kosten, bis die Kultur als gesichert bezeichnet werden kann, von nicht unter 10 000 Euro pro Hektar. … Bei uns gibt es solche Verjüngungen inzwischen auf mehreren hundert Hektaren. … Und das alles nur, weil bei uns der Grundsatz Wald vor Wild gilt.*«[132]

Kahlschläge, gepflügte Böden und neue Kiefern-Monokulturen – in benachbarten Staatswäldern wird wegen jagdlicher Traditionen weiter ein Primitivwaldbau betrieben. Dazu braucht es keine Förster. Gut ausgebildeten jungen Förstern wird so die Zukunft verbaut.

Im Land Brandenburg gibt es etwa 250 000 Hektar mit über achtzigjährigen Kiefernforsten. Im Zeichen des Klimawandels müsste eine »Vorausverjüngung« in den nächsten zwanzig Jahren auf mindestens der Hälfte dieser Flächen aufgewachsen sein. Unterstellt man, dass im Gesamtwald etwas höhere Kosten als in Reuthen für Ergänzungspflanzungen anfallen, würde das Einsparpotenzial etwa 8000 Euro je Hektar betragen. Das landesweite Einsparpotenzial beträgt dann rund 125 000 Hektar x 8000 Euro = 1 Milliarde Euro. Ein Betrag in dieser Größenordnung könnte bei konsequentem Vollzug des Grundsatzes »Wald vor Wild« eingespart werden.

Inzell – herausragende Leistungen von Staatswaldförstern

Das Forstrevier Inzell liegt am nördlichen Alpenrand. Die Standorte bestehen meist aus weich verwitterndem, wuchskräftigem Flysch. Von Natur aus würden hier Tannen-Fichten-(Buchen)-Wälder vorherrschen. Das Revier gehörte früher zum Forstamt Siegsdorf und ist seit 2005 Teil des Forstbetriebs Berchtesgaden der Bayerischen Staatsforste. Der Förster hat die arbeitsintensive Aufgabe, einen Holzeinschlag von etwa 15 000 Festmetern pro Jahr zu organisieren.

Trotz intensiver Nutzung der Wälder für die Salinen konnten sich bei naturnah niedrigen Wildbeständen bis

Im Revier Inzell hat Förster Georg Berger eine artenreiche Vorausverjüngung geschaffen. In stark rutschgefährdeten Wäldern ist ein hoher Anteil an Tannen erforderlich. Das ist nur durch eine intensive waldverträgliche Jagd und einen sensiblen Waldbau zu erreichen.

Ein Sturm hat alte Fichten umgeworfen, junge Tannen und Buchen sind aber schon da. Die Schutzfunktionen eines Bergwaldes erfordern, dass in solchen Fällen schon eine »Vorausverjüngung« aufgewachsen ist.

Im Sturm sind hier viele alte Fichten umgefallen *(unten links)*, eine Vorausverjüngung war aber schon vorhanden. Sechs Jahre später zeigt Förster Berger, wie hoch die jungen Tannen mittlerweile aufgewachsen sind *(unten rechts)*. Auf vielen Standorten ist die heimische Tanne aus ökologischen, aber auch aus ökonomischen Gründen unverzichtbar. Deshalb sollte dringend ein Tannenschutzprogramm entwickelt und konsequent verwirklicht werden.

etwa 1880 immer wieder Wälder mit einem hohen Tannenanteil entwickeln. Nach der »Salinenzeit« wurde die Zahl der Hirsche, Gämsen und Rehe durch intensive Hege massiv erhöht. Es konnten zwar immer noch sehr viele kleine Tännchen bis etwa zwanzig Zentimeter Höhe aufwachsen, sie wurden dann aber von dem vielen Wild so stark verbissen, dass nur wenige überlebten. So kam es zwischen 1880 und 1990 zu einer »Tannenlücke«. Dazu haben auch größere Kahlschläge beigetragen, die unter anderem für ein freies Schussfeld angelegt wurden. Zusätzlich wurden die meisten Fichten von Hirschen »geschält«. Das forstliche Ziel (siehe die Seiten 72f., 77, 89), wieder naturnahe Mischwälder aufzubauen, wurde weit verfehlt. Das heißt: Hochrangige Forstbeamte haben für ihr Jagdvergnügen dem Staatshaushalt und dem Umweltschutz großen Schaden zugefügt.

Erst ab 1988 haben die Forstamtsleiter Hans-Christoph Jahn und Alfons Leitenbacher mit dieser »Jagdtradition« gebrochen. Ab 2002 übernahm dann Georg Berger das Revier Inzell und setzte sich sofort engagiert für das alte Ziel des Wiederaufbaus tannenreicher Mischwälder ein. Er begann, den viel zu hohen Bestand an Rot-, Gams- und Rehwild durch eine intensive Jagd so weit zu reduzieren, dass junge Tannen wieder aufwachsen können und Fichten nicht mehr geschält werden. Zunächst gab es noch heftige Widerstände von angrenzenden Privatjägern, die jetzt weniger aus dem Staatswald auswechselnde Hirsche erlegen konnten. Heute, elf Jahre später, ist unter den alten Wäldern fast überall eine dichte Vorausverjüngung mit einem Anteil von etwa 40 Prozent Tannen aufgewachsen. Und es gibt keine frischen Schälschäden mehr.

Georg Berger hat das Glück, dass in benachbarten Staatswaldrevieren mit Hans Huber, Thomas Klein und Franz Obermeier drei Förster ähnlich konsequent jagen. Alle vier arbeiten als echte »Waldförster« weit über die normale Arbeitszeit hinaus. Sie verzichten auf die Hilfe von Berufsjägern, da die meist nicht so konsequent nach dem Grundsatz »Wald vor Wild« jagen. Solche herausragenden Leistungen von Staatswaldförstern wie in Inzell und in den benachbarten Revieren sind nur mit einer weit überdurchschnittlichen Leistungsbereitschaft zu erzielen und gehen oft zu Lasten der Familie. Deshalb müssen sich die Reviergrößen dem Leistungsvermögen durchschnittlicher Förster in der normalen Arbeitszeit anpassen.

Gleichzeitig wäre es zu wünschen, dass solch überdurchschnittlicher Einsatz nicht nur von Naturschutzverbänden, sondern auch von den Bayerischen Staatsforsten besonders gewürdigt und auch honoriert werden.

Angersdorf – vorbildliche Jagd im Dienste der Waldbesitzer

Das Gemeinschaftsjagdrevier Angersdorf-Lohbruck liegt in Niederbayern im tertiären Hügelland etwa fünfzig Kilometer südwestlich von Passau. Die Standortsverhältnisse sind bei nährstoffreichen Böden als »sehr wüchsig« zu bezeichnen. Die »potenzielle natürliche Vegetation« würde aus Buchenwäldern mit einem oft relativ hohen Anteil an Tannen bestehen. Die Buchenwälder wurden auch hier seit etwa zweihundert Jahren in fichtendominierte Forste umgewandelt. Außerdem werden die Rehwildbestände seit etwa 120 Jahren »aufgehegt«. Die zahlreichen Verkehrsunfälle mit Rehen sind ein deutlicher Hinweis auf die sehr hohen Wildbestände, ebenso der Verbiss, der zu einem starken Rückgang der Tanne geführt hat.

Im Jahr 2002 haben die Grundeigentümer beschlossen, das Revier nicht mehr an einen Jäger zu verpachten. Sie haben die Jagd in eigener Verantwortung übernommen (»Eigenbewirtschaftung«). Das Ziel ist, dass die Jagd einer zukunftsorientierten Waldnutzung dient. Als »verantwortlicher Jäger« wurde der Revierjagdmeister Nikolaus Urban gewonnen, der ein zielgerechtes System von Jagdeinrichtungen im Wald etabliert hat. Die Jagd wird jetzt als Kombination einer Intervalljagd mit einigen gut organisierten Bewegungsjagden ausgeübt. In den ersten sechs Jahren konnten jährlich sechzehn und danach zwölf Rehe auf hundert Hektar Gesamtfläche erlegt werden. Da fast alle Rehe im Wald erlegt werden, sind das jährlich mehr als dreißig Rehe auf hundert Hektar Wald. Die Rehe sind jetzt deutlich schwerer und gesünder als vorher. Der waldgerechte Abschuss bis zum Frühwinter führt dazu, dass der

Klaus Urban als »verantwortlicher Jäger« baut Jagdeinrichtungen im Wald. Um den Grundsatz »Wald vor Wild« zu verwirklichen, ist im Wald eine Form der Jagd notwendig, bei der das Wild so aus seinen Verstecken herausgedrückt wird, dass es langsam laufend von den Jägern beschossen werden kann.

Zwei Förster haben in jungen Tannen zwei Rehe erlegt. Zwei Jahre später begutachtet die Familie des Waldbesitzers mit den Jägern die aufwachsende Tannenvorausverjüngung. Ein Tannenschutzprogramm kann nur erfolgreich verwirklicht werden, wenn die Jäger wieder lernen, Rehe nicht mehr wie kleine Hirsche zu bejagen. Und wenn Waldbesitzer es tatsächlich wollen.

Verbiss vor allem in der gefährdeten Zeit im Spätwinter deutlich geringer ausfällt. Seit etwa acht Jahren kann so die natürliche Tannen-Vorausverjüngung flächig ohne Schutz aufwachsen. Die Eiche wird vom Eichelhäher reichlich »gesät« und wächst meist ebenfalls ohne Schutz auf. Auch die Bodenvegetation ist etwa mit dem Waldweidenröschen oder dem Hasenlattich artenreicher geworden. Ein klimagerechter Waldumbau mit Buchen, Eichen, Bergahornen, Tannen und Fichten ist auf der gesamten Fläche ohne Schutzmaßnahmen möglich. Die Jäger verstehen sich hier in dienender Funktion für eine zukunftsorientierte Waldnutzung. Die Jagdgenossenschaft wurde aufgrund ihrer vorbildlichen Jagdbewirtschaftung 2014 mit dem »Wald-Wild-Preis« im Landkreis Rottal-Inn ausgezeichnet.

Buchwäldchen – Waldumbau und Jagd im Einklang

1993 wurde ein zukunftsweisendes Waldumbauprogramm für Brandenburg entworfen. Es wurde davon ausgegangen, die Schalenwildbestände innerhalb von zehn Jahren soweit absenken zu können, dass auf eine Zäunung weitgehend verzichtet werden könne. 2003 musste dann jedoch resigniert festgestellt werden, dass weder bei den privaten Jagdpächtern noch im Staatswald der Wille bestand, die Reduktion der Bestände zu vollziehen.[133] Fast alle Umbauflächen mussten kostenaufwändig eingezäunt werden, daher reichten die eingeplanten Gelder nur für den Umbau weniger Flächen. Der brandenburgische Forstminister Jörg Vogelsänger erklärte 2012 dennoch: *»Wir wollen den Wald auch für spätere Generationen in seiner ganzen Vielfalt und Schönheit erlebbar machen, unsere Wälder auf den Klimawandel vorbereiten und den wirtschaftlichen Nutzen für die 100 000 Waldbesitzer im Land erhalten. So müssen Jäger und Waldbesitzer waldverträgliche Wilddichten erreichen. Ab 2015 soll im landeseigenen Wald der Mischwald ohne Zäune heranwachsen können.«*[134]

Drei Jahre später ist man in den meisten Revieren auch des staatlichen Landeswaldes von diesem Ziel aber immer noch weit entfernt. Woran liegt das? Die bisherige Kiefernwirtschaft mit Kahlschlägen sowie der Pflanzung von Kiefern und einigen Mischbaumarten hinter einem Zaun ist einfach und bequem. Eine gut gemischte Vorausverjüngung ohne Zaun heranwachsen zu lassen, erfordert mehr forstliche und jagdliche Arbeit für die örtlichen Förster. Der Minister, der einen Mischwald ohne Zaun auch für kommende Generationen haben will, scheitert an den teuren Zäunen, die der forstlichen und jagdlichen Bequemlichkeit vieler Beamten geschuldet sind. Begründet wird diese »bequeme Methode« vorwiegend mit der Pflege von Jagdtraditionen oder der traditionellen Hege einiger weniger (trophäentragender) Tierarten. Der Minister sieht das offenbar anders, kann oder will seine klaren Vorgaben aber nicht in konkrete Politik umsetzen. So kommt es beispielsweise weiterhin zu einem Abbau von Försterstellen, sodass gut ausgebildete und reformwillige Forstabsolventen um eine Zukunft in diesem faszinierenden Beruf bangen müssen.

In einigen Betrieben sind die Vorgaben des Ministers jedoch umgesetzt. Dazu gehört der Forstbetrieb Buchwäldchen in der Niederlausitz. 2003 haben die Brüder Gunther und Wolf-Dieter

Ein Jungjäger hat seinen ersten Rehbock in artenreicher Vegetation erlegt. Die Jagd hat heute zwei unterschiedliche Ziele: Sie kann die Natur beherrschen und Jagdtrophäen als Statussymbole anstreben oder sie kann dem Aufbau von Zukunftswäldern dienen.

Zwei Kinder freuen sich über aufwachsende Eichen und an Waldweidenröschen: Naturnahe und artenreiche Waldverjüngungen sind eine wichtige Zukunftsvorsorge gerade für die nächste und übernächste Generation. Das sollte auch in den Schulen gelehrt werden.

Emmrich 173 Hektar Wald aus früherem Familienbesitz zurückerworben. Die Waldstandorte sind meist nährstoffarm und weisen eine für Deutschland unterdurchschnittliche Güte auf. Von Natur aus würde hier ein Kiefern-Eichenwald wachsen. Die Eigentümer sind studierte Förster und bewirtschaften ihre Wälder selbst. Seit 2003 wird der Forstbetrieb nach den Grundsätzen der naturgemäßen Waldwirtschaft bewirtschaftet, Leitbild sind naturnahe, stabile und ertragreiche Waldbestände. Auf Zaunbau, Bodenbearbeitung und Chemieeinsatz wird verzichtet, und die Holznutzung erfolgt über ein festes Rückegassensystem. Die Eigentümer üben die Jagd selbst aus. Vorkommende Schalenwildarten sind Rot-, Dam-, Reh- und Schwarzwild, wobei der Schwerpunkt der Bejagung beim Rehwild liegt: Der Rehwildabschuss erreicht mit etwa zehn Rehen pro hundert Hektar rund das Vierfache benachbarter Jagdreviere. Der Wildbestand wird aber auch beim Rot- und Damwild so reguliert, dass alle vorkommenden Baumarten ohne Schutzmaßnahmen aufwachsen können. So konnte auf vielen Teilflächen unter den alten Kiefern eine artenrei-

Ein Förster kontrolliert, ob eine zielgerechte artenreiche Waldverjüngung aufwachsen kann. Diese Kontrolle sollte nicht als Selbstkontrolle, sondern von unabhängigen Fachleuten vorgenommen werden.

che Vorausverjüngung aufwachsen. Der Minister könnte hier sehen, dass seine Ziele bei gutem Willen fachgerecht erfüllt werden können.

Die Bejagungsstrategie sieht Einzelansitze, Gruppenansitze und Drückjagden vor. Zwischen intensiven Jagdperioden liegen Ruheintervalle, die sich an den Aktivitätsphasen des Wildes orientieren. Für Rehwild wurden von den Jagdbehörden Mindestabschusspläne sowie Schonzeitaufhebungen für Rehböcke bei Bewegungsjagden im Frühwinter genehmigt. Die Rehe sind bei der artenreicheren natürlichen Nahrung gesünder und auch schwerer geworden. Trotzdem gab es von benachbarten Jägern und der Hegegemeinschaft Widerstand gegen diese Form der Jagd.

Ein völlig anderes Bild zeigt sich in anderen etwa 240 Hektar Wald, die von den Brüdern Emmrich seit 2003 zusätzlich erworben wurden. Das sind mehrere Teilflächen, von denen jede zu klein ist, um ein Eigenjagdrevier zu bilden. Deshalb gehören alle diese Teilflächen zu »gemeinschaftlichen Jagdbezirken«. Dort schränken überhöhte

Ein Jäger bei einer Drückjagd im Herbst und später im blattlosen Frühwinter. Wo bereits eine Vorausverjüngung aufgewachsen ist, wird die Jagd dann außerordentlich schwierig, wenn die Bäume noch Blätter tragen. Für einen sicheren Schuss, einen besseren Jagderfolg und auch für eine kürzere Beunruhigung des Wildes ist es deshalb unbedingt erforderlich, dass der Januar für erfolgreiche Jagden genutzt werden kann.

Wildbestände die waldbaulichen Möglichkeiten weiter drastisch ein. Beispiele dafür sind vom Rotwild völlig geschälte, teilweise zusammenbrechende Jungbestände. Das heißt: Hier entscheiden nicht mehr die Waldbesitzer, sondern die Jagdpächter, welche Baumarten die nächste Waldgeneration bilden dürfen. Ein kostengünstiger Waldumbau ohne Zaunschutz ist dort im Moment nicht denkbar. Die Möglichkeiten, den Jagdpächtern höhere Abschusszahlen aufzuerlegen, sind ebenfalls sehr gering, da die Jagdbehörden meist nicht bereit sind, gegen den Willen der Jäger die Zahlen heraufzusetzen und den Vollzug dann auch zu kontrollieren. Unter diesen jagdlichen Bedingungen können selbst zukunftsorientierte Waldeigentümer die forstlichen und jagdlichen Ziele des Ministers nicht verwirklichen.

Die mangelnde Bereitschaft vieler älterer Förster, eine naturnahe Waldbau- und Jagdstrategie konsequent umzusetzen, wird kommende Generationen teuer zu stehen kommen. Die junge Förstergeneration von Brandenburg, Mecklenburg-Vorpommern und Sachsen-Anhalt verliert so ihre Zukunftsperspektive in diesem faszinierenden Beruf. Sie sollte den Mut haben, eine »Eberswalder Erklärung« mit aufrüttelndem Inhalt zu beschließen. Die jungen Förster müssen öffentlich bekennen: *»Wir wollen uns mit all unserer Fachkompetenz und Reformwilligkeit für die praktische Umsetzung eines raschen und bezahlbaren Waldumbaus einsetzen. Ganz so, wie es die Politiker und die allermeisten unserer Mitbürger von uns erwarten.«*

Die Emmrichs müssen zuschauen, wie in Teilen ihres Waldeigentums keine artenreichen Jungwälder aufwachsen können. Bei Waldflächen, die kleiner als achtzig Fußballfelder sind, muss sich der Besitzer einem »gemeinschaftlichen Jagdbezirk« anschließen. Meist hat er dann wenig Einfluss darauf, was in seinem eigenen Wald aufwachsen darf. Dieser Zustand ist für den Waldbesitzer, aber auch für das Gemeinwohl sehr unbefriedigend.

Passau – »Der Wald ist ein Schöpfungsgeschenk«

Im Jahr 2006 sagte der bayerische evangelische Landesbischof Johannes Friedrich beim Jahresempfang des Jagdschutzverbandes: *»Leid in der Natur mindern, der Gewalt gegenüber Tieren und Pflanzen eine Schranke setzen, das ist gemeint mit dem Auftrag: Macht Euch die Erde untertan! Nichts anderes! Herrscht über die Erde und tragt Sorge für das Leben, das auf ihr gedeiht. … Tiere und Pflanzen sind nicht einfach nur für uns da, sondern zuerst einmal für sich selber. Das bedeutet konkret: Ein*

Ein Zaun zeigt deutlich, dass hier das Gleichgewicht des Lebens empfindlich gestört ist. 2006 betonte der evangelische Landesbischof von Bayern, dass dieses Gleichgewicht dort verloren ist, wo ein hoher Wildbestand die natürliche Regeneration des Waldes verhindert.

2014 enthüllten Stefan Oster, Bischof von Passau, und Staatsminister Helmut Brunner ein Plakat zur »schöpfungsorientierten Waldnutzung«. Wenn sich mehr kirchliche Würdenträger so eindeutig für eine »schöpfungsorientierte Waldnutzung« aussprächen, dann würden mit Sicherheit auch mehr Politiker für Zukunftswälder kämpfen.

Jäger, ein Förster – sie sind in ihrem Revier verantwortlich für das Gleichgewicht des Lebens. Dieses Gleichgewicht ist dort verloren, wo ein hoher Wildbestand die natürliche Regeneration des Waldes verhindert. Das Prinzip ›Wald vor Wild‹ hat deshalb ganz zu Recht Eingang in die staatliche Gesetzgebung gefunden.«[135] In der Verbandszeitschrift des Jagdschutzverbandes wurden diese entscheidenden kritischen Passagen nicht veröffentlicht. Die Aussagen hatten deshalb keine Wirkung bei den meisten Jägern und Politikern.

2014 verkündete Stefan Oster, Bischof von Passau: *»Die Achtung und die Bewahrung der Schöpfung ist eine genuin kirchliche Aufgabe. … Der Wald ist ein Schöpfungsgeschenk, das wir auf Dauer mit unserer Waldbewirtschaftung für die gegenwärtigen und künftigen Generationen sichern und be-*

wahren müssen. Unsere Kirchenwälder dienen nicht dem Menschen – wir dienen vor allem auch ihnen.«[136] Er verkündete auch ein Konzept zur Bewirtschaftung der etwa 1300 Hektar Kirchenwälder. Dort heißt es: *»Die Bewahrung und Entfaltung der Vielfalt göttlicher Schöpfung (natürliche Biodiversität) ist … oberster Grundsatz … künftiger Waldbehandlung. Leitbild der ›schöpfungsorientierten Waldnutzung‹ ist der naturnahe … Dauerwald. … Ziel ist Walderneuerung durch Naturverjüngung. Sicherung der Verjüngung … vorrangig durch eine waldangepasste Schalenwildjagd. Jagdbares Wild ist Bestandteil der göttlichen Schöpfung. Im Sinne der Bewahrung der Schöpfung kann Jagd dann gerechtfertigt werden, soweit sie nicht den persönlichen Freizeitinteressen Einzelner dient. … Pro Hektar Wald wollen wir wenigstens zehn sogenannte ›Biotopbäume‹ hegen, auf dass sie in Würde altern und eines natürlichen Waldtodes sterben dürfen.«*[137] In einigen Wäldern stellt die Kirche die Forstwirtschaft sogar ganz ein und lässt der Natur ihren Lauf, *»auf dass sie sich völlig frei entwickele«*.

Es ist zu wünschen, dass sich alle kirchlichen Würdenträger so eindeutig für eine *»schöpfungsorientierte Waldnutzung«* aussprechen. Dann werden auch mehr Politiker den wahren Wert dieses Schöpfungsgeschenks erkennen und sich danach für eine tatsächlich zukunftsorientierte Wald- und Jagdnutzung zum Wohle der jetzigen und der kommenden Generationen einsetzen.

Anmerkungen

1 Ulrich Wendt, *Kultur und Jagd*, 2. Buch, 1908
2 Heinz Staudinger, »Die Ausrottung des Wolfes im Kurmainzer Spessart«, in: *Aschaffenburger Jahrbuch*, Band 20, Aschaffenburg 1999, S. 227 ff.
3 Vgl. Vorwort und Vorbericht in Hans Carl von Carlowitz, *Anweisung zur wilden Baumzucht*, Leipzig 1713
4 Zitiert nach Georg Meister/Monika Offenberger, *Die Zeit des Waldes,* Frankfurt 2004, S. 166
5 Hans Carl von Carlowitz, *Anweisung zur wilden Baumzucht*, Leipzig 1713
6 Ebd.
7 *Nothwendige Kenntnisse des Forst- und Jagdwesens* von Simon Rottmanner, München 1780; siehe dazu auch *ÖKO-Jagd 4/2014*, S. 5 ff.
8 Zitiert nach Ernst Ulrich Köpf, *Forstpolitik*, Stuttgart 2002, S. 185 f.
9 Zitiert nach Meister/Offenburger *Die Zeit des Waldes*, 2004, S. 114
10 Zitiert nach Horst Stern, *Rettet den Wald*, München 1979, S. 195
11 Joachim Radkau, *Natur und Macht*, München 2000, S. 250
12 *Die Forstverwaltung Bayerns*, Kgl. Bayerisches Ministerial-Forstbureau, München 1861, S. 270
13 *Mitteilungen aus der Staatsforstverwaltung Bayerns*, 15. Heft, München 1913, S. 52
14 *Bayerische Agrargeschichte*, München 1954, S. 710
15 *Bericht über den Rehwildbestand in Schleswig-Holstein*
16 Zitiert nach Eugen Syrer, *150 Jahre Jagdpolitik, Jahrbuch des Vereins zum Schutz der Bergwelt*, 1990, S. 106
17 *Die Forstverwaltung Bayerns*, München 1844, S. 107
18 C. E. Diezel, *Erfahrungen auf dem Gebiete der Niederjagd*, 2. Auflage, Gotha 1856, S. IX
19 Eugen Syrer, *150 Jahre Jagdpolitik, Jahrbuch des Vereins zum Schutz der Bergwelt*, 1990, S. 109
20 Ebd., S. 22
21 Zitiert nach Horst Stern, *Rettet den Wald*, S. 193
22 Karl Gayer, *Der Waldbau*, Verlag von Wiegandt, Hempel & Parey 1889, S. 2
23 Friedrich von Gagern, *Birschen und Böcke*, Stuttgart 1928
24 Ulrich Wendt, *Kultur und Jagd*, 1908, S. 362
25 Ebd.
26 Werner Adolf Roßmäßler, *Der Wald*, Leipzig 1863, S. 25
27 *Forstliche Mittheilungen*, München 1858, Königl. Bayer. Ministerial-Forst-Bureau, S. 39 f.
28 Lukas Leiber, *150 Jahre Waldaufbau*, Heidelberg 1949

29 C. E. Diezel, *Erfahrungen auf dem Gebiete der Niederjagd*, 2. Auflage, Gotha 1856, S. 329
30 *Bayerische Agrargeschichte*, München 1954, S. 718
31 *Der Waidmann*, 1871, S. 34
32 Zitiert nach »Die Lage des Waldes«, *GEO*, 1984, S. 96
33 *Der Deutsche Jäger*, 1.12.1879, S. 42
34 Karl Gayer, *Der Waldbau*, 1880, S. 2
35 Meister/Offenberger, *Die Zeit des Waldes*, 2004, S. 101
36 Ebd., S. 102
37 Zitiert nach »Die Lage des Waldes«, *GEO* 1984, S. 96
38 F. Röhrig, *Das Weidwerk in Geschichte und Gegenwart*, Potsdam 1933, S. 204
39 *AFZ* 1/2012, S. 16 ff.
40 Nach Blümich, EStG etc./EStG § 34b – Beck online, S. 3
41 Zitiert nach »Die Lage des Waldes«, *GEO,* 1984, S. 97
42 *Deutsche Jagd*, 2/1935
43 Zitiert nach Georg Sperber: »Der Umgang mit dem Wald – eine ethische Disziplin«, in: *Ökologische Waldwirtschaft*, Heidelberg 1994, S. 37 ff.
44 Konrad Rubner, in: *Der Dauerwald*, Nr. 5, S. 28
45 Zitiert nach »Die Lage des Waldes«, *GEO*, 1984, S. 102
46 Heinrich Rubner, *Deutsche Forstgeschichte 1933–1945*, St. Katharinen 1997, S. 270
47 zitiert nach: *Die Pirsch*, 26., Nr. 16 vom 10.8.1974
48 Josef Köstler, *Waldbau*, Berlin 1950
49 *Gehört dem Mischwald die Zukunft?,* Heft 40, Wilhelm-Münker-Stiftung, S. 63
50 Ebd., S. 63 f.
51 Zitiert nach »Die Lage des Waldes«, *GEO*, 1984, S. 103
52 Ebd., S. 103
53 *Bayerische Agrargeschichte*, Bayer. Landwirtschaftsverlag, München 1954, S. 757
54 Paul Lang, »Streifzug durch die Forstgeschichte«, in: *Ökologische Waldwirtschaft*, Heidelberg 1996, S. 32
55 Georg Sperber, »Die Geschichte des Naturschutzes in den bayerischen Staatswäldern und der Einfluss der naturgemäßen Waldwirtschaft«, in: *Mitteilungen aus der Bayerischen Staatsforstverwaltung*, Heft 51, Band 1, 2002, S. 251 ff.
56 Hans Gussone, *Ein erfülltes Jägerleben*, Hamburg 1959
57 Jahresbericht des Deutschen Forstvereins, 1958, S. 151
58 Götz von Bülow, *Das Rotwild im Bayerischen Wald*, Jahresbericht des Bayer. Forstvereins 1960/62, S. 143 ff.
59 Max Woelfle, »Der deutsche Jäger«, 6.2.1963
60 Viel vertrauter als der Jäger-Schirmherr Eugen Gerstenmeier ist uns das Bild des Jägers Erich Honecker. Es wäre eine spannende Frage zu klären, warum das so ist, würde hier aber zu weit führen
61 Josef Köstler, *Waldbau*, Berlin 1950
62 Georg Meister, »Forstwirtschaft – Teil des Umweltschutzes im Hochgebirge«, in: *Unser Wald,* 3/1972
63 Professor Antonin Bubenik, 1966, zitiert in »Die Lage des Waldes«, *GEO,* 1984, S. 104
64 W. Mergner, »Der Einfluß des Schalenwildes auf die bäuerliche Waldwirtschaft«, *Forstl. Forschungsberichte München*, Nr. 56, 1983

65 Richard Plochmann, »Bemerkungen zur Rolle der Jagdgenossen bei der Durchsetzung tragbarer Wildbestände im Wald«, in: *Der Forst- und Holzwirt*, Januar 1984, S. 35 f.
66 Zitiert aus Horst Stern, *Bemerkungen über den Rothirsch*, München 1989, S. 178
67 Zitiert nach Horst Stern, *Rettet den Wald*, München 1979, S. 25
68 *Süddeutsche Zeitung* vom 14.04.1984
69 Hermann Graf Hatzfeldt, »Natur unter Menschenhand«, *Nationalpark* 2/2002, S. 32 ff.
70 *Süddeutsche Zeitung* vom 7.4.1990
71 Schreiben des Leiters der Bayerischen Staatsforstverwaltung vom 26.3.1990
72 *Berichte aus der Bayer. Landesanstalt für Wald und Forstwirtschaft,* Nr. 2, S. 16
73 *Allgemeine Forstzeitschrift* vom 20.5.1990, S. 474
74 *Der Dauerwald*, 3/1990, S. 3
75 *Süddeutsche Zeitung* vom 15.9.1985
76 *Naturschutz Geschichte(n)*, Bayer. Akademie für Naturschutz und Landschaftspflege, Band III, S. 106 ff.
77 *Süddeutsche Zeitung* vom 17.12.1990
78 *Die Pirsch,* 12/1992, S. 3
79 *Süddeutsche Zeitung* vom 27.11.1993
80 *Süddeutsche Zeitung* vom 23.12.1993
81 Christian Schütze, *Süddeutsche Zeitung* vom 28.1.1994
82 Adolf Greil, »Skandal im Forst«, *Süddeutsche Zeitung* vom 21.11.1996
83 *Jagd in Bayern*, 12/2011
84 J. N. Köstler, *Waldbau*, 1950, S. 336
85 Josef N. Köstler, *Waldbau*, Berlin 1950, Seite 216. Die folgenden Zitate von Köstler entstammen ebenfalls diesem Buch von den Seiten 3, 211, 212, 213, 216, 325, 326, 333, 334, 335, 336, 366, 379, 387, 388, 395, 398, 399, 400
86 Zitiert nach http://www.gesetze-bayern.de/jportal/portal/page/bsbayprod.psml?showdoccase=1&doc.id=jlr-WaldGBY2005rahmen&doc.part=X&doc.origin=bs
87 Wegen des Verhältnisses von Lohn und Holzpreis, siehe Seite 150 f.
88 Josef N. Köstler, *Waldbau*, Berlin 1950, S. 387
89 »Die Erfahrung lehrt, daß die Dammerde der eigentlich fruchtbarmachende Theil des zur Vegetation dienenden Bodens sey«, *Handbuch der gesammten Chemie*, II. Band, 1794, § 1374 und 1375
90 Maße jeweils vom Verfasser umgerechnet
91 Zitiert nach Georg Meister, »Ziele und Ergebnisse forstlicher Planung im oberbayerischen Hochgebirge«, *Forstwissenschaftliches Centralblatt*, Heft 2/1969, S. 99
92 Karl Gayer, *Der Waldbau*, Hamburg 1880, S. 6
93 Wilnhammer, Bayer, Göttlein, *AFZ – Der Wald*, 22/2011
94 R. Baier, *Wurzelentwicklung, Ernährung, Mykorrhizierung und »positive Kleinstandorte« der Fichtenverjüngung (Picea abies [L.] Karst.) auf Schutzwaldstandorten der Bayerischen Kalkalpen*, Dissertation TU München, Fachgebiet Waldernährung und Wasserhaushalt, 2006
95 »Der Bayernplan«, Regierungsprogramm der CSU 2013–2018, 13.7.2013, S. 16
96 »Bitte beenden Sie den Krieg gegen die Tierwelt«, *Berchtesgadener Anzeiger* vom 19.7.2013
97 Josef N. Köster, *Der Waldbau*, Berlin 1950, S. 389
98 Broschüre »Unser Wald«, herausgegeben vom Bundesministerium für Ernährung, Landwirtschaft und Verbraucherschutz, Februar 2011, Unterabteilung 53 Forstwirtschaft

99 Ebd.

100 Wilhelm Hauff, »Das kalte Herz«, in: *Märchen-Almanach auf das Jahr 1827*

101 Manfred Horndasch: *Die Weißtanne und ihr tragisches Schicksal im Wandel der Zeiten,* Augsburg 1993 sowie Wolf Hockenjos: *Tannenbäume. Eine Zukunft für Abies Alba*, Leinfelden-Echterdingen 2008

102 Horst Stern: *Rettet den Wald*, München 1979, S. 381 sowie *Jahresberichte der Bayerischen Staatsforstverwaltung* 1995 und 2004

103 *Jahresbericht der Bayerischen Staatsforstverwaltung* 1950

104 *Jahresbericht der Bayerischen Staatsforstverwaltung* 2003

105 In Bayern zum Beispiel in den ORH-Berichten von 1969, 1975, 1987, 1990, 1991, 1993

106 *Jahresbericht des Bayerischen Obersten Rechnungshofes* 1995, S. 80

107 *Süddeutsche Zeitung* vom 11.12.1995

108 Mark Illerich, *Forstpolitische Auswirkungen einer betriebswirtschaftlichen Analyse intensiver Schalenwildbejagung im Hatzfeldt-Wildenburg'schen Großprivatwald*, Fachhochschule Hildesheim/Holzminden, Fachbereich Forstwirtschaft und Umweltmanagement in Göttingen 1998

109 Falk Lass, *Die Effizienz von Wildbewirtschaftung und Naturverjüngung – Entwicklung und Anwendung eines ressourcenökonomischen Modells*; Fakultät Forst-, Geo- und Hydrowissenschaften der Technischen Universität Dresden 2002

110 Jens Borchers, »Erfolgspotenziale für Forstunternehmen«, in: *Holz-Zentralblatt* vom 16.9.2011, S. 881

111 Karl Gayer, *Waldbauliches Bekenntnis, Aus dem Walde*, 1891

112 Josef N. Köstler, *Waldbau*, Berlin, 1950, S. 398

113 Reinhard Neft: »Naturnaher Waldbau bei den Bayerischen Staatsforsten«, in: *LWF Wissen* Nr. 58, S. 55–58 (Oktober 2007) sowie *Grundsätze für die Bewirtschaftung von Buchen- und Buchenmischbeständen im Bayerischen Staatswald*

114 Josef N. Köstler, *Waldbau*, Berlin 1950

115 Broschüre »Unser Wald«, herausgegeben vom Bundesministerium für Ernährung, Landwirtschaft und Verbraucherschutz, Februar 2011, Unterabteilung 53 Forstwirtschaft

116 »Waldbauliche Dokumentation der flächigen Sturmschäden des Frühjahrs 1990 in Bayern und meteorologische Situation zur Schadenszeit«, Berichte aus der bayerischen Landesanstalt für Wald und Forstwirtschaft, Nr. 2, 1995, S. 16

117 J.W. Goethe, »Morphologie«, in: *Naturwissenschaftliche Schriften*, 1817, S. 37

118 Karl Gayer, *Der gemischte Wald*, 1886, S. 138

119 Karl Rebel, *Waldbauliches aus Bayern*, II. Band, Diessen, 1924 S. 152

120 Zitiert nach Meister/Offenburger: *Die Zeit des Waldes*, Frankfurt 2004, S. 290

121 *Süddeutsche Zeitung* vom 16.04.1991

122 *Bergwald-Kurier*, Dezember 2014, S. 2

123 *LWF (Bayern) aktuell*, 62/2008, S. 48

124 *Casteller Nachrichten,* 39/2009, S. 16

125 *Casteller Nachrichten,* 28/1998, S. 6

126 *Casteller Nachrichten,* 43/2013, S. 18

127 »Stadtwald hat Vorbildwirkung«, *Freies Wort* vom 19.05.2012, S. 11

128 Siehe http://www.thueringen.de/mam/th1/tsk/regierungserklarung_12_12_2014.pdf

129 Hermann Graf Hatzfeldt, »Natur unter Menschenhand«, Vortrag auf der Jubiläumsveranstaltung des Wuppertaler Instituts für Klima, Umwelt und Energie am 26.04. 2001; abgedruckt in *Nationalpark* 2/2002, S. 32

130 Nicolaus Graf Hatzfeldt, »Durch zielorientiertes Jagen zu strukturierten Wäldern und umfassender Nachhaltigkeit«, in: *Ökojagd*, Mai 2015, S. 53 ff.

131 Zitiert nach Claus-Peter Lieckfeld, *Tatort Wald*, Frankfurt am Main 2012, S. 210

132 Sebastian von Rotenhan: *... damit keiner mehr sagen kann, er habe es nicht gewusst! Zehn Jahre später*, Selbstverlag 2014

133 *Allgemeine Forstzeitschrift*, 4/2003, S. 185

134 Minister Jörg Vogelsänger in seinem Grußwort beim Empfang der AGDW am 19.01.2012

135 *Forstinfo*, 6/2006, S. 1

136 »Wald ist ein Schöpfungsgeschenk«, in: *Süddeutsche Zeitung* vom 19.11.2014

137 Ebd.

Glossar

Abwurfstange: eine Stange eines Geweihs (Hirsch) oder Gehörns (Rehbock), die im Herbst oder Winter »abgeworfen« wird

Allmende: im gemeinschaftlichen Besitz von Dorfbewohnern befindliche Flächen, vorwiegend Weideland, zum Teil aber auch Wälder. Üblich im Mittelalter und etwa bis zum Beginn des 19. Jahrhunderts.

Ansitzjagd: Jagdart, bei der die Jäger auf einem Hochsitz oder manchmal auch am Boden auf das Wild warten, um es zu beobachten oder zu »erlegen«

äsen: Jägersprache für das Fressen des Wildes

aufbrechen: Jägersprache für das Aufschneiden der Bauchdecke und Herausnehmen der Innereien

Bast: Die mit Blutgefäßen durchsetzte Haut um das Gehörn oder Geweih während ihres Wachstums. Nach Beendigung des Geweihwachstums trocknet der Bast von oben herab ab und wird an Bäumen und Zweigen dann abgerieben, »gefegt«.

Bauernjagd: im 19. und 20. Jahrhundert eine abwertende Bezeichnung für Jäger, die Wild in erster Linie zur Nahrungsversorgung ihrer Familien erbeutet haben; heute meist eine Bezeichnung für eine Jagd, bei der das Aufwachsen eines naturnahen Waldes wichtiger ist als die Erlegung von vielen und starken Jagdtrophäen

Belehnung: Im Mittelalter gab es noch kein Grundeigentum im heutigen Sinne. Der Vasall erhielt vom Lehnsherrn unter Verwendung von Symbolen (Zepter, Krone) ein Lehen (etwa ein Gebiet oder einen großen Wald). Er leistete seinem Lehnsherrn »Mannschaft« (zum Beispiel Kriegsdienste) und schwor ihm Treue.

Bewegungsjagd: Jagdart, bei der mehrere Jäger um ein größeres Jagdgebiet ansitzen und auf Wild warten, das von einigen wenigen Jägern mit geeigneten Hunden (etwa Bracken) aufgescheucht wird. Diese Jäger bewegen sich langsam durch das Jagdgebiet und wollen so erreichen, dass auch das Wild nur langsam weiterläuft und dann von den ansitzenden Jägern sicher erlegt werden kann.

Blattschuss: Schuss in den Brustkorb eines Tieres, der meist rasch tödlich ist

Bodendegradation: ganzer oder teilweiser Verlust der wertvollen Bodenkrume

Bodenreinertragslehre: Eine in der Mitte des 19. Jahrhunderts entstandene Lehre mit dem Ziel, eine maximale Verzinsung des Bodenkapitals zu erzielen. Danach sollte der Wald wie ein Acker bewirtschaftet werden mit Kahlschlägen und großflächigem Anbau einer Baumart. Die Folge der Bodenreinertragslehre waren kürzere Umtriebszeiten sowie der Umbau von Mischbeständen in Reinbestände, von Laubwäldern in Nadelwälder, von ungleichaltrigen in gleichaltrige Wälder. Die Folge dieser »Holzackerwirtschaft« waren immer häufigere »Naturkatastrohen« wie Sturmschäden oder Insektenmassenvermehrungen. Schon 1889 entwickelte der Waldbauprofessor Karl Gayer mit der Lehre vom »naturnahen Waldbau« eine Alternative, die aber an der von Kaiser Wilhelm II. und seinen mächtigen Nachfolgern vorgelebte Trophäenjagd bis weit ins 20. Jahrhundert hinein nur geringe Chancen hatte.

Bracken: mittelgroße Jagdhunde, die Wild aufscheuchen und nicht allzu schnell so verfolgen, dass es langsam flüchtend und immer wieder stehenbleibend zu den Schützen kommt

Damwild: Hirschart mit einem Schaufelgeweih mit teilweise sehr vielen Enden, das eine attraktive Jagdtrophäe darstellt. Damwild wurde im Mittelalter aus Südosteuropa eingeführt, hat sich aber erst in den letzten Jahrzehnten sehr stark vermehrt. Damwild erreicht eine Schulterhöhe von etwa hundert Zentimetern und ein Gewicht von bis zu neunzig Kilogramm.

Dickung: dichter Jungwald

Drückjagd: Jagdart auf Schalenwild, bei der wenige Treiber durch einen Wald gehen und das Wild zu den Schützen hin »drücken«

Einserhirsch (Bock): Nach der im Reichsjagdgesetz eingeführten Klasseneinteilung der Jagdtrophäen steht die Klasse I für die stärksten Gehörne oder Geweihe. Einserhirsche müssen ein bestimmtes Alter (zum Beispiel zehn Jahre) erreicht haben und waren früher auch an bestimmtes Geweihgewicht gebunden. Einserhirsche oder besonders starke Böcke sind bei Trophäenjägern besonders begehrt und manchmal auch das einzige, was sie erlegen wollen.

Einserhirschstrategie: Eine Wild- und Waldbehandlung, bei der die Produktion von möglichst vielen und starken Hirschgeweihen absolut im Vordergrund steht. Die Auswirkungen auf den Wald und die Landeskultur treten dabei in den Hintergrund.

Entschließung: Bis in die 1980er Jahre eine verbindliche Anweisung einer vorgesetzten an eine nachgeordnete Behörde.

Fegen: das Abreiben des Bastes von den im Frühjahr neu gebildeten Geweihen oder Gehörnen an Bäumen oder Sträuchern. Ein ähnliches Verhalten zeigen Hirsche vor und während der Brunftzeit, das wird dann als »Schlagen« bezeichnet. Das »Fegen« und »Schlagen« kann dazu führen, dass die betroffenen Bäumchen so stark geschädigt werden, dass sie absterben (siehe das Foto auf Seite 149 oben rechts).

Festmeter: Ein Festmeter Holz entspricht einem Kubikmeter massivem Holz, das heißt ohne Zwischenräume bei der Schichtung.

Fließgleichgewicht: ein Gleichgewicht zwischen den unterschiedlichen Gliedern eines natürlichen Ökosystems, das sich auch nach größeren Störungen wie beispielsweise einem Sturm immer wieder einpendelt

Fohre (oder auch Föhre, Forche): eine in Süddeutschland gebräuchliche Bezeichnung für Kiefern

Forest Stewardship Council (FSC): älteste internationale Art der Zertifizierung der Waldbewirtschaftung. Ein solches Gütesiegel für Holz erhält nur, wer bestimmte Mindeststandards für eine möglichst naturnahe, umwelt- und sozialverträgliche Forstwirtschaft anstrebt und diese Standards durch unabhängige Zertifizierer überprüfen lässt. In Deutschland verlangt FSC zum Beispiel höhere Standards beim Waldbau, bei der Jagd oder beim Naturschutz als eine gesamteuropäische Waldzertifizierung. Deshalb wollen sich viele Forstbetriebe nicht nach FSC zertifizieren lassen.

Forsteinrichtung: Erfassung des aktuellen Waldzustandes, Erfolgskontrolle der Maßnahmen sowie mittelfristige Planung (meist für zehn Jahre) der forstlichen Maßnahmen

Forsthierarchie: Die Staatsforstverwaltungen waren bis vor wenigen Jahren in fünf Ebenen gegliedert: eine Abteilung im Ministerium (»Ministerialforstabteilung«, Leiter war Ministerialdirektor) war direkt dem Minister unterstellt. Sie hatte grundsätzliche Entscheidungen zu treffen und die nachgeordneten Behörden zu kontrollieren. Auf der nächsten Ebene gab es Forstdirektionen (in Bayern zuletzt vier, Leiter war der Forstpräsident), die ähnliche Aufgaben auf regionaler Ebene zu erfüllen hatten. Die praktische Arbeit wurde auf der Ebene der Forstämter geleistet. Zuletzt gab es zum Beispiel in Bayern 124 Forstämter. Der Forstamtsleiter war früher Forstmeister, zuletzt Forstdirektor. Ein Forstamt hatte durchschnittlich acht Forstreviere zu beaufsichtigen. Leiter der Forstreviere waren die Revierleiter (die eigentlichen Förster, früher Revierförster, zuletzt meist Forstamtmänner). Die Revierleiter (Förster) hatten die Arbeit der Waldarbeiter (Berufsbezeichnung zuletzt Forstwirt) einzuteilen und zu beaufsichtigen. Früher hatte ein Förster bis zu hundert Waldarbeiter, zuletzt durchschnittlich nur noch etwa zehn Waldarbeiter in seinem Revier. In den letzten Jahren wurden fast überall »Forstreformen« durchgeführt, die zu besseren betriebswirtschaftlichen Ergebnissen führen sollen. In Bayern werden die Staatswaldungen von den »Bayerischen Staatsforsten« (Anstalt des öffentlichen Rechts) bewirtschaftet. Die einzelnen »Forstbetriebe« haben eine etwa dreimal größere Staatswaldfläche als ein früheres Forstamt zu bewirtschaften. Auch die Forstreviere wurden fast bis zur doppelten Größe erweitert. Die Aufgaben des Vollzugs der forstlich relevanten Gesetze sowie die Betreuung des Privat- und Körperschaftswaldes übernimmt die Forstverwaltung, die der Landwirtschaftsverwaltung unterstellt wurde.

Gemeinschaftlicher Jagdbezirk: Alle Grundflächen einer Gemeinde, die nicht zu einem Eigenjagdrevier gehören, bilden einen gemeinschaftlichen Jagdbezirk, wenn sie im Zusammenhang mindestens 150 Hektar umfassen. In Bayern beträgt die Mindestgröße im Flachland 250 Hektar, im Hochgebirge mit seinen Vorbergen 500 Hektar. In einem gemeinschaftlichen Jagdbezirk steht die Ausübung des Jagdrechts der Jagdgenossenschaft zu.

Hegejagd: eine Form der Jagd, bei der die Hege (Maßnahmen zum Schutz und zur Pflege des Wildes) vor der Erhaltung bzw. Anpassung des Wildbestandes an die landschaftlichen und landeskulturellen Verhältnisse (§ 1 Bundesjagdgesetz) steht

Heisterblock: eine Waldfläche im Spessart mit Traubeneichen, die im Dreißigjährigen Krieg aufgewachsen und später sorgsam mit jüngeren Buchen »ummantelt« wurden. Diese Fläche ist heute eine der wertvollsten Waldflächen Deutschlands.

Hektar (ha): Flächenmaß, 10000 Quadratmeter

Hieb: Fällen von Bäumen im Wald; die Fläche des Hiebes wird Schlag (zum Beispiel Kahlschlag) genannt

Hiebsatz: durch die Forsteinrichtung geplante, nachhaltig nutzbare jährliche Holzmenge

Hochwild: Der Begriff stammt aus dem Mittelalter und umfasst Jagdtierarten, die nur vom »Hohen Adel« erlegt werden durften. Dazu gehören etwa Rotwild, Damwild, Gämsen, Auerhühner, Adler.

Holzbodenfläche: dauernd zur Holzerzeugung bestimmt Fläche. Dazu gehören auch zeitweise unbestockte Flächen (Blößen), sowie Wege und Schneisen unter fünf Metern Breite, Leitungstrassen und auch Flächen zum Beispiel in Nationalparken.

Jagd in Eigenregie: Der Inhaber des Jagdrechts übt die Jagd in einem »Eigenjagdrevier« oder in einem »gemeinschaftlichen Jagdbezirk« selbst aus.

Jagdpakete: Unterschiedlich gestaltete Jagderlaubnis für Jäger, die in einem Eigenjagd- oder einem gemeinschaftlichem Jagdrevier mit auf die Jagd gehen. Jagdpakete bestehen meist aus einer Kombination von Kosten für die Jagderlaubnis in einem Revierteil und die Erlegung von Trophäenwild sowie einer Art Bonisystem für eine Kostenermäßigung bei der Erlegung einer Mindestzahl an »Nicht-Trophäenwild«.

Jagdstrecke: die gesamte Jagdbeute (eines Jägers oder eines Jagdbezirkes). Die Jagdstrecke eines Jagdreviers oder eines Landes umfasst das »erlegte« und das sonst zu Tode gekommene Wild (etwa durch Verkehrsunfälle).

Kahlwild: weibliches oder junges Rot-/Damwild, das kein Geweih ausbildet und deshalb »kahl« ist

Kaskadennutzung: eine Form der Holznutzung in mehreren Schritten, zum Beispiel zuerst als Bauholz, dann als Spanplatte und erst dann als Brennholz

Kitz: junges Reh oder junge Gämse von der Geburt bis zur Vollendung des ersten Lebensjahres

Klause: Hölzerne oder steinerne Bauwerke quer in einem Triftbach. Vor der Klause wurde das Wasser zu einem Klaussee aufgestaut. Unterhalb der Klause wurde das Holz in den Triftbach geworfen. Dann wurde das Klaustor in der Mitte der Klause geöffnet und der Wasserschwall hat das Holz den Bach hinabgeschwemmt.

krellen: beim Schuss wird nur ein Dornfortsatz der Wirbelsäule getroffen

Kronenhirsch: ein Hirsch, der zumindest an einer Geweihstand oben eine Verzweigung mit mindestens drei Enden (Kronen) hat. In einigen Rotwildgebieten gibt es die Tendenz, alle vier- bis neunjährigen Hirsche mit einer Krone zu Zukunftshirschen zu erklären, die nicht erlegt werden dürfen. Damit wird erreicht, dass ein viel zu großer Rotwildbestand nicht mehr auf ein waldverträgliches Maß reduziert werden kann.

Lauf: Jägersprache, ein Bein des Schalenwildes

Lunte: Jägersprache: der Schwanz des Fuchses oder Marders

Mittelwald: besondere Form der Waldnutzung, die im Mittelalter entstanden ist. Auf derselben Fläche wird in kurzen Umtriebszeiten von etwa zwanzig Jahren Brennholz aus Stockausschlägen vor allem aus Hainbuche, Linde, Birke, Erle erzeugt, und über diesen »niederen« Bäumen stehen »hohe« Bäume (Eichen, Eschen, Ahorne, Elsbeeren), die aus Samen entstanden sind und Nutzholz (etwa für Hausbau, Möbel, Werkzeuge) liefern.

Nachhaltigkeit im Wald, umfassend: Eine Nutzung, bei der nicht nur Holznutzung, sondern auch alle anderen Waldfunktionen (zum Beispiel Boden-, Wasser und Lawinenschutz, waldtypische Artenvielfalt oder Erholung im Wald) langfristig in zumindest gleichbleibender Höhe gewährleistet sind.

Nachsuche: Die Suche mit einem Hund nach einem beschossenen Wild, das nicht gleich auf der Stelle tot umgefallen ist.

Naturland-Zertifikat: Zertifizierungssystem auch für die Waldbewirtschaftung; in Deutschland ist dies das System mit den höchsten ökologischen und sozialen Standards

Niederwald: im Mittelalter aus der Holznot entstandene frühe Form einer planmäßigen Waldnutzung zur Gewinnung von Brennholz, Flechtholz, Rebstecken und Gerbrinde. Laubbäume wie Hainbuche, Linde, Hasel, Roterle, Eiche werden kurz über dem Boden abgeschlagen. Die Bäume treiben dann wieder aus und bilden einen »Stockausschlag«, der nach etwa zwanzig Jahren wieder genutzt werden kann.

Niederwild: alles Wild, das nicht zum Hochwild gehört; zum Beispiel Rehe, Hasen, Rebhühner, Enten

Nimrod: nach dem Alten Testament war Nimrod »ein großer Jäger vor dem Herrn«; heute wird damit allgemein ein Jäger, oft aber auch ein besonders passionierter Jäger bezeichnet

Plenterwald: besondere Form der Waldbewirtschaftung. Dabei sind meist mehrere Baumarten so gemischt, dass alle Altersklassen und Höhenstufen auf kleiner Fläche vorkommen. Dadurch wird der gesamte Raum des Waldes von den Wurzeln bis zu den Baumkronen optimal genutzt. Der Plenterwald liefert nachhaltig mit die höchsten Holzerträge. Die Erhaltung des Plenterwalds erfordert immer wieder Eingriffe des Menschen, die nur einzelne Bäume betreffen.

Populationssturz: In der Natur der weitgehende Zusammenbruch einer Population zum Beispiel an Rehen, wenn ein bisher geeigneter Lebensraum (etwa eine größere Dickung) so weit aufwächst, dass sich die Rehe darin nicht mehr gut vor ihren Fressfeinden (Luchs, Wolf) verstecken können. Die Tiere müssen sich dann einen neuen, gut geeigneten Lebensraum suchen. Auf dem Weg dorthin werden sie eine leichte Beute ihrer Fressfeinde oder sie verhungern am Fehlen geeigneter Nahrung.

Potenzielle natürliche Vegetation: Die Pflanzendecke, die sich heute einstellen würde, wenn die menschlichen Eingriffe aufhören würden. In Mitteleuropa wären das auf den meisten Standorten unterschiedliche Ausprägungen von Wald (etwa Auwald, Buchenwald, Bergmischwald oder Fichtenwald an der Baumgrenze).

Raubwild: Wild, das andere Tiere (besonders Nutzwild wie Rehe, Hirsche, Hasen) raubt (fängt und tötet), um es zu fressen. In Deutschland sind dies beispielsweise Wolf, Luchs, Fuchs, Dachs, Marder, Wildkatze und Seehunde sowie die »Raubvögel«.

Raubzeug: früher Sammelbegriff für alle Tierarten, die Nutzwild töten oder dessen Bestand beeinträchtigen. Heute zählen dazu beispielsweise Marderhund, Waschbär oder wildernde Hunde und Katzen. Der Begriff Raubzeug wurde 1976 aus dem Bundesjagdgesetz gestrichen.

Ricke: in Norddeutschland Bezeichnung für ein ausgewachsenes weibliches Reh (in Süddeutschland Geiß)

Röhren: unterirdische Gänge der Baue von Fuchs, Dachs oder Kaninchen

Rotwild: auch Hirsch- oder Edelwild mit großem Geweih, das eine attraktive Jagdtrophäe darstellt. Rotwild ist die größte Schalenwildart Deutschlands. Es erreicht eine Schulterhöhe bis zu 140 Zentimetern und ein Gewicht bis zu 250 Kilogramm.

Schalenwild: alles Wild mit »Schalen« (Hufe); dazu gehören in Deutschland Rot-, Dam-, Sika-, Reh-, Gams-, Stein-, Muffel- und Schwarzwild (Wildschweine).

Schlag: Fläche, auf der Holz geerntet wird oder wurde (siehe auch Hieb)

Schmalreh: einjähriges weibliches Reh

Schwarzwild: Wildschweine; das Schwarzwild ist im Gegensatz zu den anderen Schalenwildarten ein nichtwiederkäuender Paarhufer

Sechser: Hirsch oder Rehbock mit mindestens drei Enden an einer Geweihstange

Spitzenprädator: Tierart an der Spitze der Beutegreifer (Raubtiere). In Mitteleuropa sind dies Wolf, Bär, Luchs, Adler und Uhu. Nach Ansicht vieler Jäger müssen sie nach der Ausrottung der meisten dieser großen Beutegreifer die Rolle der Spitzenprädatoren selbst übernehmen. Dies ist allerdings nur sehr bedingt möglich, da der Mensch die notwendigen Fähigkeiten dazu nicht besitzt.

strecken: Jägersprache: Wild töten

Tangelhumus: eine bis zu einem Meter mächtige Rohhumusauflage im Bereich alpiner Wälder

Tannenlücke: eine weitgehende Lücke im Tannenanteil im Süden und in der Mitte Deutschlands von etwa 1890 bis 2000, die durch den starken selektiven Verbiss an jungen Tannen durch Rehe und Hirsche entstanden ist

Teeren: Bezeichnung für das Anstreichen junger Bäume mit Teer oder anderen Mitteln gegen den Verbiss durch Rehe und Hirsche. Das Teeren wurde zeitweise mit einem riesigen Arbeitsaufwand betrieben, konnte aber meist die Entstehung von Reinbeständen aus den weniger stark verbissenen Baumarten wie etwa aus Fichten nicht verhindern.

Trift: frühere Transportweise des Holzes. Dabei wurden die Baumstämme in bestimmte Längen gekürzt und in die Triftbäche geworfen. Mit einem Wasserschwall (siehe Klause) wurden die Stämme dann bachabwärts bis zu ihrem Bestimmungsort geschwemmt.

Umtriebsalter: durchschnittliches Alter von der Begründung (Naturverjüngung oder Pflanzung) bis zur Ernte eines bestimmten Waldteils. Meist wird von Umtriebszeit gesprochen.

Waidgerechtigkeit: Im Laufe der Jahrhunderte haben sich bei der deutschen Jägerei bestimmte Sitten, Bräuche und Verhaltensweisen entwickelt, die als Waidgerechtigkeit bezeichnet werden. Der Begriff Waidgerechtigkeit hat sich im Laufe der Zeit immer wieder gewandelt. In ein Jagdgesetz wurde er erstmals 1934 aufgenommen, in das Reichsjagdgesetz. Als unbestimmter Rechtsbegriff kann er als persönliche Richtschnur für die Ausübung der Jagd angewandt werden. Er gehört allerdings nicht in ein Gesetz eines modernen Rechtsstaates.

Waldfunktionen: Seit den 1970er Jahren werden in »Waldfunktionsplänen« etwa dreißig unterschiedliche Waldfunktionen erfasst. Dabei wird zwischen der Nutzfunktion (Ertrag besonders aus der Holzproduktion) sowie unterschiedlichen Gemeinwohlfunktionen (Schutzfunktionen, Erholung, Naturschutz) unterschieden. Eine Auswertung für Bayern ergab, dass knapp drei Viertel des Staatswaldes vorrangig Gemeinwohlfunktionen erfüllen sollen, im Privatwald ist es nur knapp die Hälfte.

Wintergatter: Wildgehege, in dem Rotwild zur Vermeidung übermäßiger Wildschäden während des Winters in Hoch- und Mittelgebirgen gehalten und gefüttert wird. Das Rotwild war bis vor etwa zweihundert Jahren nur Sommergast in den Gebirgen (ähnlich den Kühen auf der Alm) und ist im Herbst hinabgezogen ins Flachland. Es wurde erst zu Beginn des 19. Jahrhunderts »ins Gebirge gewöhnt«. Wintergatter sind bei vielen Jägern nicht beliebt, weil man in ihnen das Rotwild einigermaßen genau zählen kann. In Wintergattern könnte man einen Teil der vielfach allzu vielen Tiere ohne den Stress einer sehr langen Schusszeit tierschutzgerecht erlegen. Das wird von traditionellen Jägern aber strikt abgelehnt, da sie dadurch die jetzige Form der Jagd gefährdet sehen.

Zeigerpflanzen: Manche Pflanzenart (Wildpflanzen) zeigen besonders gut bestimmte Standorteigenschaften (zum Beispiel Bodenart, Bodenklima, Feuchtigkeitsgrad, Humusgehalt) an. Man kann dann von ihrem Vorkommen auf diese Standorteigenschaft schließen. Andere Pflanzenarten werden vom Schalenwild besonders gern abgefressen (so beispielsweise Waldweidenröschen, Hasenlattich, Türkenbund, Schneeball, Eibe). Aus der Anzahl ihres Vorkommens kann man Rückschlüsse auf die Zahl des vorhandenen Schalenwildes ziehen.

Zukunftshirsch oder Bock: Hirsche, Reh- oder Gamsböcke, die ein Geweih oder ein Gehörn tragen, das nach Ansicht der Jäger in einigen Jahren eine wertvolle Jagdtrophäe zu werden verspricht. Zukunftshirsche sollen möglichst nicht erlegt werden (siehe Kronenhirsche).

Dank

Ich möchte allen, die zum Entstehen des Buches beigetragen haben, herzlich danken. Mein ganz besonderer Dank gilt dem Westend Verlag mit all seinen Mitarbeitern für das große Interesse an diesem kritischen Projekt. Ebenfalls herzlich bedanken möchte ich mich bei allen Freunden, die mich bei den Recherchearbeiten und bei der Textgestaltung beraten haben. Viele Motive hätte ich ohne das von mir bewunderte Wirken einiger Förster und Waldbesitzer im Wald nicht fotografieren können; bei allen möchte ich mich herzlich bedanken. Den jahrelangen Vorarbeiten zu diesem Buch sind viele gemeinsame Freizeitaktivitäten mit meiner Frau zum Opfer gefallen. Ich möchte ihr hier meinen ganz besonderen Dank für ihre Nachsicht aussprechen.

Abbildungsverzeichnis

Alle Fotografien im Buch sind von Georg Meister, ausgenommen: S. 24: Hannes Bibelriether; S. 49: Novemberblatt aus Breviarium Grimani, Anfang 16. Jahrhundert, Bayerische Staatsbibliothek München; S. 51 unten: Gemälde in der Dorfkirche Raithen; S. 51 oben: Holzschnitt, Detail aus Virgil-Ausgabe, Straßburg 1502; S. 54: kolorierte Zeichnung von Faistenauer, 1625, ehemaliges Forstamt Berchtesgaden; S. 58: kolorierter Kupferstich von Jacob Wagner, 1748, Deutsches Jagdmuseum München; S. 59: Stadtmuseum München; S. 68: DB-Museum Nürnberg; S. 87: Hermann Wobst; S. 92 rechts: Schulkalender 1997 »Wald, Wild und Wasser« des Bayerischen Jagdschutzverbandes; S. 99 links: »Der Wald in Bayern«, 1975, Bayerisches Staatsministerium für Ernährung, Landwirtschaft und Forste; S. 104 oben: Helmut Riederer; S. 108: Michael Kunkel; S. 114 rechts: Gunther Emmrich; S. 117 oben: Franz Josef Adrian; S. 137: Christine Margraf; S. 147 rechts: Michael Kunkel; S. 148 unten: Nationalparkverwaltung Bayerischer Wald; S. 194 oben links: Gunther Emmrich; S. 194 oben rechts: Uwe Reißenweber; S. 210 Mitte und unten: Bernhard Großmann; S. 216 oben: Gunther Emmrich; S. 219 unten links: Uwe Reißenweber; S. 221 rechts: Gunther Emmrich; S. 222 und S. 223: Gunther Emmrich; S. 224 unten: Bistum Passau;